Adobe Illustrator 2023 基础教材

火星时代 主编　邢夏玮 编著

U0265128

人民邮电出版社
北京

图书在版编目（CIP）数据

Adobe Illustrator 2023基础教材 / 火星时代主编 ；
邢夏玮编著. -- 北京 : 人民邮电出版社, 2024.8
ISBN 978-7-115-63413-9

Ⅰ. ①A… Ⅱ. ①火… ②邢… Ⅲ. ①图形软件－教材
Ⅳ. ①TP391.412

中国国家版本馆CIP数据核字(2024)第000598号

内容提要

本书是火星时代主编的 Adobe Illustrator 2023 基础教材，面向 Illustrator 2023 初学者。全书以理论和实际操作相结合的形式，深入浅出地讲解 Illustrator 2023 软件的使用技巧，让读者快速掌握该软件的应用方法，以便借此创作利器，攀登设计巅峰。

全书共 11 课，以 Illustrator 2023 为基础进行讲解：第 1 课讲解 Illustrator 的应用、矢量图与位图的区别，以及 Illustrator 2023 的下载与安装；第 2 课讲解 Illustrator 2023 的界面，视图、文件和画板等的基本操作；第 3 课讲解基本绘图工具的使用；第 4 课讲解文本的创建和编辑；第 5 课讲解颜色的运用；第 6 课讲解对象的基本调节；第 7 课讲解对象的高阶调节；第 8 课讲解效果与外观；第 9 课拓展讲解透视网格工具组和符号工具组；第 10 课讲解打印与输出；第 11 课讲解使用 Illustrator 2023 设计的商业案例，深入剖析利用 Illustrator 2023 进行设计的方法和技巧，帮助读者掌握设计中的关键技术与设计思想。同时第 2 课至第 11 课的最后都提供了练习题，用以检验读者的学习效果。

本书附赠视频教程、讲义，以及案例的素材等，以便读者拓展学习。

本书可以作为 Illustrator 爱好者的自学用书，也可以作为各类高等院校相关专业或社会培训机构相关课程的教材或辅导书。

◆ 主　　编　火星时代
　编　　著　邢夏玮
　责任编辑　张天怡
　责任印制　陈　犇

◆ 人民邮电出版社出版发行　　北京市丰台区成寿寺路 11 号
　邮编　100164　　电子邮件　315@ptpress.com.cn
　网址　https://www.ptpress.com.cn
　天津市银博印刷集团有限公司印刷

◆ 开本：787×1092　1/16
　印张：10　　　　2024 年 8 月第 1 版
　字数：300 千字　　　　2024 年 8 月天津第 1 次印刷

定价：69.00 元

读者服务热线：(010)81055410　印装质量热线：(010)81055316
反盗版热线：(010)81055315
广告经营许可证：京东市监广登字 20170147 号

编委会名单

主　编：王　琦　北京火星时代科技有限公司

编　著：邢夏玮

编委会：（以下按姓氏音序排列）

陈利芳　中国航发北京航空材料研究院
李　贤　重庆第二师范学院美术学院
骆　坤　南京林业大学
史明岑　南京财经高等职业技术学校
隋晓莹　大连交通大学
孙　涵　上海电子信息职业技术学院
王星星　天津市第一轻工业学校
殷硕函　浙江师范大学
张　婷　上海电机学院
周　瑞　湖北文理学院理工学院
朱金鑫　滁州学院

序

随着移动互联网技术的高速发展，数字艺术为电商、短视频、5G等新兴领域的飞速发展提供了前所未有的强大助力。以数字技术为载体的数字艺术行业，在全球范围内呈现出高速发展的态势，为中国文化产业的再次兴盛贡献了巨大力量。据2019年8月发布的《数字文化产业发展趋势报告》显示，在经济全球化、新媒体融合、5G产业即将迎来大爆发的行业背景下，数字艺术还会迎来新一轮的飞速发展。

行业的高速发展，需要持续不断的“新鲜血液”注入其中。因此，我们要不断推进数字艺术相关行业职教体系的发展和进步，培养更多能够适应未来数字艺术产业的技术型人才。在这方面，北京火星时代科技有限公司（简称火星时代）积累了丰富的经验。作为我国较早进入数字艺术领域的教育机构，火星时代1994年创立“火星人”品牌，并一直秉承“分享”的理念，毫无保留地将最新的数字技术分享给更多的从业者和大学生，使我国的数字艺术教育成果显著。30年来，火星时代一直专注于数字技能型人才的培养，“分享”也成为我们刻在骨子里的坚持。现在，我们每年都会为行业输送数以万计的优秀技能型人才，教学成果、图书教材和教学案例通过各种渠道辐射全国，很多艺术类院校和相关专业都在使用火星时代编著的教材或提供的教学案例。

火星时代创立初期以图书出版为主营业务，在教材的选题、编写和研发上自有一套成功的经验。从1994年出版第一本《三维动画速成》至今，火星时代已出版图书超100种，累计销量已过千万册。在纸质出版图书从式微到复兴的大潮中，火星时代的教学团队也从未中断过在图书出版方面的探索和研究。

“教育”和“数字艺术”是火星时代长足发展的两大关键词。教育具有前瞻性和预见性，数字艺术又因与计算机技术的发展息息相关，一直都处在时代的最前沿。而在这样的环境中，“居安思危、不进则退”成为火星时代发展路上的座右铭。我们从未停止过对行业的密切关注，尤其重视由技术革新带来的人才需求的新变化。2020年上半年，通过对上万家合作企业和几百所合作院校的最新需求调研，我们发现，对新版本软件的熟练使用，是联结人才供需双方诉求的最佳结合点。因此，我们选择了目前行业需求最急迫、使用最多、版本最新的几大软件，发动具备行业一线水准的火星时代精英讲师，精心编写了这套基于软件实用功能的系列图书。该系列图书内容全面，覆盖软件操作的核心知识点，还创新性地搭配了按照章节划分的教学视频、课件PPT、教学大纲、设计资源及课后练习题，非常适合零基础读者，同时还能够很好地满足各类高等专科学校的视觉、设计、媒体、园艺、工程、美术、摄影、编导等相关专业的授课需求。

学生学习数字艺术的过程就是攀爬金字塔的过程。从基础理论、软件学习、商业项目实战、专业知识的横向扩展和融会贯通，一步步地进阶到金字塔尖。火星时代在艺术职业教育领域经过30年的发展，已经创造出一整套完整的教学体系，帮助学生在成长中的每个阶段完成挑战，顺利进入下一阶段。我们出版图书的目的也是如此。在这里也由衷地感谢人民邮电出版社和Adobe中国授权培训中心的大力支持。

美国心理学家、教育家本杰明·布卢姆（Benjamin Bloom）曾说过：“学习的最大动力，是对学习材料的兴趣。”希望这套浓缩了我们多年教育精华的图书，能给您带来极佳的学习体验！

王琦

火星时代教育创始人、校长

中国三维动画教育奠基人

软件介绍

Illustrator是Adobe公司推出的一款功能强大的矢量图处理软件，自问世以来就备受平面设计人员的青睐。Illustrator的应用领域非常广，可以应用于印刷排版、图形绘制、Web图像制作和处理、移动设备图形处理等领域，应用范围包括插画设计、标识设计、VI设计、字体设计、产品包装设计、图标设计、画册设计等。Illustrator为用户提供了所需的工具，帮助用户完成矢量图的绘制和专业的版面设计等。

本书是基于Illustrator 2023编写的，建议读者使用该版本软件，如果读者使用的是其他版本的软件，也可以正常学习本书所有内容。

内容介绍

第1课“走进实用的Illustrator世界”通过多个示例作品讲解使用Illustrator可以做什么，还讲解矢量图与位图的区别，最后带领读者下载Illustrator 2023并了解其新功能等。

第2课“熟悉Illustrator 2023的基本操作”讲解Illustrator 2023的工作界面，视图的移动，标尺的使用，文件的打开、新建、存储、关闭等操作，以及画板的新建、复制和删除等常用操作。

第3课“基本绘图工具的使用”讲解Illustrator 2023中路径和锚点的相关知识、基本图形的绘制、基本线条的绘制，以及钢笔工具、路径绘制工具和画笔工具的使用等。

第4课“文本工具的使用”讲解如何创建和编辑文本，“字符”面板和“段落”面板的使用方法，并通过案例演示讲解文本绕排和封套文字的建立等操作。

第5课“颜色的运用”讲解颜色模式的相关知识、色彩的3个基本属性、单色填充的方法、渐变填充的方法，以及网格渐变填充和实时上色的方法。

第6课“对象的基本调节”讲解如何移动对象、复制对象、锁定对象、隐藏对象、排列对象、对齐对象、镜像对象、旋转对象、倾斜对象，以及剪切蒙版和路径查找器的使用方法等。

第7课“对象的高阶调节”讲解混合工具、宽度工具、变形工具组的使用方法，以及图像描摹的应用等。

第8课“效果与外观”讲解“效果”菜单的相关知识、“外观”面板的使用方法，还讲解3D效果的设置方法，以及扭曲和变换类效果和风格化效果的相关知识，最后设置了一个综合应用。

第9课“拓展技能”讲解透视网格工具组和符号工具组的使用方法。

第10课“打印与输出”讲解印刷方式、印刷纸张、印刷工艺、印前准备与检查、打印设置的基础知识。

第11课“综合案例”通过几个综合案例，讲解图标设计、字体设计、名片设计、宣传单设计、折页设计的相关知识和具体案例的设计方法。

第2课至第11课课后都有相应的练习题，用以检验读者的学习效果。

本书特色

本书编者根据多年的教学经验，以深入浅出、平实生动的教学风格，将Illustrator 2023化繁为简，从基础知识讲起，循序渐进地深入，力求让初学者轻松掌握Illustrator 2023的核心技法。

此外，本书有完整的课程资源，使读者可以更好地理解、掌握与熟练运用Illustrator 2023。

理论知识与实践案例相结合

本书中的知识和案例都在课堂上经过多次讲解，深受广大学员的喜爱。本书在每一课中都先讲解相关的必备理论知识，再通过实践案例帮助读者加深理解，让读者真正做到知其然且知其所以然。本书不但适合作为各院校相关专业的教材，也适合作为社会培训机构的教材，同时也可作为平面设计师的参考书。

资源丰富

本书附赠大量资源，包括视频教程、讲义，以及案例素材、源文件和最终效果文件。视频教程与书中内容相辅相成、相互补充；讲义可以使读者快速梳理知识要点，也可以帮助教师编写课程教案。

编者简介

邢夏玮：资深平面设计师、UI设计师，Adobe中国认证设计师，Adobe Illustrator 认证产品专家，专注于平面设计、版式设计、UI设计等领域；有9年的设计工作经验，9年的教学经验，为多家公司提供视觉创意服务，服务客户包括中信银行、中国人寿、国美电器、青岛啤酒、金正大集团等。

读者收获

学习完本书后，读者可以熟练地掌握Illustrator 2023的操作方法，还能对图形的创建、颜色的运用、印刷输出、名片设计、宣传单设计、折页设计、图标设计等工作有更深入的理解。

书中难免存在疏漏，希望广大读者批评指正。如果读者在阅读本书的过程中有任何建议，都可以发送电子邮件至hansong@ptpress.com.cn联系我们。

编者

2023年11月

课时计划参考

课程名称	Adobe Illustrator 2023基础教材		
教学目标	使学生掌握Illustrator 2023的使用方法，并能够创作出简单的矢量图作品		
总课时	32	总周数	8

课时安排

周次	建议课时	教学内容	作业课时
1	1	走进实用的Illustrator世界（本书第1课）	0
	1	熟悉Illustrator 2023的基本操作（本书第2课）	1
	2	基本绘图工具的使用（本书第3课第1～4节）	1
2	2	基本绘图工具的使用（本书第3课第5～9节）	1
	2	文本工具的使用（本书第4课）	1
	2	颜色的运用（本书第5课）	1
3	2	对象的基本调节（本书第6课）	1
	2	对象的高阶调节（本书第7课）	1
4	2	效果与外观（本书第8课第1～3节）	1
	2	效果与外观（本书第8课第4～6节）	1
5	1	拓展技能（本书第9课第1节）	1
6	2	拓展技能（本书第9课第2节）	1
	1	打印与输出（本书第10课）	1
7	2	综合案例（本书第11课第1节）	1
	2	综合案例（本书第11课第2节）	1
8	2	综合案例（本书第11课第3节）	1
	2	综合案例（本书第11课第4节）	1
	2	综合案例（本书第11课第5节）	1

本书导读

本书以课、节、知识点和本课练习题的形式对内容进行了划分。

课 每课将讲解的具体功能或项目。

节 将每课的内容划分为几个学习任务。

知识点 将每节的基础理论知识分为几个知识点进行讲解。

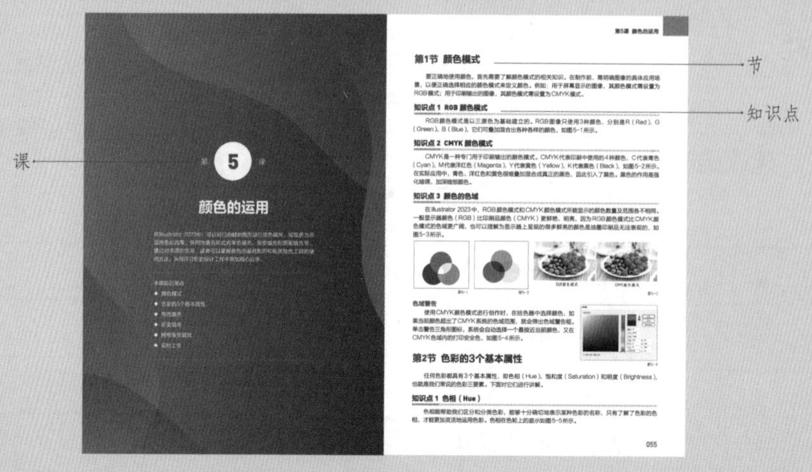

本课练习题 第2课至第11课的课后配有练习题，包含题目、参考答案，以帮助读者巩固所学知识。

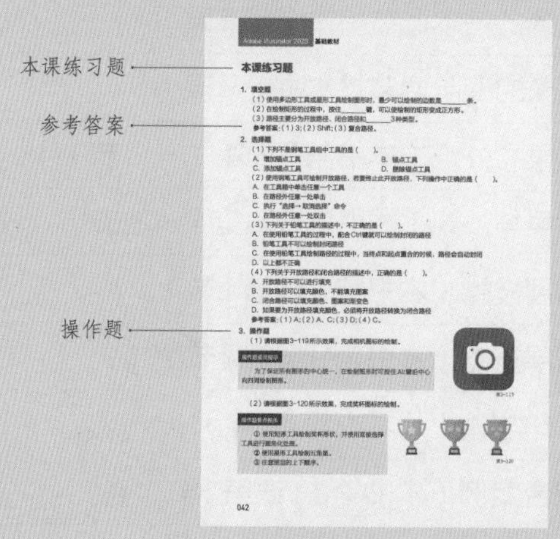

软件版本及操作系统平台

本书使用的软件是Illustrator 2023，操作系统为Windows系统。软件在Windows系统与macOS中的操作方式相同。

资源获取

本书附赠资源包括所有案例的素材文件和结果文件等。扫描右方二维码，关注微信公众号“人邮科普”，并回复“63413”，即可获得本书所有资源的下载方式。

人邮科普

目录

第 1 课 走进实用的 Illustrator 世界

第 2 课 熟悉 Illustrator 2023 的基本操作

第 3 课 基本绘图工具的使用

第 4 课 文本工具的使用

目录

第 5 课 颜色的运用

第 6 课 对象的基本调节

第 7 课 对象的高阶调节

第 8 课 效果与外观

目录

第9课 拓展技能

第10课 打印与输出

第11课 综合案例

第 1 课

走进实用的Illustrator世界

Illustrator是Adobe公司出品的矢量图处理软件，使用它可以绘制和编辑路径及由路径构成的矢量图。矢量图的特点是便于修改，并且可以无损缩放。

通过对本课的学习，读者可以了解Illustrator的应用领域，知道位图与矢量图的区别。在正式开始讲解该软件的用法前，本课将先带领读者安装Illustrator 2023。

本课知识要点

- ◆ Illustrator能做什么
- ◆ 矢量图与位图的区别
- ◆ 软件的下载与卸载

第1节 Illustrator能做什么

Illustrator是一款强大的矢量图处理软件，它的应用领域非常广，可以应用于印刷排版、图形绘制、Web图像制作和处理、移动设备图形处理等领域，应用范围包括插画设计、标识设计、VI（Visual Identity，视觉识别）设计、字体设计、产品包装设计、图标设计、画册设计等。用Illustrator设计的作品如图1-1所示。

图1-1

第2节 矢量图与位图的区别

矢量图和位图是两种图像类型。那么，什么是矢量图？什么是位图？两者之间又有什么区别？下面进行介绍。

知识点 1 矢量图

矢量图是计算机图形学中用点、直线或多边形等基于数学方程的几何图元表示图像的方法，它必须由矢量图软件绘制出来。

矢量图的质量与分辨率无关，可以任意放大或缩小，不会影响图的清晰度，并且文件占用的存储空间较小，这些是矢量图的特点。图1-2所示为将矢量图局部放大前后的对比效果。

当然矢量图也有其不足之处，例如无法像照片等位图那样呈现出丰富的颜色变化和细腻的色调过渡效果。

知识点 2 位图

位图也称为栅格图像或点阵图像，由多个方块状像素构成。位图的质量与分辨率有非常大的关系，像素的数量决定了图像的清晰度，像素数量越多，图像越清晰，所占用的存储空间也就越大。

缩小位图，像素会相应减少，如果使用放大镜放大位图，可以看到锯齿状的边缘，图像变得模糊，如图1-3所示。

图1-2

图1-3

第3节 软件的下载与卸载

在正式学习Illustrator的操作前，需要下载该软件，接下来讲解如何下载和卸载Illustrator。

知识点 1 下载 Illustrator

Illustrator几乎每年都会进行一次版本的更新与迭代，更新的内容包括部分功能的优化和调整，以及增加一些新功能等。因此，建议大家下载较新版本的Illustrator，这样可以体验到更多新技术和新功能。

本书基于Illustrator 2023进行讲解，建议读者下载相同的版本来进行同步练习。

下载Illustrator的方法很简单，只需要登录Adobe官方网站，然后找到“帮助与支持”栏目，单击该栏目中的“下载并安装”，打开“所有产品”界面，就可以下载正版Illustrator了，如图1-4所示。

单击“免费试用”按钮，系统会先下载Adobe Creative Cloud桌面程序，将其下载并安装完成后，便可以下载Illustrator，如图1-5所示。

图1-4

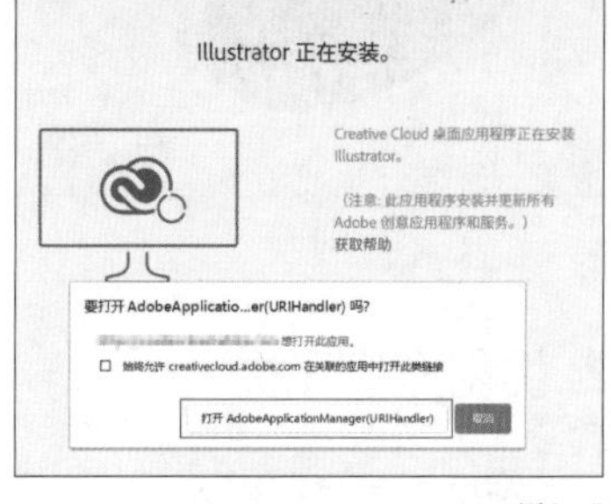

图1-5

知识点 2 卸载 Illustrator

卸载Illustrator有如下两种方法。

1. 使用Adobe Creative Cloud卸载

运行Adobe Creative Cloud，单击Illustrator右侧的“更多”图标，在打开的菜单中执行“卸载”命令即可将其卸载。

2. 使用计算机系统的程序卸载功能

此处以Windows系统为例，打开Windows系统的设置面板，单击“应用”，并在打开的界面中选择“Adobe Illustrator 2023”，然后单击“卸载”按钮，如图1-6所示。

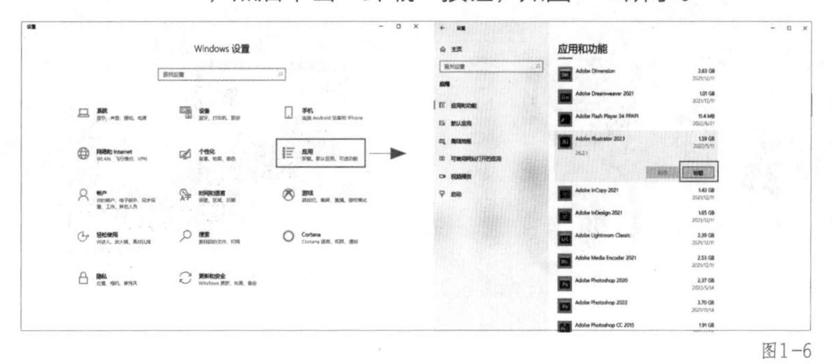

图1-6

第4节 Illustrator 2023新增及增强功能

Adobe公司每年都会进行Illustrator的版本升级，同时也在不断地增强或新增Illustrator的功能，以便让用户更便捷、高效地使用软件，下面列举了Illustrator 2023的部分新增及增强功能。

知识点 1 增强 3D 效果

Illustrator 2023中增强了3D效果功能，可以轻松地将 3D 效果（例如平面、绕转、凸出、膨胀）应用到矢量图中，并创建3D图形，如图1-7所示；还可以通过 Adobe Substance 材质库等创建出丰富的3D图形效果，如图1-8所示。

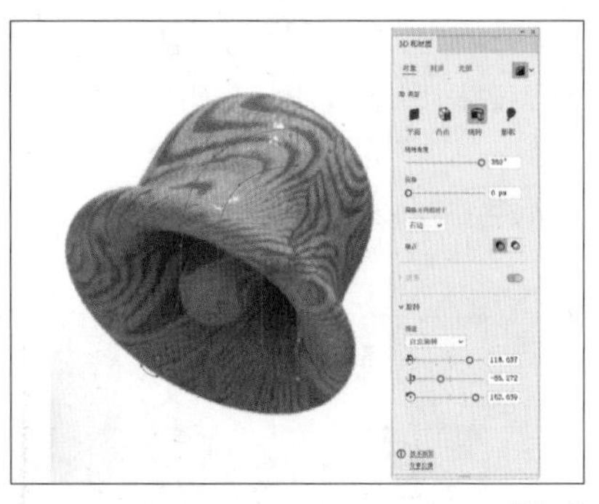

图1-7

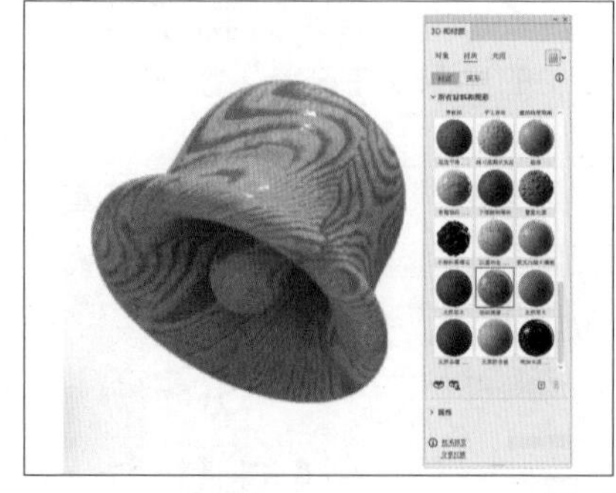

图1-8

知识点 2 优化宽度工具

优化后的宽度工具会在描边上应用简化路径的锚点，从而可以使用较少的锚点轻松调整或扩展图形描边，如图1-9所示。

知识点 3 支持 HEIF 或 WebP 格式

可以在Illustrator 2023中打开或置入高效率图像格式（High Efficiency Image File Format，HEIF）或Web图片（WebP）格式的文件，如图1-10所示。

HEIF文件体积小，相比JPEG文件减少了50%，色位深度更高，颜色更丰富。当然HEIF文件对于硬件要求较高，所以并非所有软件都能像Illustrator 2023一样支持打开这类文件。

WebP格式为网络用图格式，能在基本满足用户对图片质量要求的同时，减小图片大小，并可以在网络浏览时更高效地缩短图片的打开时间。

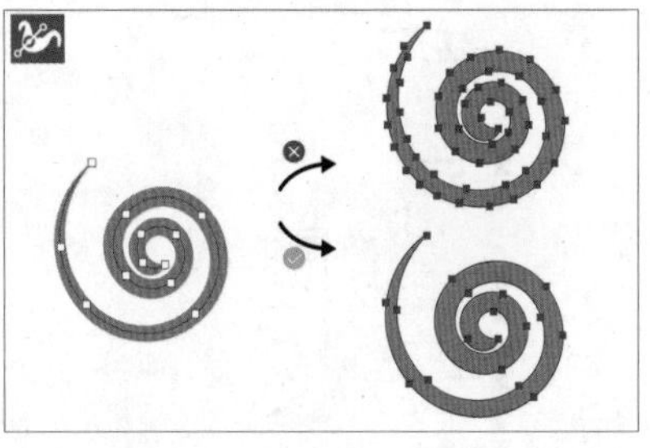

图1-9

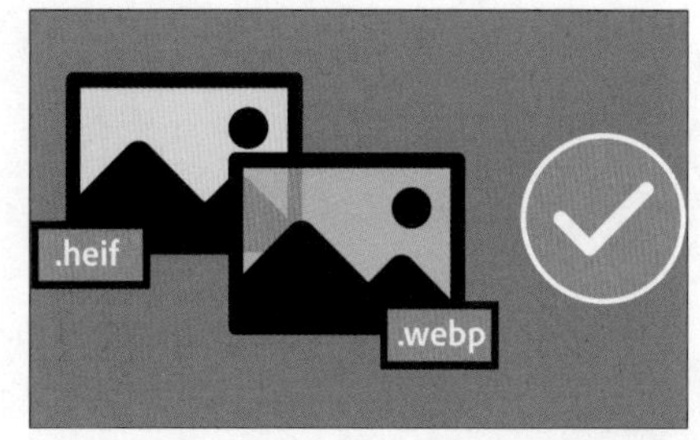

图1-10

知识点 4 无缝激活缺失字体

此功能可以帮助用户在任何计算机上加载文档而无须手动修复缺失字体。缺失字体将替换为Adobe Fonts中的字体。

知识点 5 置入链接的云文档

使用Illustrator 2023，用户可以在Illustrator文档中置入或嵌入链接的PSD（Photoshop专用文件格式）云文档。若要更新或重新链接PSD云文档，可在编辑文档时，将相应内容自动嵌入当前画板中。

第 2 课

熟悉Illustrator 2023的基本操作

本课主要讲解Illustrator 2023的工作界面及首选项的设置，帮助读者熟悉Illustrator 2023中的视图操作、查看图稿的方式，掌握文件的新建、打开和存储等一系列基本的操作，以及掌握“图层”面板、画板、“透明度”面板的用法，为后续进一步学习该软件打下坚实的基础。

本课知识要点

- ◆ 工作界面
- ◆ 视图的调整方法
- ◆ 图稿的查看方法
- ◆ 标尺的用法
- ◆ 文件的基本操作
- ◆ “图层”面板的用法
- ◆ 画板的用法
- ◆ “透明度”面板的用法

第1节 认识工作界面

打开软件后，执行“文件→新建”或者“文件→打开”命令，新建或打开一个文档，可以看到Illustrator 2023的工作界面主要由菜单栏、标题栏、工具箱、控制栏、状态栏、画板和面板等部分组成，如图2-1所示。

Illustrator 2023默认提供Web、上色、传统基本功能和基本功能等多个工作界面，同时也支持用户自定义工作界面，用户可以根据自己的使用习惯进行界面的布置。

图2-1

知识点 1 菜单栏

菜单栏位于工作界面的上部，包含文件、编辑、对象、文字、选择、效果、视图、窗口和帮助等菜单，如图2-2所示。这些菜单包含Illustrator 2023中的大部分命令，用户可通过选择各菜单中的命令来完成各种操作和设置，从而实现想要的效果。

Ai 文件(F) 编辑(E) 对象(O) 文字(T) 选择(S) 效果(C) 视图(V) 窗口(W) 帮助(H)

图2-2

各菜单中包含的命令如下。

- 文件：包含处理文件的命令，如新建文件、存储文件和导出文件的命令。
- 编辑：包含编辑图稿的常规命令，如复制、粘贴和还原等命令。
- 对象：包含处理对象的多个命令，如排列对象和变换对象的命令。
- 文字：包含对文本进行编辑的命令。
- 选择：包含选择对象的命令，如全选、反向选择等命令。
- 效果：包含使图稿呈现特殊效果的命令，如3D、变形和扭曲等。
- 视图：包含控制图稿的显示形式，以及参考线、标尺和网格等辅助工具的显示与隐藏的命令。
- 窗口：包含各类控制面板的显示与隐藏，以及自定义工作界面的命令。
- 帮助：包含查询软件的功能，以及登录账号和更新版本的命令。

知识点 2 标题栏

标题栏用于显示当前文档的名称、视图比例和颜色模式等信息，如图2-3所示。

图2-3

知识点 3 工具箱

工具箱在默认状态下位于工作界面的左侧，也可以根据需要将其拖曳到任意位置。可使用工具箱中的工具进行绘制图形和编辑图稿等操作。工具箱中的部分工具右下角有黑色小三角形，表示这是个工具组，其内部还有未展现的工具，可以右击该工具，展开其内部的工具。图2-4所示为工具箱的工具概览。

知识点 4 控制栏

控制栏位于画板的上方，在工具箱中选择任意工具后，控制栏将显示与当前工具有关的属性和参数。不同的对象具有不同的可调状态，一般在控制栏中可对所选对象的填色、描边、不透明度、排列方式、位置、尺寸等进行调整，如图2-5所示。

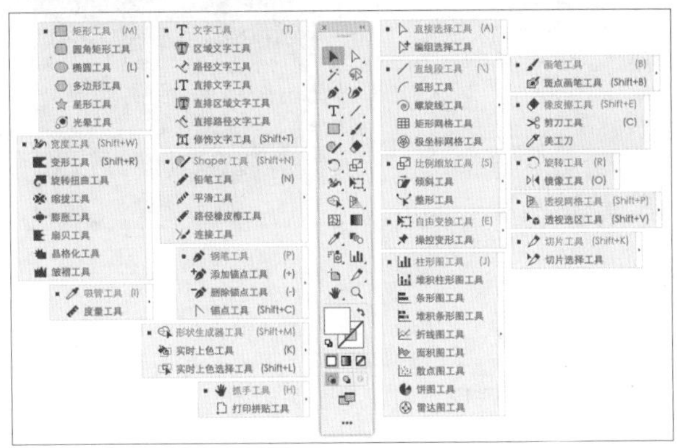

图2-4

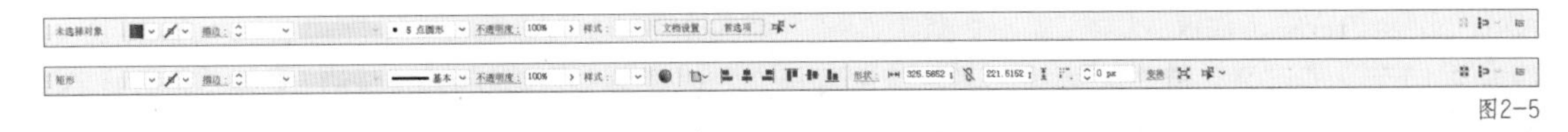

图2-5

扩展

控制栏中包含“填色”“描边”“画笔”“不透明度”“样式”等常用属性，可以让用户快速地制作出想要的效果。这些属性与“窗口”菜单中的命令一一对应，但直接在控制栏中进行设置会更方便。用户可以单击名称下方带有虚线的属性，打开内嵌面板，进行相应的调节，如图2-6所示。在画板以外的区域单击，可将打开的内嵌面板关闭。

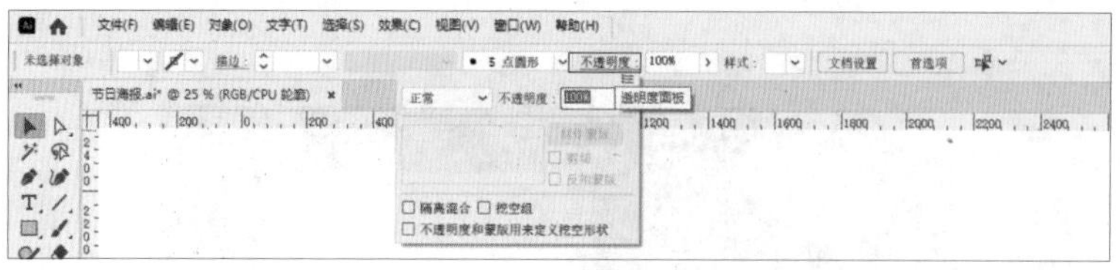

图2-6

知识点 5 状态栏

状态栏位于工作界面的底部，用于显示当前文档的缩放比例、视图角度等相关信息。另外，单击状态栏右侧的箭头按钮，可以在打开的级联菜单中对显示的信息进行更改，如图2-7所示。

状态栏中各显示选项的介绍如下。

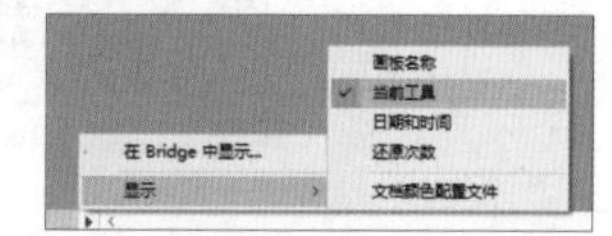

图2-7

- 画板名称：显示当前文档所在画板的名称。
- 当前工具：显示当前选择的工具的名称。
- 日期和时间：显示当前的日期和时间。
- 还原次数：显示可以还原和重做的次数。
- 文档颜色配置文件：显示当前文档使用的颜色配置文件的名称。若需更改颜色配置，可执行“编辑→ 颜色设置”命令，在打开的“颜色设置”面板中进行参数调节。

知识点 6 面板

面板是Illustrator 2023工作界面的重要组成部分，所有面板都可通过“窗口”菜单打开。默认情况下，面板位于工作界面的右侧。面板既可以单独存在，也可以组成面板组，同时还可以浮动在工作区的任意位置，如图2-8所示。若要打开更多面板，可以根据需要在“窗口”菜单中打开，如图2-9所示。

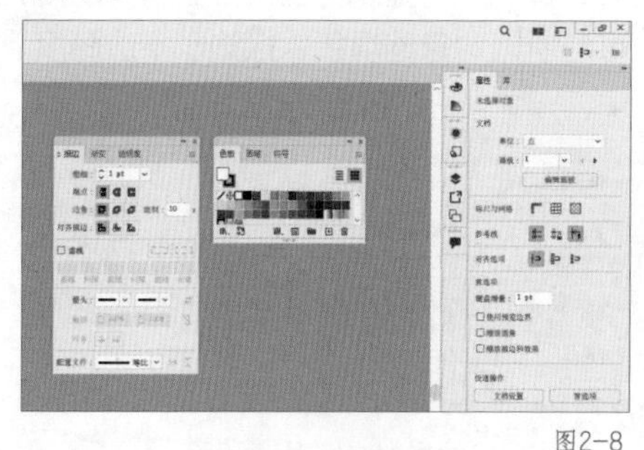

图2-8

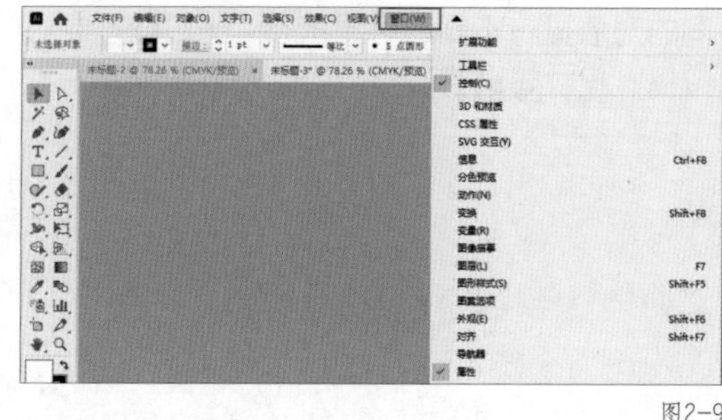

图2-9

知识点 7 自定义工作区及复位

Illustrator 2023中预设了一些工作区，如Web、上色、传统基本功能和基本功能等工作区，用户可以根据需求进行选择，如图2-10所示。但在进行一些操作时，部分面板几乎是用不到的，而工作界面中存在过多的面板会占用较多的操作空间，影响工作效率。因此，我们可以根据工作习惯自定义一个适合自己的工作区，以提高工作效率。

要自定义工作区，首先需要关闭不常用的面板。右击需要关闭的面板的名称，在弹出的快捷菜单中执行“关闭”命令关闭当前面板；执行“关闭选项卡组”命令，可关闭该组中的所有面板，如图2-11所示。

如果想要将调整好的工作区保存下来，执行“窗口→ 工作区→ 新建工作区”命令，打开“新建工作区”对话框，设置“名称”并单击“确定”按钮即可，如图2-12所示。

如果需要删除自定义的工作区，执行“窗口→ 工作区→ 管理工作区”命令，打开“管理工作区”对话框，选择需要删除的工作区，单击“删除”按钮进行删除即可，如图2-13所示。

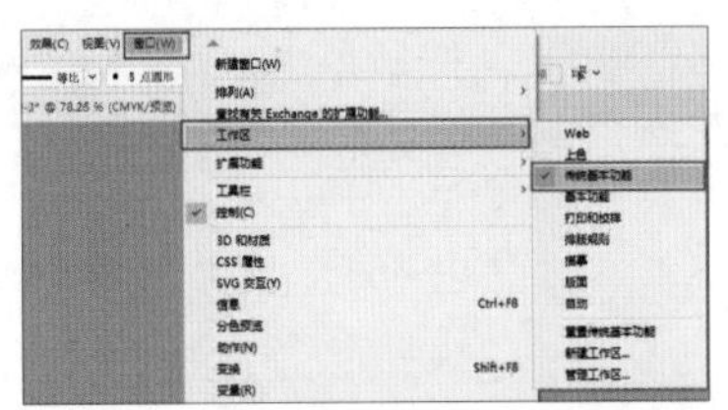

图2-10

图2-11

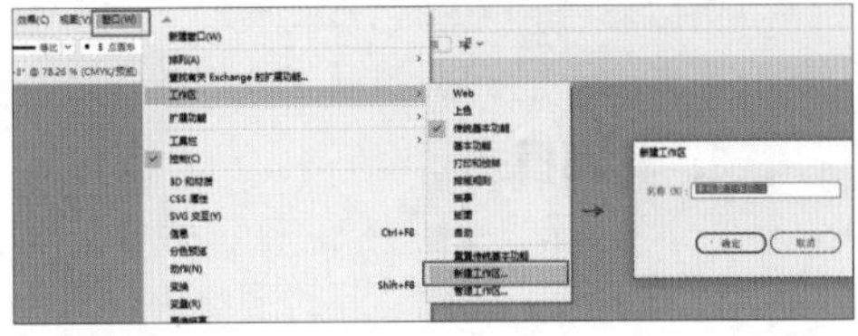

图2-12

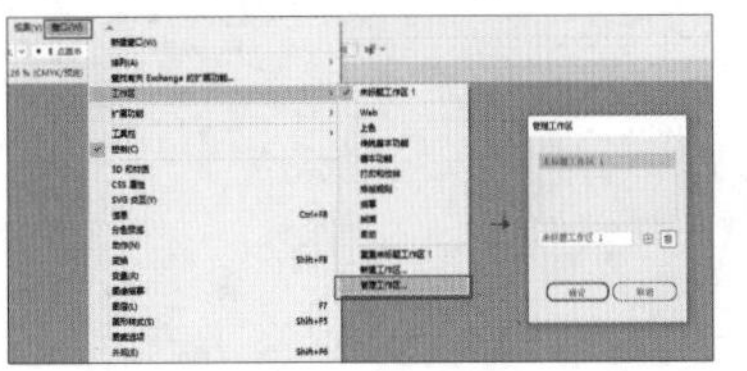

图2-13

如果工作区中的面板摆放凌乱或被误关闭了，执行“窗口→ 工作区→ 重置传统基本功能”命令即可恢复为原始状态，如图2-14所示。

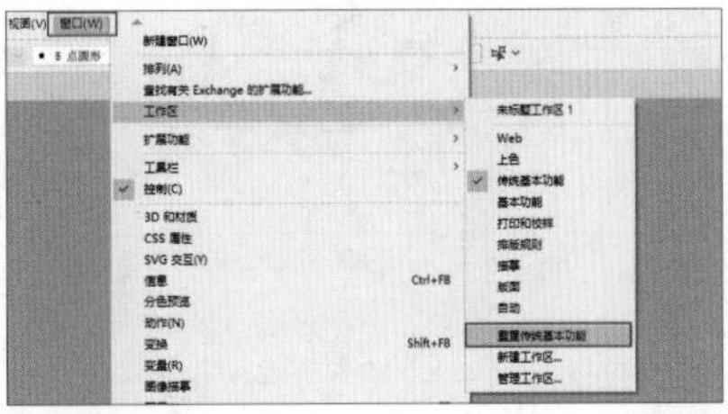

图2-14

第2节 视图的操作

在使用Illustrator 2023进行创作的过程中，经常需要对图稿的细节进行修改和完善，这时就要根据需要调整视图的显示模式与显示比例，如可以通过缩放视图、移动视图、使用“导航器”面板等来查看或修改图稿在工作界面中的显示效果。调整视图的基本操作命令位于“视图”菜单下，也可以通过相关的快捷键来进行操作。

知识点 1 切换屏幕模式

在Illustrator 2023中，有3种屏幕模式，分别为“正常屏幕模式”“带有菜单栏的全屏模式”“全屏模式”。用户也可以在工具箱的底部单击“更改屏幕模式”按钮，在弹出的菜单中根据需要选择不同的屏幕模式，如图2-15所示。

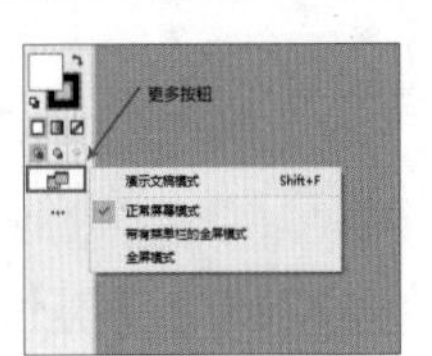

图2-15

1. 正常屏幕模式

默认状态下的屏幕模式是“正常屏幕模式”，包含工作界面的所有组成部分，按快捷键Tab可以切换为只显示菜单栏、标题栏、状态栏的界面，如图2-16所示。

2. 带有菜单栏的全屏模式

选择“带有菜单栏的全屏模式”选项，会简化工作区，只显示顶部的菜单栏和底部的状态栏，如图2-17所示。

图2-16

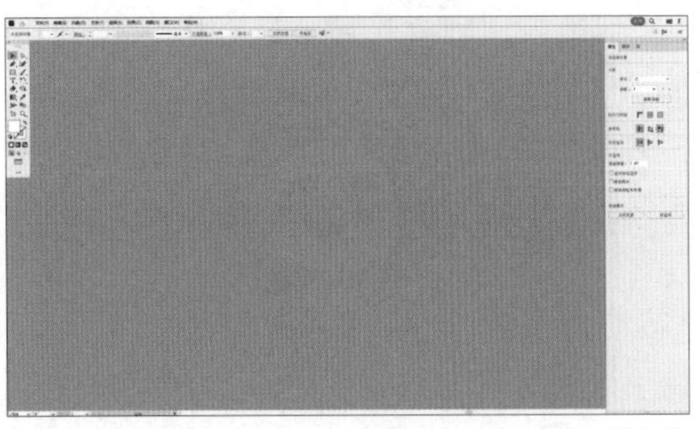

图2-17

3. 全屏模式

选择“全屏模式”选项，可以隐藏除状态栏之外的其他栏，此时整个屏幕中只显示图稿，如图2-18所示。

图2-18

知识点 2 选择视图模式

图2-19

在Illustrator 2023中，图稿在默认情况下以彩色预览图的方式展现，用户也可以根据需要以不同的视图模式预览图稿。

1. 轮廓模式

执行“视图→轮廓”命令，可以在轮廓模式下预览图稿，此时图稿的所有色彩信息都被隐藏，只显示轮廓线结构，常用于快速选择或对齐图稿中的线条，如图2-19所示。

2. 像素预览模式

执行“视图→像素预览”命令，可以在像素预览模式下预览图稿，并将图稿转换为位图显示模式，如图2-20所示。

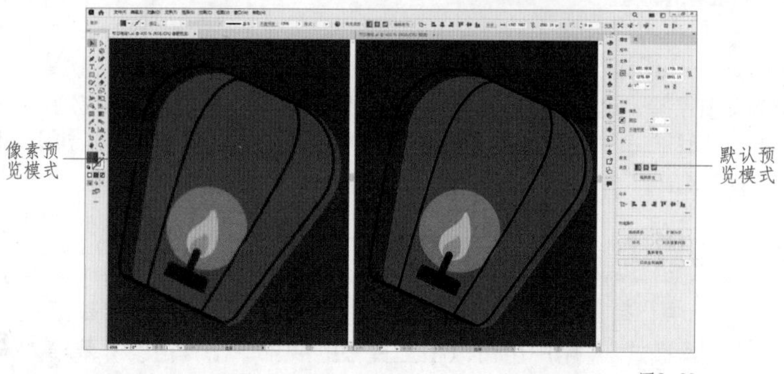

图2-20

知识点 3 移动视图

如果想要改变图稿在窗口中的位置，以显示图稿的不同部分，可以使用工具箱中的抓手工具来移动画布，也可以按住空格键不放临时切换到抓手工具，将鼠标指针放在图稿上拖曳来移动图稿位置，如图2-21所示。

图2-21

知识点4 查看图稿

在编辑图稿的过程中，经常需要对图稿的局部区域进行查看，可以使用缩放工具，也可以执行“视图”菜单中的视图比例调整命令，甚至可以使用状态栏、“导航器”面板等对图稿进行缩放。

1. 使用缩放工具调节视图

选择工具箱中的缩放工具，在画板中单击，视图将以单击处为中心放大。按住Alt键并单击，视图将以单击处为中心缩小，如图2-22所示。

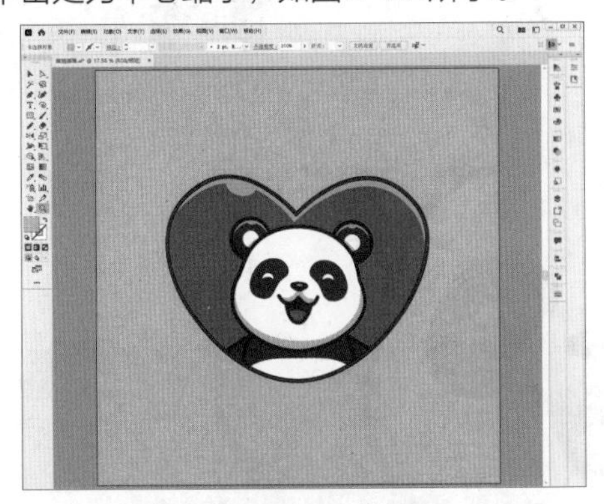
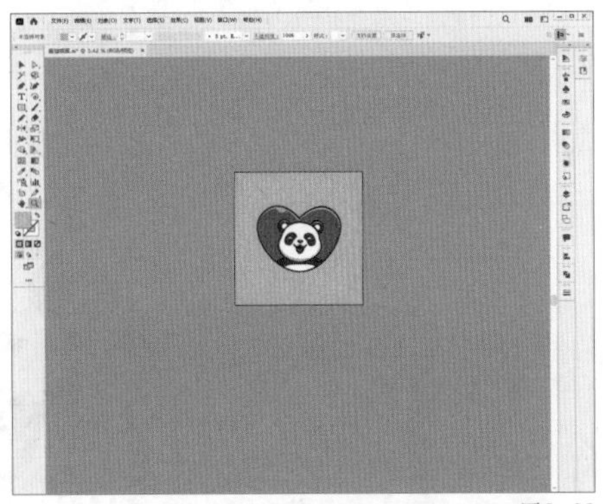

图2-22

2. 使用视图命令与快捷键调节视图

在“视图”菜单中集合了专门用于调整视图比例的命令，命令名称右侧显示了对应的快捷键，用户可以根据需求查看图稿，如图2-23所示。

调整视图的命令与快捷键

- 执行“视图→放大”命令，或按快捷键Ctrl++，可以将视图放大。
- 执行“视图→缩小”命令，或按快捷键Ctrl+-，可以将视图缩小。
- 执行“视图→画板适合窗口大小”命令，或按快捷键Ctrl+0，可以让画板在文档窗口中居中显示。
- 执行“视图→实际大小”命令，或按快捷键Ctrl+1，可以让文档中的每个对象按照实际大小显示。

3. 使用鼠标滚轮调节视图

按住Alt键，向前滚动鼠标滚轮可放大视图，向后滚动鼠标滚轮可缩小视图。

4. 使用状态栏调节视图

在状态栏的“缩放比例”文本框中输入需要的视图比例数值后，按回车键，即可按输入值进行视图的缩放，如图2-24所示；也可直接选择下拉列表中的比例参数进行视图的调整，如图2-25所示。

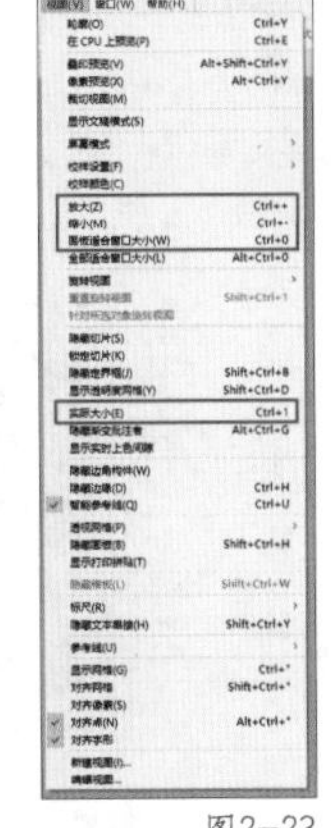

图2-23

图2-24

5. 使用“导航器”面板

使用“导航器”面板可以快速、直观地查看图稿，执行“窗口→导航器”命令，可以显示或隐藏“导航器”面板，如图2-26所示。“导航器”面板中的红色线框区域表示的是当前预览区域，与画板中的当前可查看区域相对应。如果要在“导航器”面板中移动画面，可以将鼠标指针放置在“导航器”面板的缩览图上，当鼠标指针变成抓手形状时，拖曳即可移动画面，如图2-27所示。

图2-25

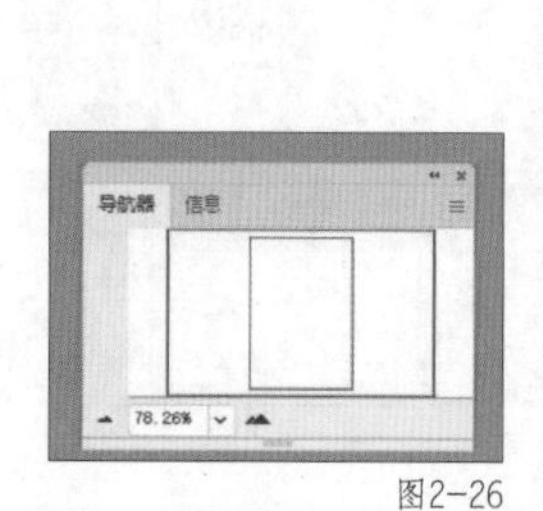

图2-26

图2-27

“导航器”面板中的操作

▍ 放大与缩小：在“导航器”面板中单击“放大”按钮，即可放大视图；单击“缩小”按钮，即可缩小视图。

▍“缩放比例”文本框：在“缩放比例”文本框中输入需要的视图比例数值后，按回车键即可按比例缩放视图。

▍ 更改当前预览区域：“导航器”面板中的红色线框区域为当前预览区域，拖曳该线框可以更改当前预览区域。

知识点 5 辅助绘图工具

Illustrator 2023中常用的辅助绘图工具有标尺、参考线、网格。用户可以通过辅助绘图工具进行精准的绘制、定位、缩放、对齐等操作。

1. 标尺

标尺位于画板的左侧和顶部，可以帮助用户精确定位和度量画板中的对象。

显示或隐藏标尺

执行“视图→标尺→显示标尺”命令，或按快捷键Ctrl+R可以显示或隐藏标尺，如图2-28所示。

图2-28

更改标尺的原点

在默认情况下，标尺的原点位于画板的左上角，如图2-29所示。如果需要改变标尺原点的位置，可以将鼠标指针放在水平标尺和垂直标尺的交会处进行拖曳，以更改标尺的原点。如果想要恢复为默认状态，可以双击水平标尺和垂直标尺的交会处。

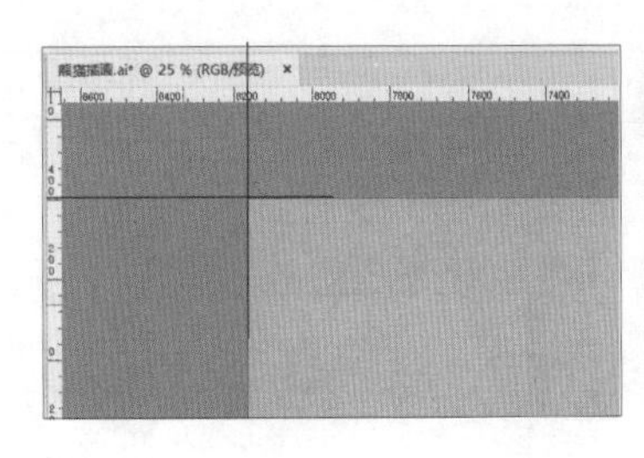
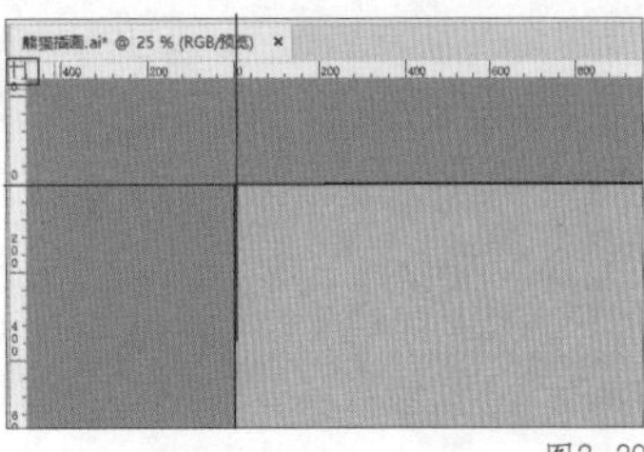

图2-29

更改标尺的单位

在默认情况下，标尺的单位为像素，如果需要更改标尺的单位，可以在标尺的刻度上右击，在弹出的快捷菜单中进行单位的更改，如图2-30所示。

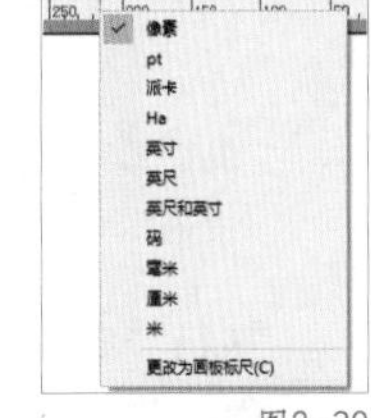

图2-30

2. 参考线

参考线是常用的辅助工具，在绘图时可以根据需要创建水平参考线或垂直参考线，以便更好地对齐各个对象。

创建参考线

将鼠标指针放在水平标尺位置，按住鼠标左键并向下拖曳可以建立一条水平参考线。如果将鼠标指针放在垂直标尺位置，按住鼠标左键并向右拖曳可以建立一条垂直参考线，如图2-31所示。

隐藏参考线

如果需要暂时隐藏建立的参考线，可以执行“视图→参考线→隐藏参考线”命令将其隐藏，如图2-32所示。隐藏参考线后如果想将其再次显示，可以执行“视图→参考线→显示参考线”命令将其显示。也可以按快捷键Ctrl +;显示或隐藏参考线。

图2-31

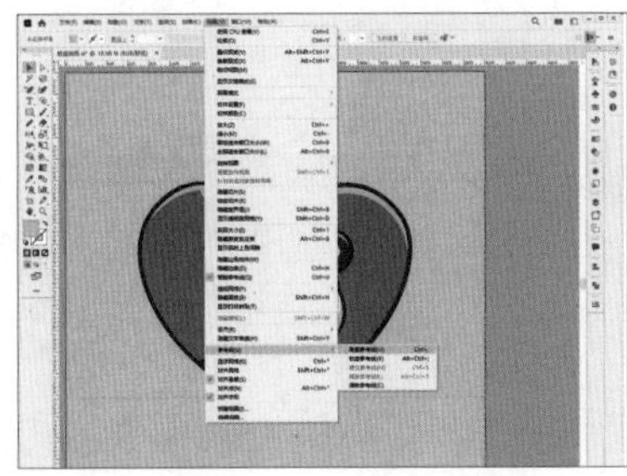

图2-32

锁定或解锁参考线

在设计图稿时，为了避免因误操作导致参考线产生变化，可以在创建参考线以后将其锁定，锁定后的参考线将不能被选中和编辑。执行“视图→参考线→锁定参考线”命令，即可锁定参考线，再次执行该命令，可以解锁参考线。除此之外，也可以使用快捷键Ctrl+Alt+;锁定或解锁参考线。

清除参考线

创建参考线后，如果想要清除单条参考线，可以在选中参考线后按Delete键，删除选中的参考线。如果想要清除所有的参考线，可以执行“视图→参考线→清除参考线”命令，删除画板中的所有参考线。

自定义参考线

执行“编辑→首选项→参考线与网格”命令，打开“首选项”对话框，即可通过相关选项对参考线的颜色、样式等属性进行设置，如图2-33所示。

设置智能参考线

智能参考线是在操作对象时显示的临时参考线。设置智能参考线有助于在对齐、编辑和变换对象时进行参照。执行“视图→智能参考线”命令，即可启用或关闭智能参考线。

使用智能参考线可以自动对齐画板中的点、线、对象中心、边缘，同时会显示洋红色参考线和对应文字作为提示。通过这些参考线，用户可以准确定位对象，从而提高工作效率，如图2-34所示。

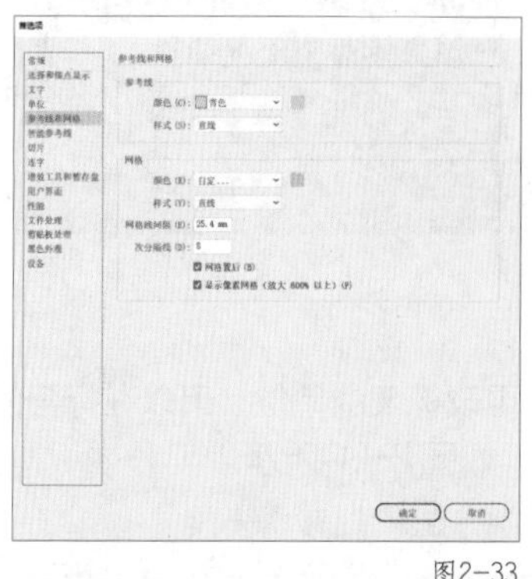
图2-33

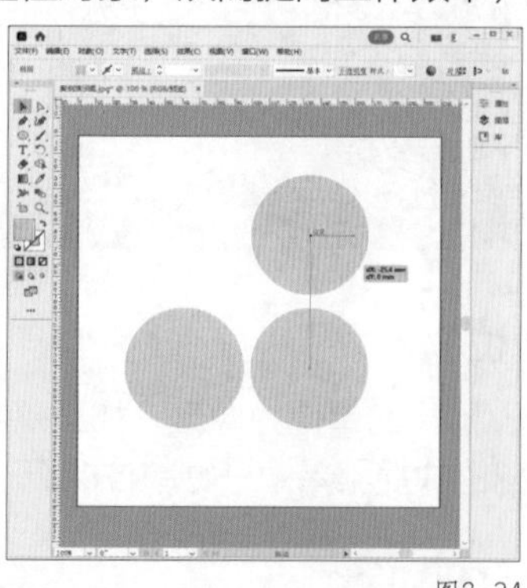
图2-34

执行“编辑→首选项→智能参考线”命令，可以在打开的“首选项”对话框中设置智能参考线的颜色、对象突出显示、锚点/路径标签等参数，如图2-35所示。

3. 网格

网格是一种交叉的虚线或点状参考线，与参考线的作用相同，同样能够辅助对齐和定位对象。

网格的显示与隐藏

执行“视图→显示网格”或“视图→隐藏网格”命令，或使用快捷键Ctrl+'，可以显示或隐藏网格，如图2-36所示。

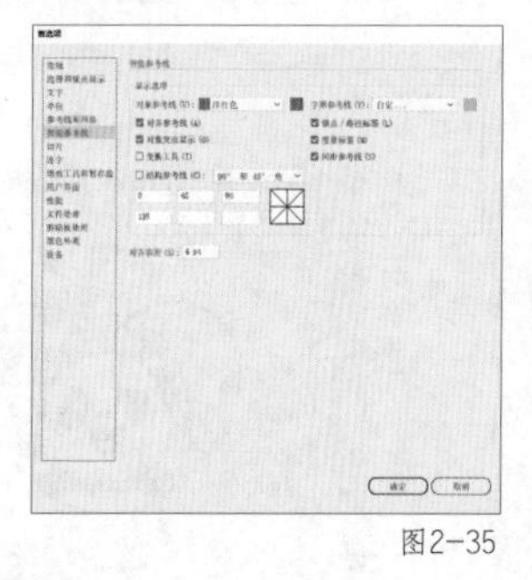
图2-35

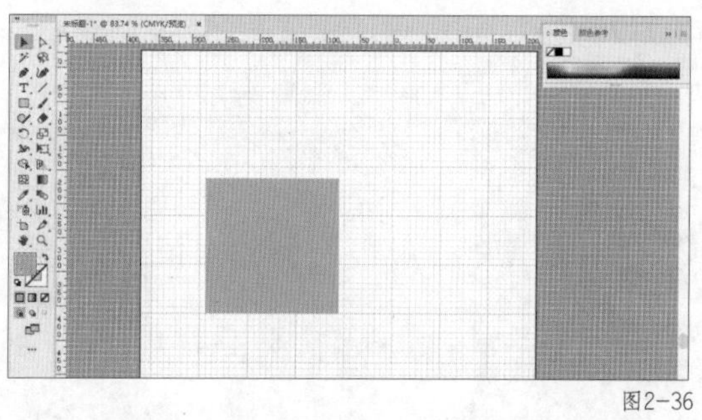
图2-36

对齐网格

在设计图稿时，如果希望图形能够与网格对齐，可以执行“视图→对齐网格”命令，打开对齐网格功能，此时移动对象靠近网格线，对象会自动“吸附”到网格线上，为设计图稿提供了便捷。

第3节 文件的新建与存储

在Illustrator 2023中，文件的新建、打开、存储和关闭等都是基本的操作，执行相应命令即可完成操作。

知识点 1 打开文件

在Illustrator 2023中，我们有时不需要新建文件，而是需要打开已经创建好的文件进行编辑。下面对常用的打开文件的方法进行介绍。

1. 通过主页界面打开文件

启动软件后，在主页界面单击“打开”按钮，即可在弹出的对话框中选择要打开的文件，如图2-37所示。

图2-37

2. 通过“打开”命令打开文件

执行“文件→打开”命令，如图2-38所示，打开“打开”对话框，选择需要打开的文件，单击“打开”按钮或直接双击文件，即可打开相应文件。

3. 通过“最近打开的文件”命令打开文件

Illustrator 2023可以记录最近使用过的20个文件，执行“文件→最近打开的文件”命令，如图2-39所示，在其子菜单中选择需要的文件，即可将其打开。

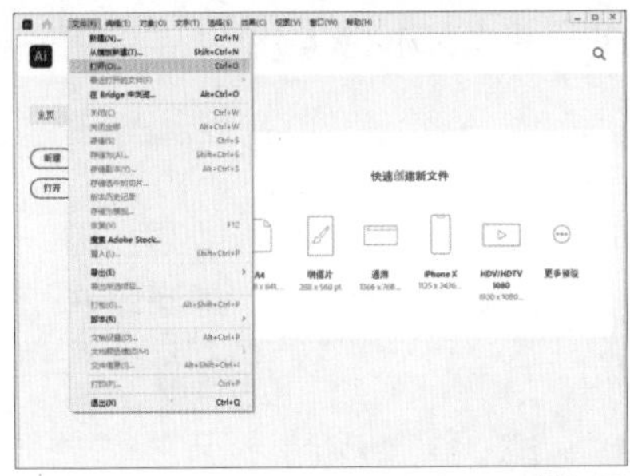

图2-38

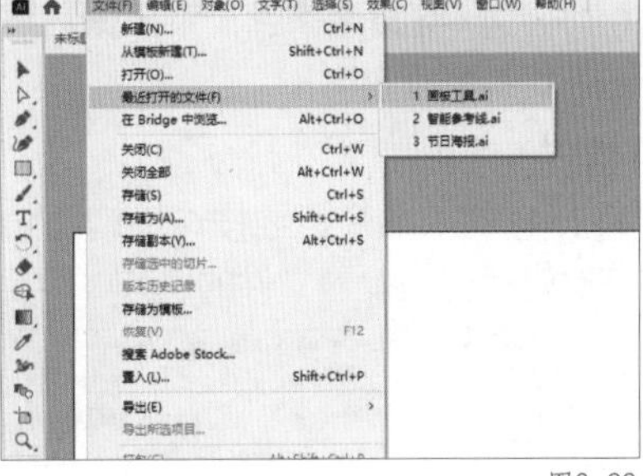

图2-39

4. 通过“在Bridge中浏览”命令打开文件

执行“文件→在Bridge中浏览”命令，打开Adobe Bridge文件管理器。在Bridge中选择并双击某个文件，即可在Illustrator 2023中将其打开，如图2-40所示。

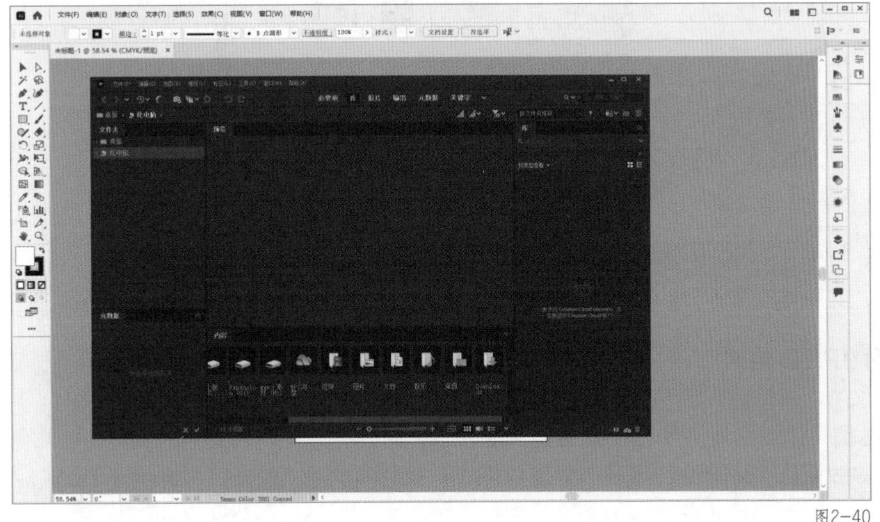

图2-40

知识点 2 新建文件

执行“文件→新建”命令，或按快捷键 Ctrl+N打开“新建文档”对话框，如图2-41所示。在此对话框中可以选择需要的尺寸模板或者自定义尺寸进行文档的创建。

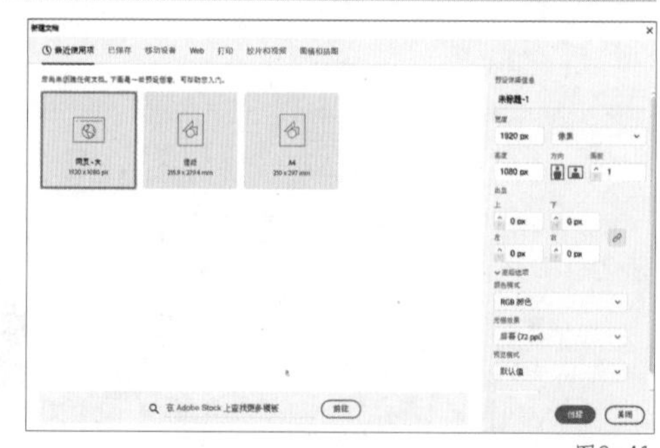

图2-41

知识点 3 存储文件

文件的存储是非常重要的事情，在创作过程中或创作完成后都需要对文件进行存储，以方便下次使用。同时，养成及时存储文件的好习惯，也可以减轻计算机宕机或突然断电等情况对实际工作造成的影响。在Illustrator 2023中可以将文件存储为AI、PDF、JPEG、PNG等常用格式。

AI格式是Illustrator 2023的默认存储格式，将文件存储为AI格式后任何时候都可以打开该文件进行修改。

PDF属于便携文档格式，该格式的文件可以保留创建的文字、图像等内容，而且文件较小，便于使用，应用非常广泛。

JPEG格式是最常见的一种图像格式，扩展名为jpg或jpeg。该格式的文件较小，只占用较少的磁盘空间，但有较好的图像质量。

PNG格式是一种网络图像格式，采用无损压缩的方式来减小文件的大小，以利于网络传输。同时PNG格式支持存储透明图像。

1. 存储为AI格式

执行“文件→存储”命令，或按快捷键 Ctrl+S，即可存储当前文件。如果是第一次存储文件，可以在打开的存储对话框中设置文件的名称、存储路径、默认文件格式等，如图2-42所示。

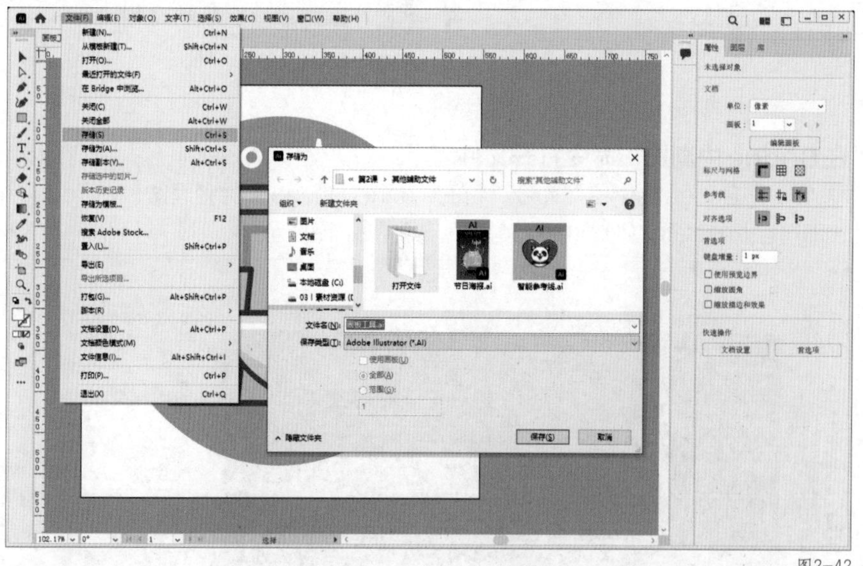

图2-42

2. 存储为JPEG格式

执行“文件→导出”命令，在子菜单中执行“导出为”命令，在打开的“导出”对话框中设置文件的名称、存储路径，并将格式设置为JPEG，单击“导出”按钮，打开“JPEG选项”对话框，设置颜色模型、品质和分辨率，单击“确定”按钮即可将文件保存为JPEG格式，如图2-43所示。

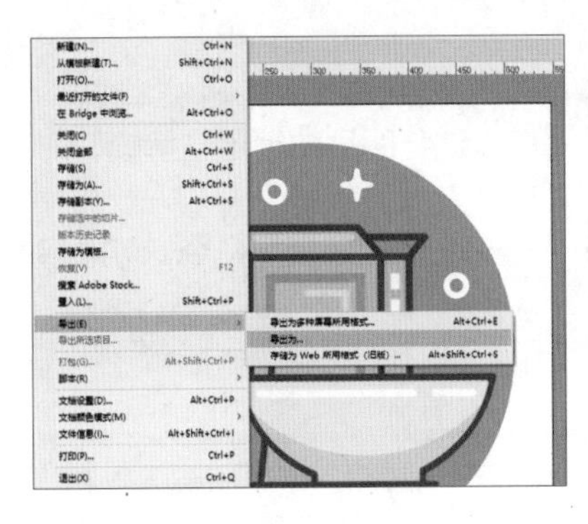

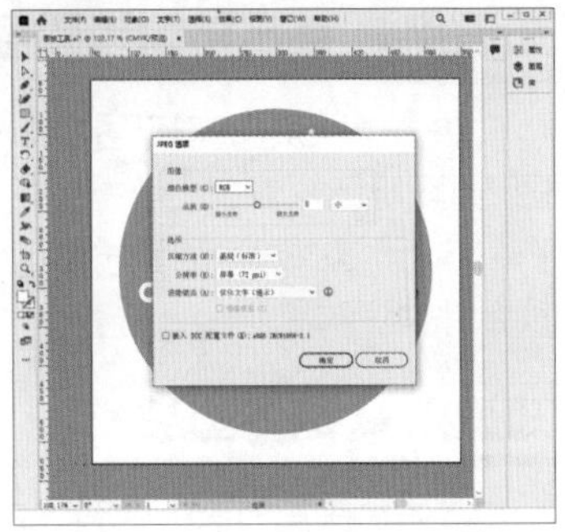

图2-43

知识点 4 关闭文件

执行“文件→关闭”命令，或单击工作界面右上方的“关闭”按钮，或按快捷键 Ctrl+W，即可关闭当前文件。如果文件在关闭之前没有保存，系统会弹出提示是否存储的对话框，可根据自己的情况进行选择，如图2-44所示。

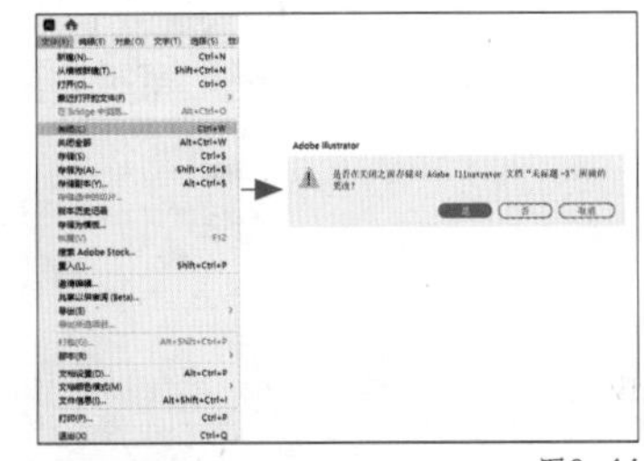

图2-44

第4节 “图层”面板的使用

在Illustrator 2023中，依然存在“图层”面板，它与Photoshop中的“图层”面板是一样的。一个图层中可以包含多个对象，当对象较多时就需要使用“图层”面板对图层进行新建、复制、隐藏和锁定等操作。但由于Illustrator 2023中的所有内容都可以在一个图层里进行管理，所以Illustrator 2023中的“图层”面板相对Photoshop中的使用频率较低。图2-45所示为“图层”面板。

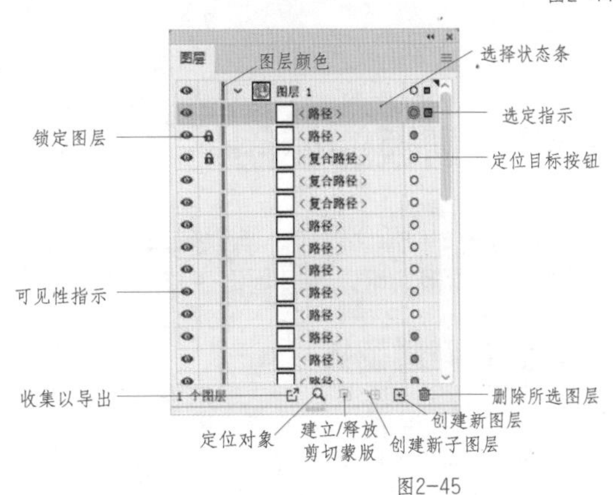

图2-45

知识点 1 新建图层和子图层

对象较多时，为了便于区分不同的图层或明确对象的层级关系，可以单击“图层”面板中的“创建新图层”按钮新建图层，如图2-46所示。单击“创建新子图层”按钮可以在当前主图层里创建子图层，如图2-47所示。

知识点 2 隐藏与显示图层

单击“图层”面板左侧的“切换可视性”按钮，可以进行图层的隐藏与显示，如图2-48所示。

图2-46

图2-47

图2-48

知识点 3 锁定与解锁图层

单击“图层”面板“切换可视性”按钮右侧的灰色图标区域，可以进行图层的锁定与解锁，如图2-49所示。

执行“对象→锁定→所选对象”命令，可以锁定对象；执行“对象→全部解锁”命令，可以解锁全部锁定对象。

知识点 4 选择图层

单击“图层”面板中图层名称右侧的圆圈图标，可以进行图层的选择，如图2-50所示。

知识点 5 删除图层

选择需要删除的图层或子图层，单击“删除所选图层”按钮可以将其删除，也可以将图层拖曳到“删除所选图层”按钮上直接将其删除，如图2-51所示。

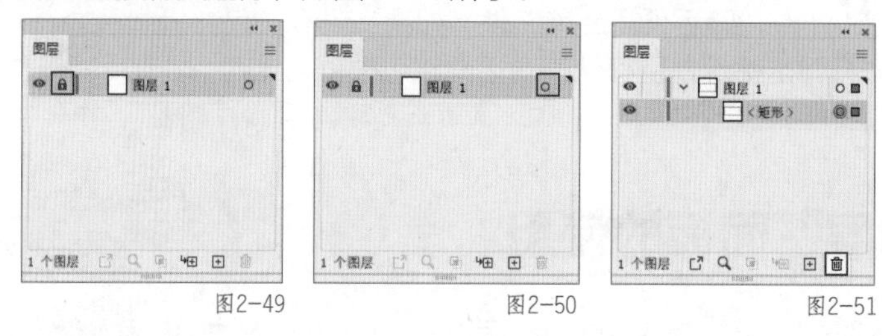

图2-49　　图2-50　　图2-51

第5节 画板的使用

在Illustrator 2023中，画板是重要的组成部分。在文件的处理过程中，如果想要编辑当前画板或添加新的画板，可以通过画板工具进行设置。

知识点 1 新建画板

选择工具箱中的画板工具，进入画板编辑状态，单击“新建画板”按钮，可以以当前文件已有的画板尺寸创建新的画板，如图2-52所示。

知识点 2 复制画板

如果想要复制一个同样的画板，可以在选择画板工具后，按住Alt键并拖曳鼠标，将画板拖到新的位置，实现画板的复制，如图2-53所示。

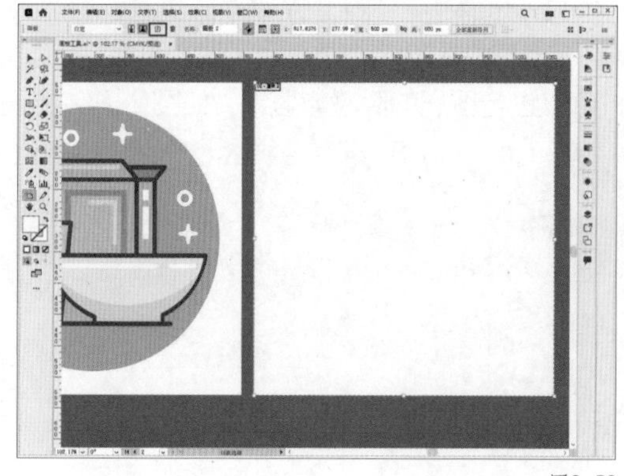

图2-52

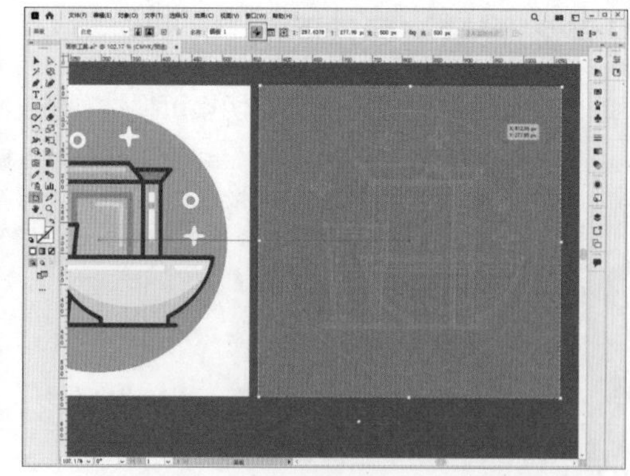

图2-53

知识点 3 删除画板

如果要删除某个画板，可以在选择画板工具后，选中需要删除的画板，按Delete键将其删除。或者单击控制栏中的“删除画板”按钮，如图2-54所示。

知识点 4 画板选项

双击工具箱中的画板工具，可在打开的“画板选项”对话框中精确地设置画板的尺寸和方向等，如图2-55所示。

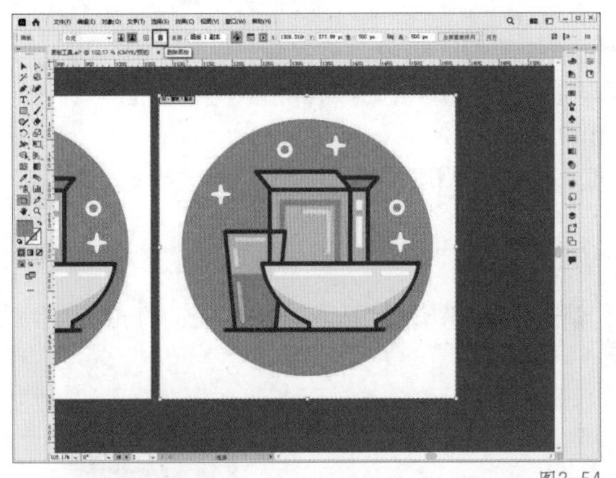

图2-54

图2-55

知识点 5 “画板”面板

执行“窗口→画板”命令，打开“画板”面板。通过“画板”面板可以设置画板的名称、画板的顺序、画板之间的距离和画板在视图窗口中的布局方式，如图2-56所示。

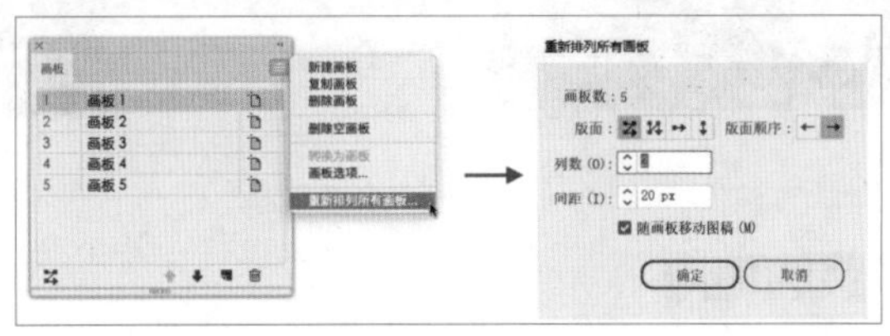

图2-56

第6节 “透明度”面板的使用

当对象堆叠在一起时，会互相遮挡，调整不透明度，能让位于下方的对象显现出来。

知识点 1 调节对象的不透明度

在Illustrator 2023中，上方对象默认会遮挡下方的对象，如图2-57所示。选择上方对象后，执行“窗口→透明度”命令，在打开的“透明度”面板中设置“不透明度”参数，如图2-58所示，可以使其出现透明效果，这样下方的对象就会显示出来，如图2-59所示。

图2-57

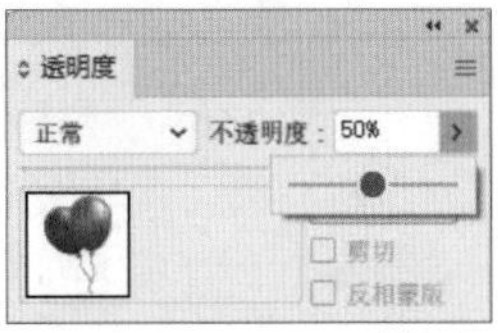

图2-58

图2-59

知识点 2 调整图层的混合模式

调整图层的混合模式可以让上方对象与下方对象相互透叠，产生混合效果。

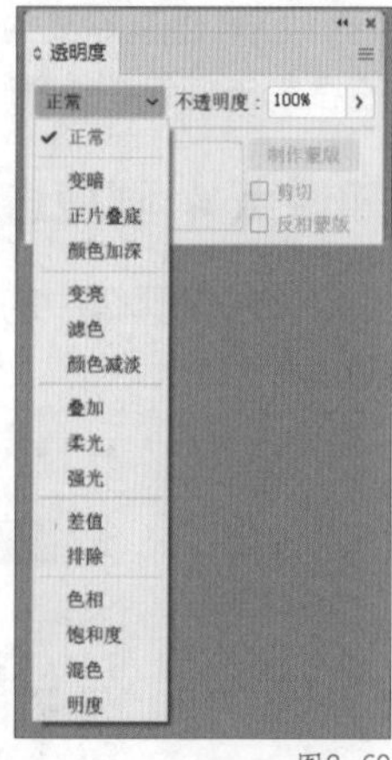

图2-60

1. 混合模式的类型

Illustrator 2023中有16种混合模式，分为6组，如图2-60所示。混合模式虽然有很多，但常用的只有正片叠底、滤色、叠加、柔光等模式。

▌正片叠底：可以使图层变暗，去掉图层信息中的亮色，只保留暗色调。

▌滤色：可以使图层变亮，去掉图层信息中的暗色，只保留亮色调。

▌叠加、柔光：相较于正片叠底与滤色混合模式，这两种模式会让画面保留亮色调与暗色调，并进行自然融和。

注意：差值、排除、色相、饱和度、混色、明度混合模式不能用于与专色混合。

2. 混合模式的使用

默认状态下混合模式为正常模式，单击下拉按钮，打开下拉列表并选择一种混合模式后，上下层对象会进行混合叠加，如图2-61所示。

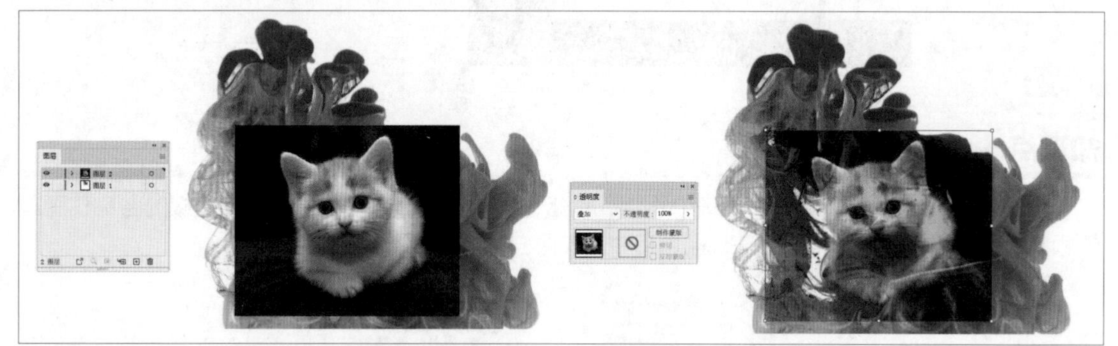
图2-61

知识点 3 不透明度蒙版的使用

Illustrator 2023中有两种蒙版，分别为不透明度蒙版和剪切蒙版。其中，不透明度蒙版可以使对象有不透明度效果，如图2-62所示。

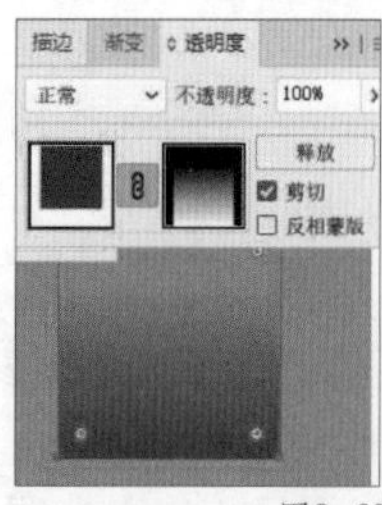

图2-62

本课练习题

1. 填空题

（1）Illustrator的工作界面包括菜单栏、________、________、控制栏、状态栏、文档窗口和属性面板等。

（2）在绘制矩形的过程中，按住________键，可以在轮廓模式下查看图稿，只显示图稿的轮廓线结构。

（3）将视图进行缩小的快捷键是________。

参考答案：（1）标题栏、工具箱；（2）Ctrl+Y；（3）Ctrl+-。

2. 选择题

（1）正确改变参考线颜色的操作是（　　）。

A. 执行“编辑→首选项→文字调整”命令
B. 执行“编辑→首选项→参考线和网格”命令
C. 执行“编辑→首选项→智能参考线和切片”命令
D. 执行“编辑→首选项→对象颜色”命令

（2）下列参数中可以在新建文档时进行设置的有（　　）。

A. 颜色模式　　B. 宽度与高度　　C. 出血　　D. 单位

（3）下列关闭文件的方法中，描述正确的是（　　）。

A. 执行“文件→关闭”命令时，如果对图像做了修改，就会弹出提示对话框，询问是否保存对图像的修改
B. 单击文件右上方的“关闭”按钮
C. 按快捷键Ctrl+S
D. 双击图像的标题栏

（4）下列关于显示或隐藏参考线的描述正确的是（　　）。

A. 按快捷键Ctrl+;，可隐藏并删除参考线
B. 按快捷键Ctrl+;，可显示或隐藏参考线
C. 按快捷键Ctrl+H，可显示或隐藏参考线
D. 所有的参考线都不能被隐藏

参考答案：（1）B；（2）A、B、C、D；（3）A、B；（4）B。

3. 操作题

请根据图2-63所示内容，按照指定间距完成画板的排列，并修改画板的名称。

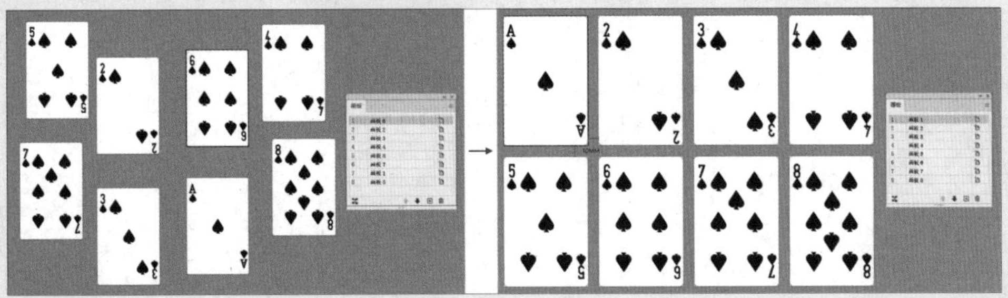

图2-63

操作题要点提示

可以使用“画板”面板中的“全部重新排列”按钮进行画板的调整。

第 3 课

基本绘图工具的使用

掌握Illustrator 2023中的基础操作后，就可以绘制图形元素了，主要包括线段、弧线、螺旋线、矩形、椭圆、多边形等形状的绘制。想要准确地绘制这些基本图形，需要通过本课的学习掌握在Illustrator 2023中绘制基本图形的方法。

本课知识要点

- 绘图模式、路径和锚点
- 图形选择工具的使用
- 形状工具的使用
- 线条工具的使用
- 钢笔工具的使用
- 路径绘制工具的使用
- 画笔工具的使用

第1节 绘图模式

Illustrator 2023中存在3种绘图模式，分别为正常绘图、背面绘图、内部绘图。在工具箱颜色控制器的下方就是绘图模式切换按钮，如图3-1所示。在工具箱中单击相应的绘图模式切换按钮，或按快捷键Shift+D即可对绘图模式进行更改。

图3-1

3种不同的绘图模式如图3-2所示，介绍如下。

▌ 正常绘图：默认状态下使用的绘图模式。

▌ 背面绘图：在该模式下，选中某个对象后绘制的图形将位于该对象的下一层；如果未选中任何对象直接进行绘制，那么绘制的新图形将位于当前对象的最下层。

▌ 内部绘图：在该模式下，选中某个对象后绘制的图形将位于该对象的内部。注意，内部绘图模式只有在选中对象的前提下才能够启用。

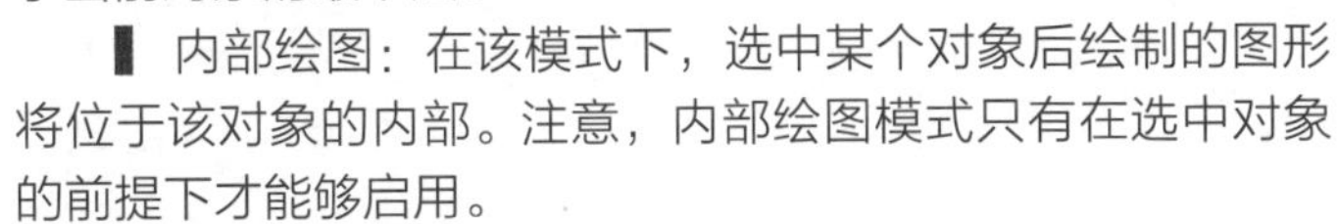

图3-2

第2节 路径和锚点

路径由绘图工具绘制而成，由一条或多条线段组成，是Illustrator 2023中最基本的元素。路径可以是无色的线条，也可以为线条设置填充颜色和描边颜色。

选择一条路径后，路径上的锚点就会出现。一条路径上至少有两个锚点，分别是起始点和结束点。锚点用于控制路径的形状与方向。

知识点 1 路径的分类

路径主要分为开放路径、闭合路径和复合路径3种类型，如图3-3所示。

▌ 开放路径指路径两端互不连接，有起始点与结束点，如使用钢笔工具、铅笔工具绘制的简单线段。

▌ 闭合路径指路径的起始点与结束点相连，形成封闭状态，如使用形状工具创建的形状。

▌ 复合路径指两个或两个以上的开放路径或封闭路径所组成的路径。复合路径建立后，路径间重叠的区域将呈镂空、透明状态。

知识点 2 锚点的分类

路径上的锚点主要分为平滑点、直角点、曲线角点和复合角点4类。

▌ 平滑点在路径上是圆滑的曲线，没有明显的拐角。当两个路径线段相交时，平滑点可以产生一个圆滑的转角。平滑点的控制手柄在路径线段两侧，可以调整它们的长度和角度，以改变曲线的形状。

调节平滑点一侧的手柄，会对另一侧产生影响，如图3-4所示。

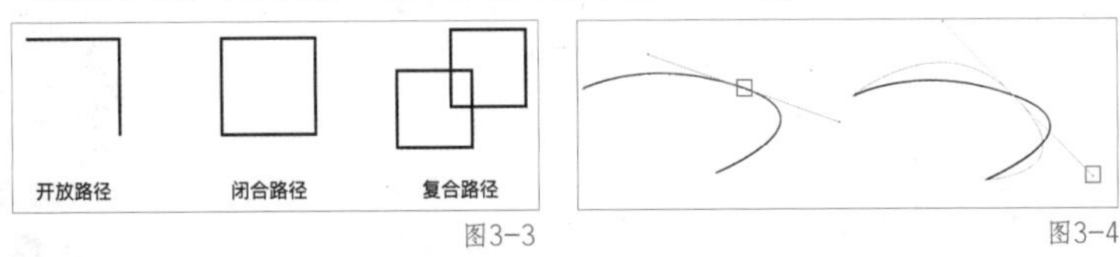

图3-3　图3-4

▌ 直角点是角点的一种，在路径上是转角，路径的方向会突然改变。当两个路径线段相交时，角点会产生一个尖锐的转角，如图3-5所示。这种锚点两侧没有控制手柄，常用于线段的直角表现上。

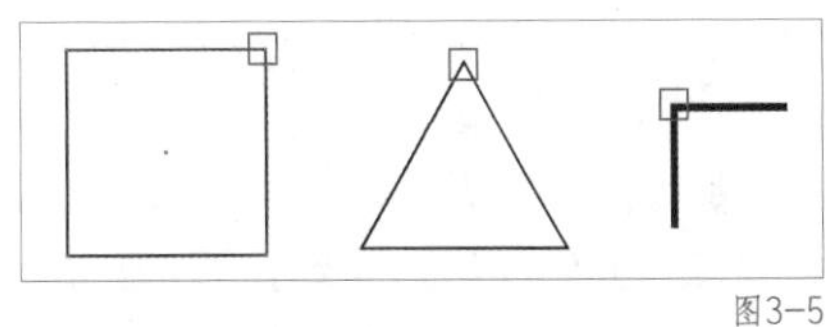

图3-5

▌ 曲线角点指两侧有控制手柄的锚点。对于该锚点，使用锚点工具可以调节单侧控制手柄，且不会对另一侧产生影响，如图3-6所示。

▌ 复合角点指直线段和曲线相交处的锚点，锚点一侧为直线段，无控制手柄，另一侧为曲线，有控制手柄，如图3-7所示。

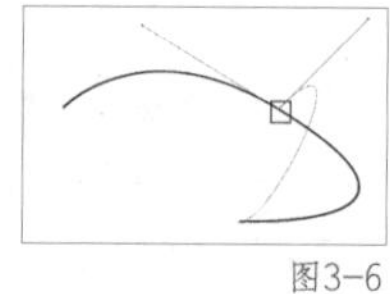
图3-6

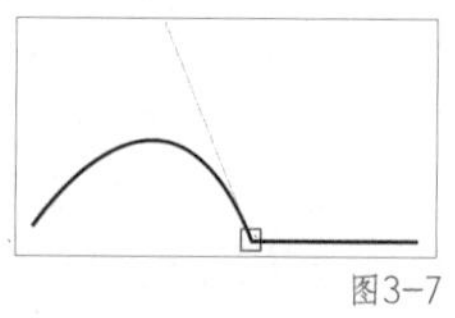
图3-7

第3节 图形选择工具的使用

在绘图的过程中经常需要根据绘制需求进行图形的选择操作，因此我们需要掌握如何选择对象。图形选择工具位于工具箱的顶部，分别有选择工具、直接选择工具、魔棒工具、套索工具等，如图3-8所示。

知识点 1 选择工具

在工具箱中选择选择工具，可以对整个对象进行选择，并可以对选中的对象进行移动、复制、旋转、缩放、镜像、倾斜等操作。选中后的对象边缘会以当前所在图层的颜色进行标记，如图3-9所示。

如果使用选择工具单击对象，可以只选择一个对象或一个编组对象。如果在对象周围拖曳绘制一个矩形框，可以同时选中框内的所有对象，如图3-10所示。

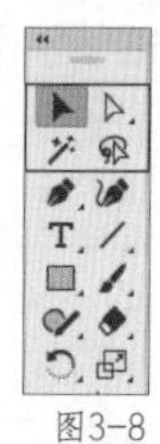
图3-8

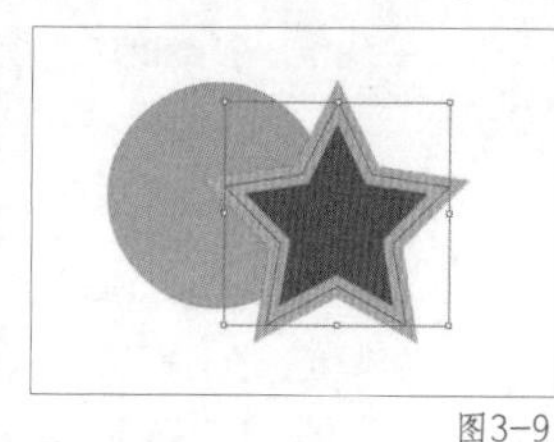
图3-9

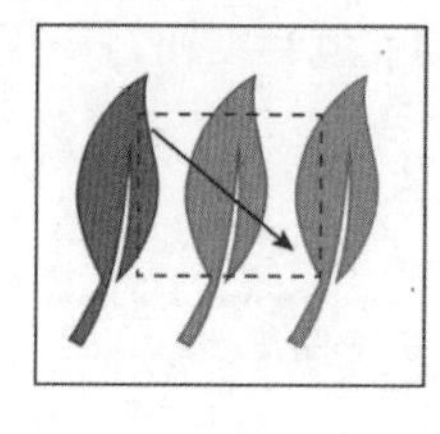

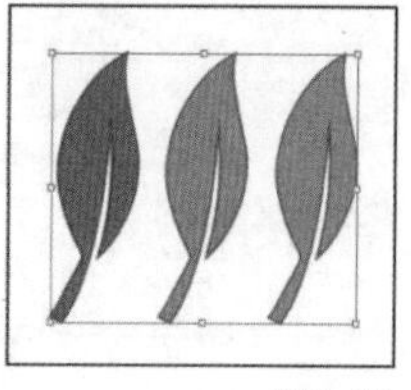
图3-10

知识点 2 直接选择工具

在工具箱中选择直接选择工具，可以对对象的路径进行选择；或单独选中对象的锚点，以进行圆角化操作，如图3-11所示；以及调节锚点的位置，如图3-12所示。

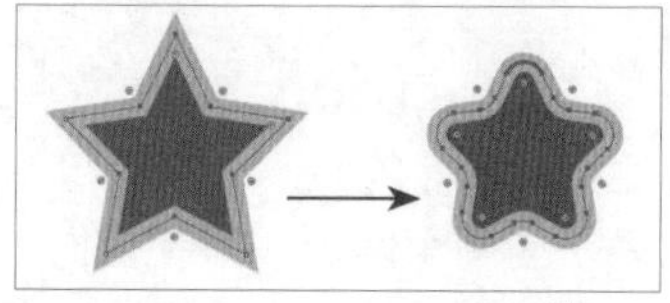
图3-11

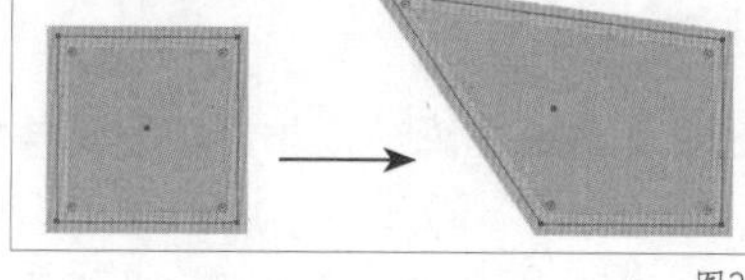
图3-12

知识点 3 魔棒工具

在工具箱中选择魔棒工具，可以选择画板中具有相同或相似的颜色、描边粗细、描边颜色、不透明度或混合模式的对象。如果想要更精确地选择同一类型的对象，可以在工具箱中双击魔棒工具，在打开的“魔棒”面板中设置填充颜色、描边颜色、描边粗细、不透明度和混合模式等，调节对应的“容差”值就可以更精准地选择对象，如图3-13所示。

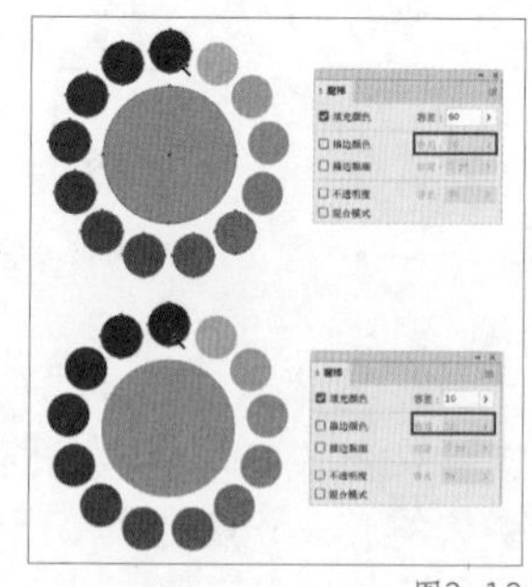
图3-13

以下为“魔棒”面板中各选项的介绍。

▌ 填充颜色：根据对象的填充颜色来选择对象。设置“容差”值即可，对于RGB颜色模式，该值的取值范围为0～255；对于CMYK颜色模式，该值的取值范围为0～100。

“容差”值越小，所选的对象与单击的对象就越相似；“容差”值越大，所选的对象对应的属性取值范围就越广。

▌描边颜色：根据对象的描边颜色来选择对象。设置“容差”值即可，对于RGB颜色模式，该值的取值范围为0～255；对于CMYK颜色模式，该值的取值范围为0～100。

▌描边粗细：根据对象的描边粗细来选择对象，设置“容差”值即可，该值的取值范围为0～100。

▌不透明度：根据对象的不透明度来选择对象，设置“容差”值即可，该值的取值范围为0%～100%。

▌混合模式：根据对象的混合模式来选择对象。

知识点4 套索工具

套索工具也是一种选择工具，使用它可以按照自定义区域进行对象的选择。按住鼠标左键，使用套索工具框选对象或划过对象，即可完成对象的选择，如图3-14所示。

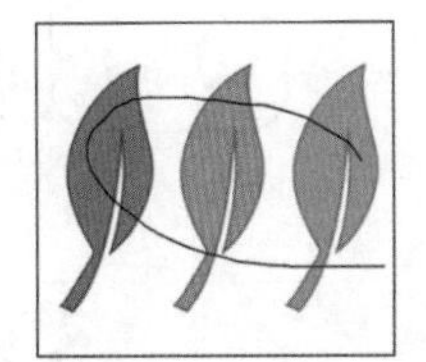
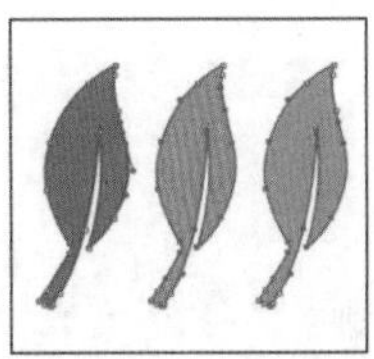

图3-14

第4节 形状工具的使用

在Illustrator 2023中，使用形状工具可以绘制基本的几何图形，如矩形、椭圆形、多边形等图形，这些基本图形可以组合成复杂的对象。本节讲解使用形状工具绘制基本图形的方法。

知识点1 矩形工具

使用矩形工具可以绘制各种矩形。绘制矩形的方法有以下两种。

1. 使用鼠标直接绘制矩形

选择矩形工具，将鼠标指针移动到画板中，确定好矩形的起始点后按住鼠标左键拖曳，绘制出想要的矩形后松开鼠标左键即可，如图3-15所示。

使用鼠标直接绘制矩形的技巧如下。

▌在绘制时，拖曳出矩形后不松开鼠标左键，同时按住Shift键，可以绘制正方形，如图3-16所示。

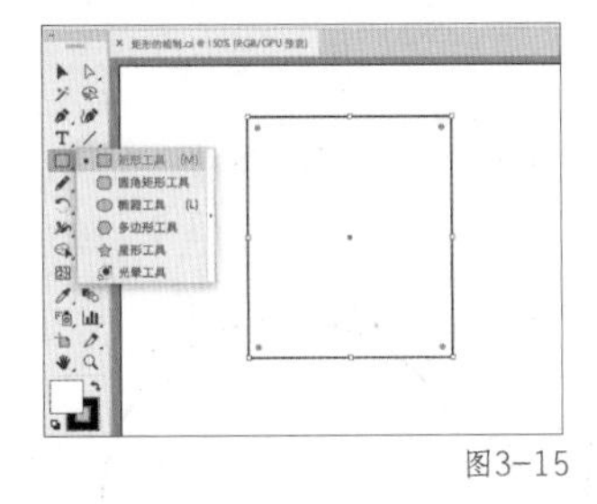

图3-15

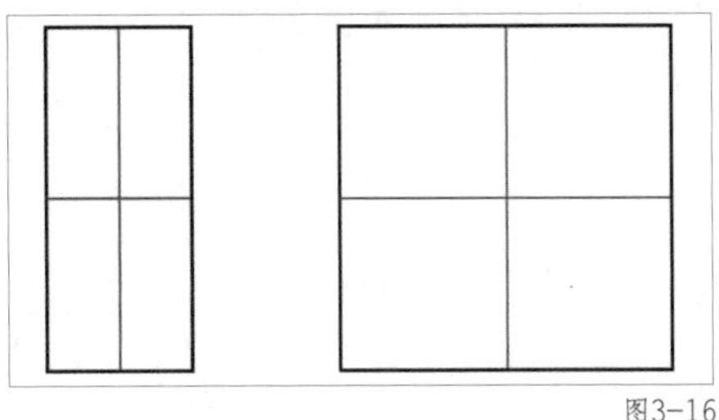

图3-16

▌在绘制时，若按住Alt键，将以定点为中心向四周延伸绘制矩形；若按住组合键Alt+Shift，将绘制以定点为中心向四周延伸的正方形。

▌绘制时，在不松开鼠标左键的情况下，按住空格键，可以移动正在绘制的图形。

2. 使用对话框精确绘制矩形

选择矩形工具，在画板空白处单击，可在打开的“矩形”对话框中设置矩形的宽度和高度，如图3-17所示。

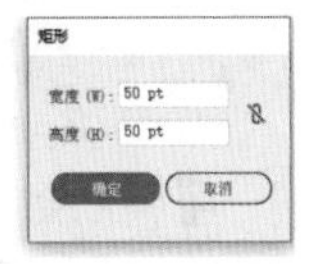

图3-17

知识点 2 圆角矩形工具

使用圆角矩形工具可以绘制圆角矩形，其绘制方法与矩形的绘制方法相同。

1. 使用鼠标直接绘制圆角矩形

选择圆角矩形工具，将鼠标指针移动到画板中，确定好圆角矩形的起始点后按住鼠标左键拖曳，绘制出想要的圆角矩形后松开鼠标左键即可，如图3-18所示。

使用鼠标直接绘制圆角矩形的技巧如下。

▌ 在绘制时，拖曳出圆角矩形后不松开鼠标左键，同时按住Shift键，可以绘制圆角正方形，如图3-19所示。

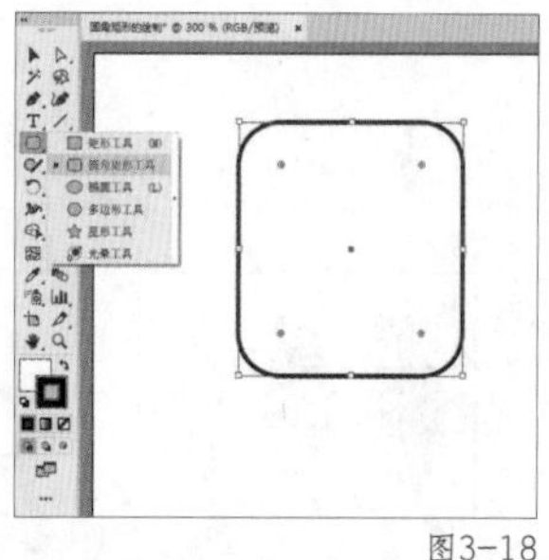

图3-18

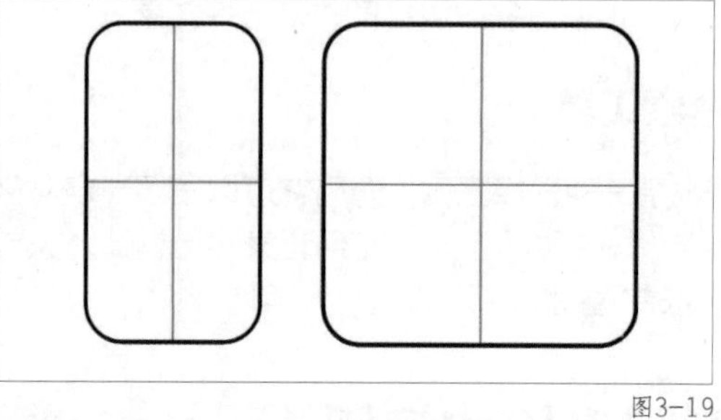

图3-19

▌ 在绘制时，若按住Alt键，将以定点为中心向四周延伸绘制圆角矩形；若按住组合键Alt+Shift，将绘制以定点为中心向四周延伸的圆角正方形。

▌ 绘制时，在不松开鼠标左键的情况下，按住空格键，可以移动正在绘制的图形。

2. 使用对话框精确绘制圆角矩形

选择圆角矩形工具，在画板空白处单击，可在打开的“圆角矩形”对话框中设置圆角矩形的宽度、高度和圆角半径，如图3-20所示。

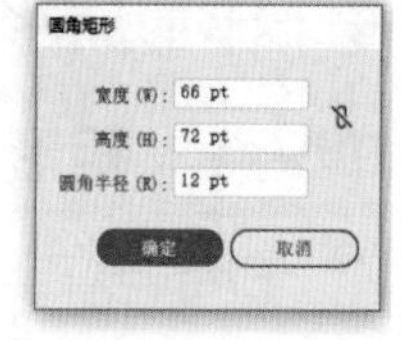

图3-20

知识点 3 椭圆工具

使用椭圆工具可以绘制椭圆形和圆形，其绘制方法与矩形的绘制方法相同。

1. 使用鼠标直接绘制椭圆形

选择椭圆工具，将鼠标指针移动到画板中，确定好椭圆的起始点后按住鼠标左键拖曳，绘制出想要的椭圆形后松开鼠标左键即可，如图3-21所示。

使用鼠标直接绘制椭圆形的技巧如下。

▌ 在绘制时，拖曳出椭圆形后不松开鼠标左键，同时按住Shift键，可以绘制圆形，如图3-22所示。

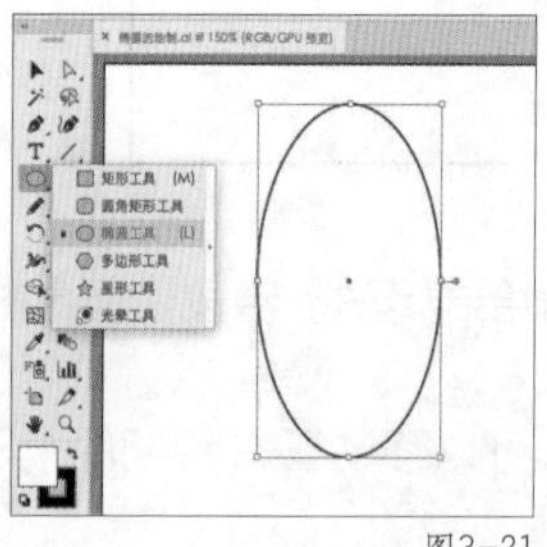

图3-21

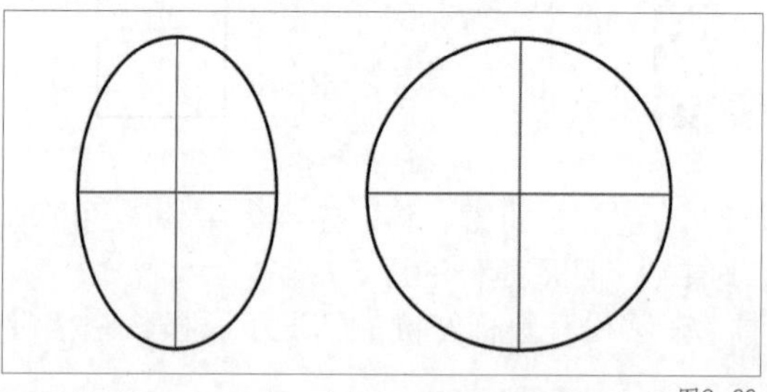

图3-22

▌ 在绘制时，若按住Alt键，将以定点为中心向四周延伸绘制椭圆形；若按住组合键Alt+Shift，将绘制以定点为中心向四周延伸的圆形。

▌ 绘制时，在不松开鼠标左键的情况下，按住空格键，可以移动正在绘制的图形。

2. 使用对话框精确绘制椭圆形

选择椭圆工具，在画板空白处单击，可在打开的“椭圆”对话框中设置椭圆形的宽度和高度，如图3-23所示。

3. 使用椭圆工具绘制饼图

使用椭圆工具绘制出圆形后，可以通过饼图调节控制器绘制饼图，如图3-24所示。

图3-23

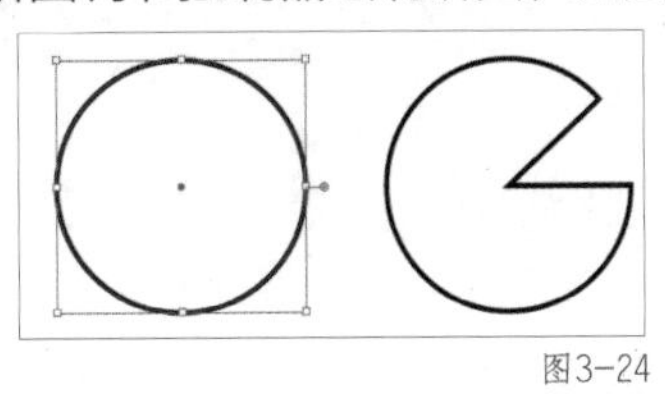
图3-24

知识点 4 多边形工具

使用多边形工具可以绘制多边形，其绘制方法与矩形的绘制方法相同。

1. 使用鼠标直接绘制多边形

选择多边形工具，将鼠标指针移动到画板中，确定好多边形的起始点后按住鼠标左键拖曳，绘制出想要的多边形后松开鼠标左键即可，如图3-25所示。

使用鼠标直接绘制多边形的技巧如下。

▌ 在绘制时，拖曳出多边形后不松开鼠标左键，同时按住Shift键，所绘制出的多边形底边呈现水平状态，称为正多边形，如图3-26所示。

▌ 在绘制时，拖曳出多边形后不松开鼠标左键，同时按↑键，将增加所绘制多边形的边数；反之，按↓键，将减少所绘制多边形的边数，边数最少为3，如图3-27所示。

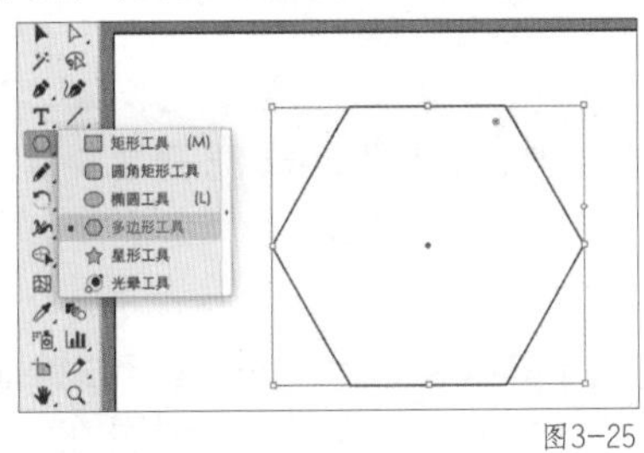

图3-25

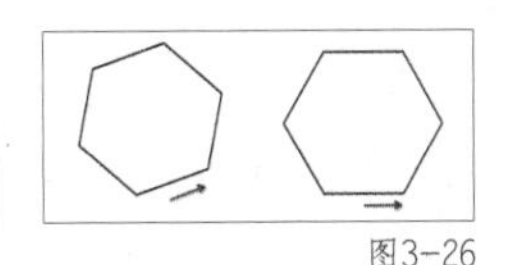
图3-26

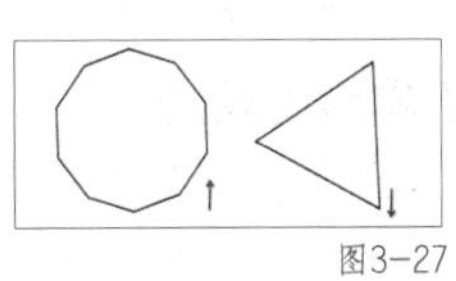
图3-27

▌ 绘制时，在不松开鼠标左键的情况下，按住空格键，可以移动正在绘制的图形。

2. 使用对话框精确绘制多边形

选择多边形工具，在画板空白处单击，可在打开的“多边形”对话框中设置多边形的半径和边数，如图3-28所示。

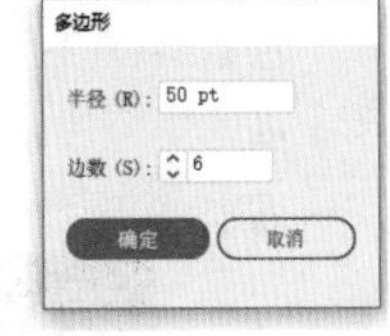

图3-28

知识点 5 星形工具

使用星形工具可以绘制星形，其绘制方法与多边形的绘制方法相同。

1. 使用鼠标直接绘制星形

选择星形工具，将鼠标指针移动到画板中，确定好星形的起始点后按住鼠标左键拖曳，绘制出想要的星形后松开鼠标左键即可，如图3-29所示。

使用鼠标直接绘制星形的技巧如下。

▌ 在绘制时，拖曳出星形后不松开鼠标左键，同时按↑键，将增加所绘制星形的边数；反之，按↓键，将减少所绘制星形的边数，边数最少为3，如图3-30所示。

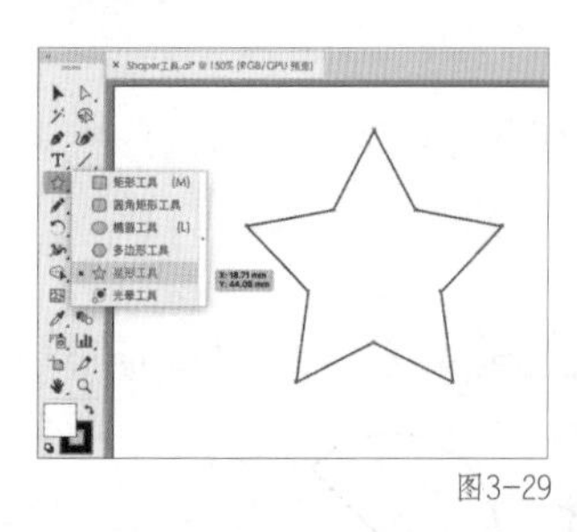
图3-29

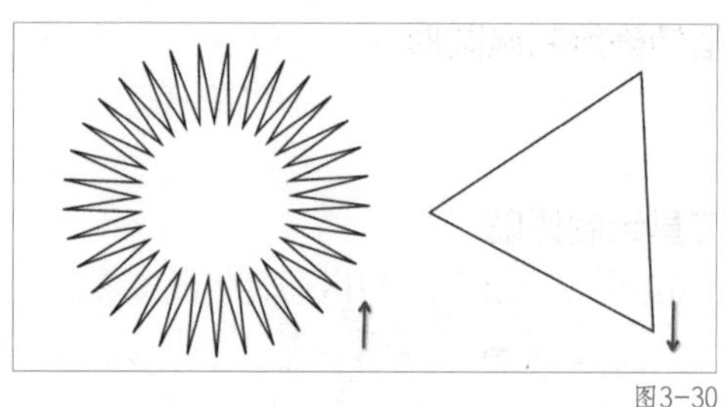
图3-30

▌绘制时，在不松开鼠标左键的情况下，按住Ctrl键，可以调节星形的内角大小，如图3-31所示。

2. 使用对话框精确绘制星形

选择星形工具，在画板空白处单击，可在打开的“星形”对话框中设置星形的半径1、半径2和角点数，如图3-32所示。

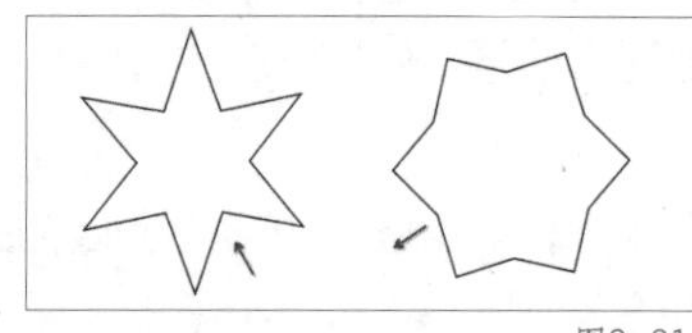
图3-31

图3-32

“星形”对话框中各参数的含义如下。

▌半径1：用于设置从星形中心到星形内点的距离。

▌半径2：用于设置从星形中心到星形外点的距离。

▌角点数：用于设置星形角的数量，例如设置角点数为5，所绘制的图形为5角星形。

知识点6 光晕工具

使用光晕工具可以制作类似于镜头光晕的图形，从而制作炫光效果。光晕图形是矢量对象，包含特殊的图形和控件，如图3-33所示。

使用光晕工具绘制炫光

选择光晕工具，将鼠标指针移动到画板中，确定好光晕的起始点后，按住鼠标左键拖曳，放置中央手柄并设置光晕范围，射线会随着鼠标指针的移动而发生旋转。如果想固定射线角度，可以按住Shift键；如果想增加或减少射线，可以按↑键或↓键。

放置完中央手柄后，在画板的另一处单击，放置末端手柄并添加光环，拖曳鼠标可以移动光环；按↑键或↓键可以增加或减少光环。

光晕图形创建好之后，可以使用光晕工具拖曳末端手柄，对图形进行移动，如图3-34所示。

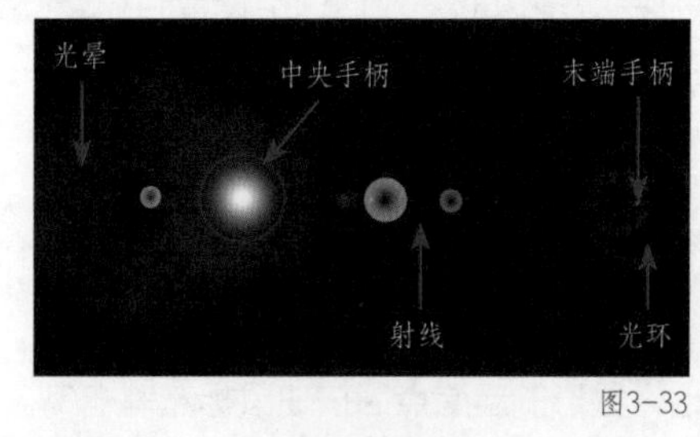

图3-33

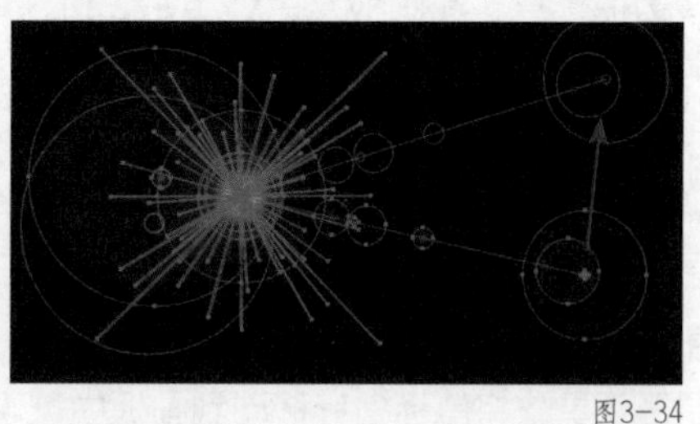
图3-34

第5节 线条工具的使用

在Illustrator 2023中绘制的图形是由路径、线和面构成的，因此，要绘制这些图形，就需要了解基本线条的绘制。本节讲解使用线条工具绘制基本线条的方法。

知识点 1 直线段工具

使用直线段工具可以绘制各种直线段。绘制直线段的方法有以下两种。

1. 使用鼠标直接绘制直线段

选择直线段工具，将鼠标指针移动到画板中，确定好直线段的起始点后按住鼠标左键拖曳，绘制出想要的直线段后松开鼠标左键即可，如图3-35所示。

2. 使用对话框精确绘制直线段

选择直线段工具，在画板空白处单击，可在打开的“直线段工具选项”对话框中设置直线段的长度和角度等，如图3-36所示。

图3-35

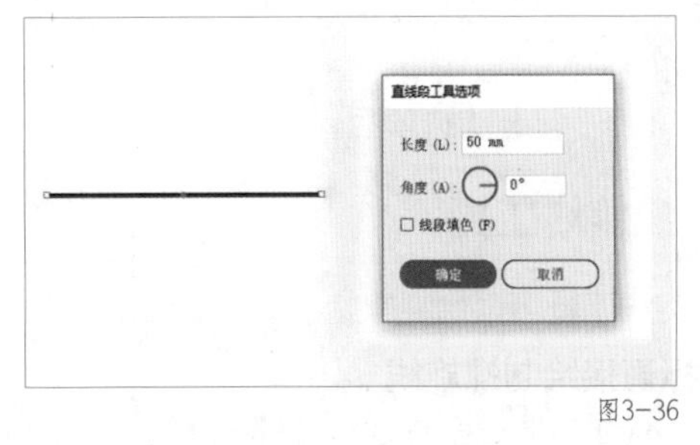

图3-36

知识点 2 弧形工具

使用弧形工具可以绘制弧线。绘制弧线的方法与绘制直线段的方法相似，具体如下。

1. 使用鼠标直接绘制弧线

选择弧形工具，将鼠标指针移动到画板中，确定好弧线的起始点后按住鼠标左键拖曳，绘制出想要的长度后松开鼠标左键即可，如图3-37所示。

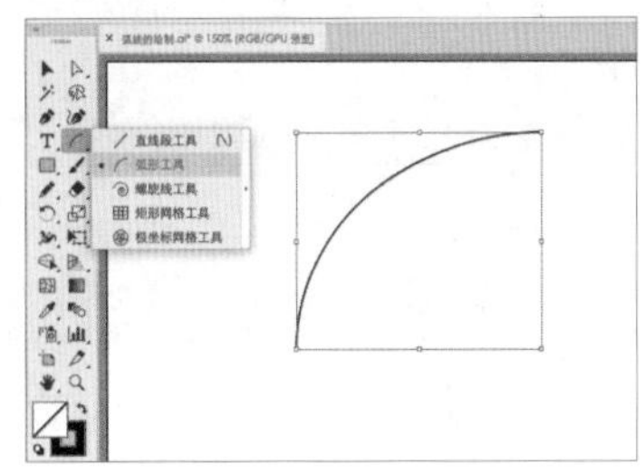

图3-37

使用鼠标直接绘制弧线的技巧如下。

▌拖曳出弧线后不松开鼠标左键，同时按↑键，可以增加弧线弯曲度；反之，按↓键，可以减小弧线弯曲度，如图3-38所示。

▌拖曳出弧线后，按C键，可以切换为闭合路径模式；再按C键，可以切换回开放路径模式，如图3-39所示。

▌绘制出弧线后，按X键，能将弧线转换为镜像弧线，如图3-40所示。

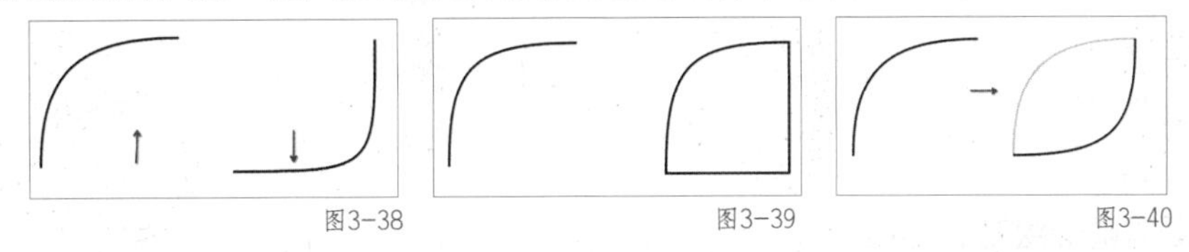

图3-38　图3-39　图3-40

▌绘制出弧线后，在不松开鼠标左键的情况下，同时按住Alt键并拖曳，能将弧线向两端延伸，如图3-41所示。

▌绘制出弧线后，在不松开鼠标左键的情况下，同时按住Shift键并拖曳，能将弧线以45°角延伸，如图3-42所示。

2. 使用对话框精确绘制弧线

选择弧形工具，在画板空白处单击，可在打开的“弧线段工具选项”对话框中设置弧线的参数，如图3-43所示。

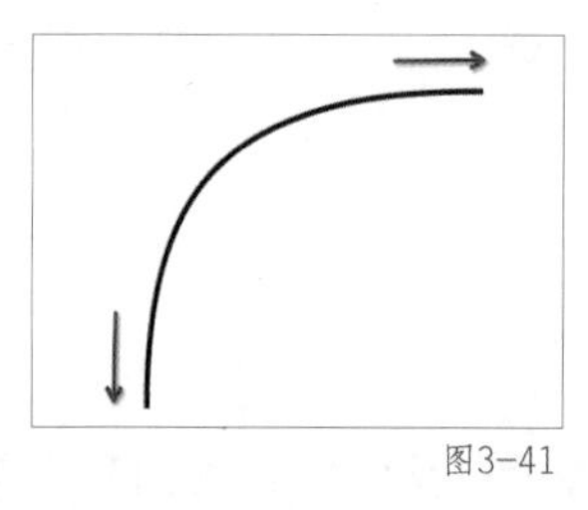
图3-41

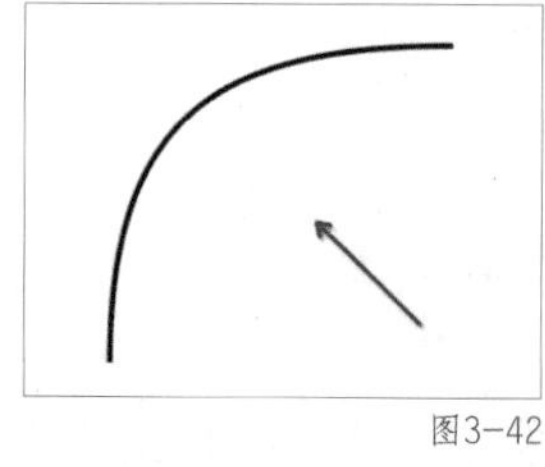
图3-42

图3-43

“弧线段工具选项”对话框中各参数的含义如下。

- X轴长度与Y轴长度：用于设置弧线的宽度与高度。
- 类型：用于设置弧线是开放路径还是闭合路径。
- 基线轴：用于指定弧线的方向，根据绘制需要可选择“X轴”或“Y轴”。
- 斜率：用于设置弧线的弯曲度。斜率为负值将创建下凹的弧线，斜率为正值将创建凸起的弧线，斜率为0将创建直线。
- 弧线填色：勾选此选项后，可以将当前填充颜色填充到弧线上。

知识点 3 螺旋线工具

使用螺旋线工具可以绘制螺旋线。螺旋线的绘制方法与弧线的绘制方法相似，具体如下。

1. 使用鼠标直接绘制螺旋线

选择螺旋线工具，将鼠标指针移动到画板中，确定好螺旋线的起始点后按住鼠标左键拖曳，绘制出想要的大小后松开鼠标左键即可，如图3-44所示。

使用鼠标直接绘制螺旋线的技巧如下。

- 拖曳出螺旋线后不松开鼠标左键，同时按↑键，可以增加螺旋线的圈数；反之，如果按↓键，可以减少螺旋线的圈数，如图3-45所示。
- 拖曳出螺旋线后不松开鼠标左键，同时按R键，能将螺旋线转换为镜像螺旋线，如图3-46所示。

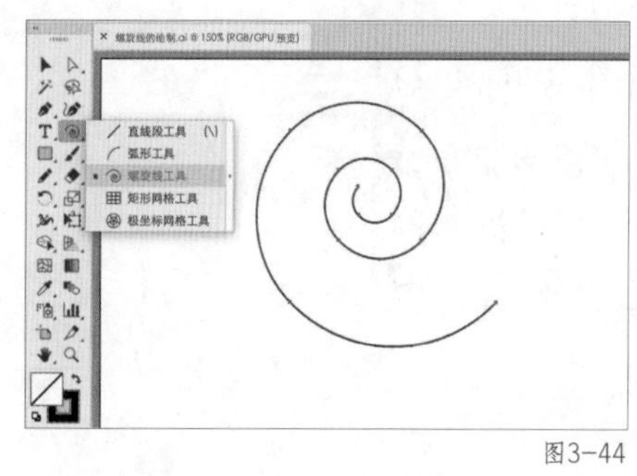

图3-44

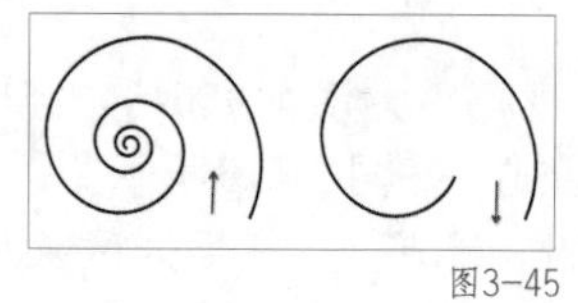
图3-45

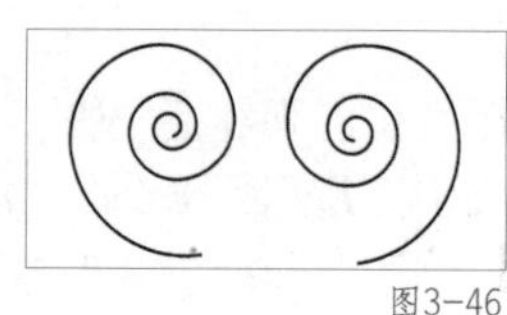
图3-46

- 拖曳出螺旋线后不松开鼠标左键，同时按住Ctrl键，向中心方向拖曳可以将螺旋线调节得更密，而向外拖曳可以将螺旋线调节得更疏，如图3-47所示。

图3-47

2. 使用对话框精确绘制螺旋线

选择螺旋线工具，在画板空白处单击，可在打开的“螺旋线”对话框中设置螺旋线的参数，如图3-48所示。

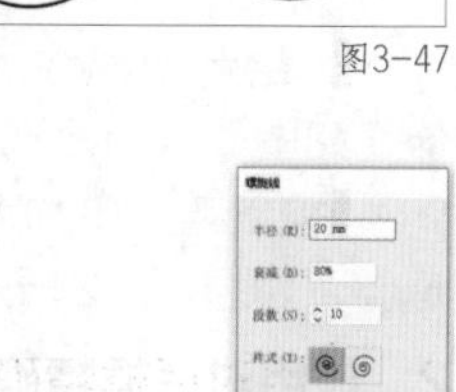
图3-48

“螺旋线”对话框中各参数的含义如下。

- 半径：用于设置螺旋线中心到螺旋线最外点的距离。
- 衰减：用于设置螺旋线中每一圈螺旋线相对于上一圈螺旋线的密度。
- 段数：用于设置螺旋线的段数，一圈完整的螺旋线由4条线段组成。
- 样式：用于设置螺旋线的方向。

知识点 4 矩形网格工具

使用矩形网格工具可以制作矩形网格，其绘制方法主要包括以下两种。

1. 使用鼠标直接绘制矩形网格

选择矩形网格工具，将鼠标指针移动到画板中，确定好矩形网格的起始点后按住鼠标左键拖曳，绘制出想要的大小后松开鼠标左键即可，如图3-49所示。

使用鼠标直接绘制矩形网格的技巧如下。

▌拖曳出矩形网格后不松开鼠标左键，同时按↑键，可以增加水平方向的矩形网格数量；反之，如果按↓键，将减少水平方向的矩形网格数量，如图3-50所示。

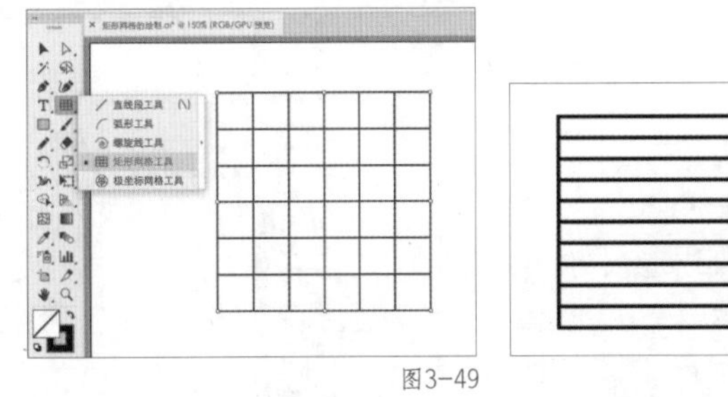

图3-49

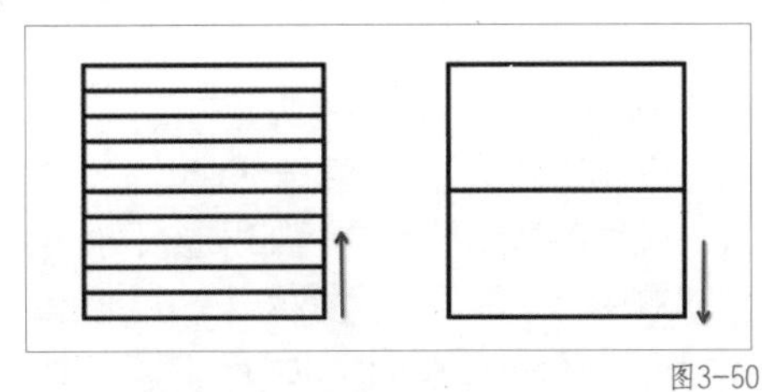

图3-50

▌拖曳出矩形网格后不松开鼠标左键，同时按→键，可以增加垂直方向的矩形网格数量；反之，如果按←键，可以减少垂直方向的矩形网格数量，如图3-51所示。

▌拖曳出矩形网格后不松开鼠标左键，同时按住Shift键，可以绘制正方形矩形网格，如图3-52所示。

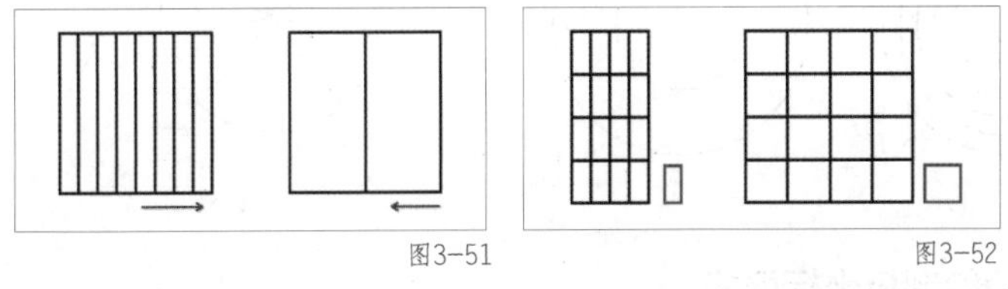

图3-51　图3-52

▌在绘制矩形网格时，每按一下X键，可以使每列网格向左侧网格缩进10%的距离；每按一下C键，可以使每列网格向右侧网格缩进10%的距离，如图3-53所示。

▌在绘制矩形网格时，每按一下F键，可以使每行网格向下侧网格缩进10%的距离；每按一下V键，可以使每行网格向上侧网格缩进10%的距离，如图3-54所示。

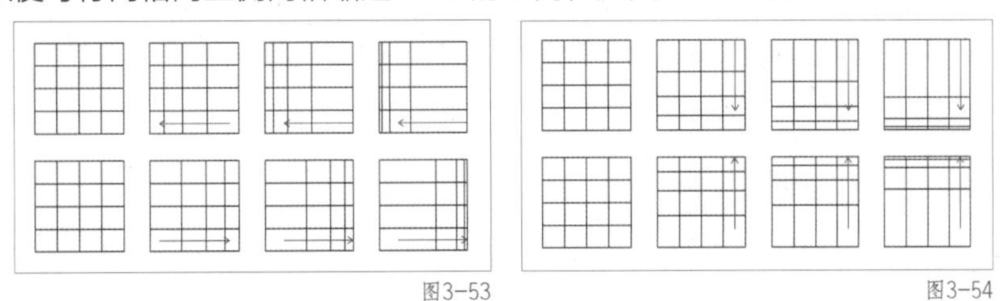

图3-53　图3-54

2. 使用对话框精确绘制矩形网格

选择矩形网格工具，在画板空白处单击，可在打开的“矩形网格工具选项”对话框中设置矩形网格的参数，如图3-55所示。

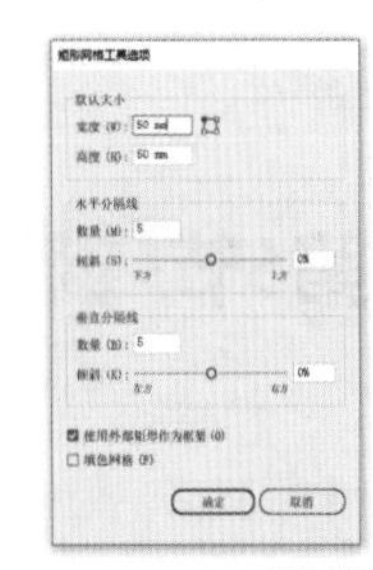

图3-55

“矩形网格工具选项”对话框中各参数的含义如下。

▌默认大小：用于设置整个网格的宽度和高度。

▌水平分隔线：用于设置水平方向的矩形网格分隔线，分隔线的数量决定网格的数量，“倾斜”值决定水平分隔线的倾斜方向。

▌垂直分隔线：用于设置垂直方向的矩形网格分隔线，分隔线的数量决定网格的数量，“倾斜”值决定垂直分隔线的倾斜方向。

▌ 使用外部矩形作为框架：勾选此选项，网格外框是一个整体框架；不勾选此选项，网格的顶部、底部、左侧和右侧线段都是独立线段。

▌ 填色网格：勾选此选项，可以将当前填充颜色填充到矩形网格中。

知识点 5 极坐标网格工具

使用极坐标网格工具可以制作极坐标网格，其绘制方法主要包括以下两种。

1. 使用鼠标直接绘制极坐标网格

选择极坐标网格工具，将鼠标指针移动到画板中，确定好极坐标网格的起始点后按住鼠标左键拖曳，绘制出想要的大小后松开鼠标左键即可，如图3-56所示。

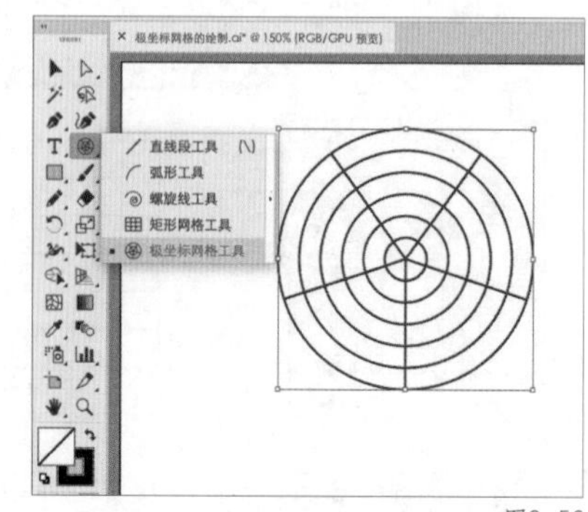

图3-56

使用鼠标直接绘制极坐标网格的技巧如下。

▌ 拖曳出极坐标网格后不松开鼠标左键，同时按↑键，可以增加同心圆分隔线的数量；反之，如果按↓键，可以减少同心圆分隔线的数量，如图3-57所示。

▌ 拖曳出极坐标网格后不松开鼠标左键，同时按→键，可以增加径向分隔线的数量；反之，如果按←键，可以减少径向分隔线的数量，如图3-58所示。

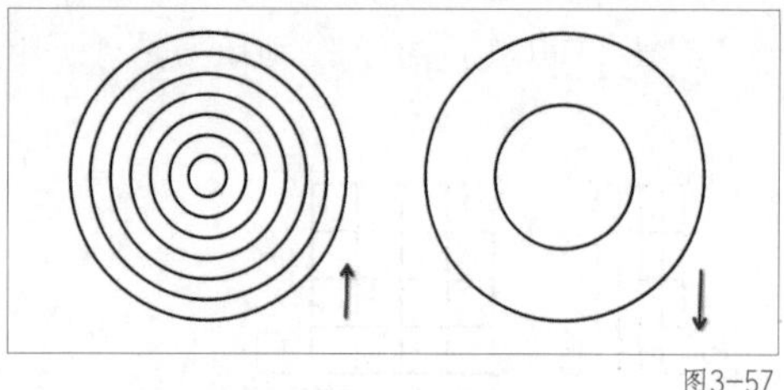
图3-57

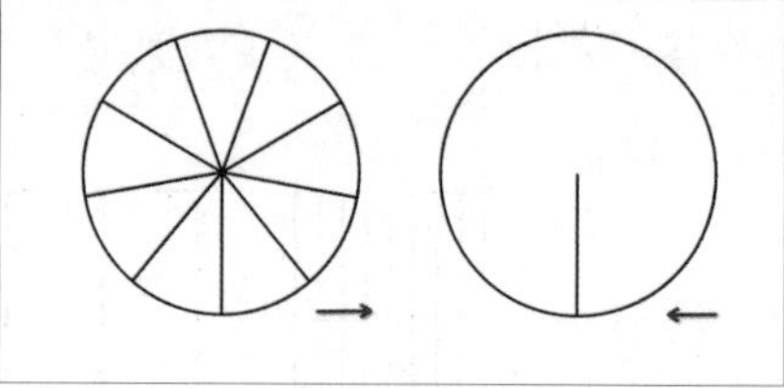
图3-58

2. 使用对话框精确绘制极坐标网格

选择极坐标网格工具，在画板空白处单击，在打开的“极坐标网格工具选项”对话框中可设置极坐标网格的参数，如图3-59所示。

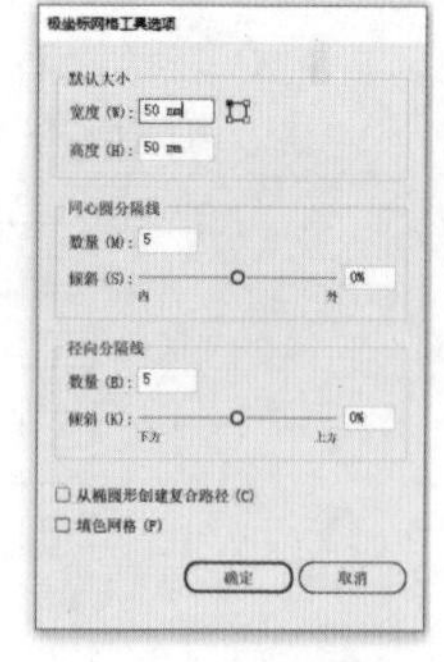

图3-59

“极坐标网格工具选项”对话框中各参数的含义如下。

▌ 默认大小：用于设置整个极坐标网格的宽度和高度。

▌ 同心圆分隔线：用于设置同心圆分隔线，分隔线的数量决定网格的数量，“倾斜”值决定同心圆分隔线的倾斜方向。

▌ 径向分隔线：用于设置径向分隔线，分隔线的数量决定网格的数量，“倾斜”值决定径向分隔线的倾斜方向。

▌ 从椭圆形创建复合路径：勾选此选项，可以将同心圆转换为独立复合路径，并每隔一个圆填色。

▌ 填色网格：勾选此选项，可以将当前填充颜色填充到极坐标网格中。

第6节 钢笔工具的使用

在Illustrator 2023中，除了基本的形状绘制工具，钢笔工具也是创建路径的常用工具。它可以绘制任意开放路径或闭合路径，还可以对路径进行编辑。

知识点 1 直线段的绘制

使用钢笔工具可以绘制任意直线段路径，其转折锚点不带有弯曲效果。

选择钢笔工具，将鼠标指针移动到画板中，单击确定线段的起始点，然后移动鼠标指针到画板的任意位置作为终点，再次单击即可绘制一条直线段路径，如图3-60所示。

知识点 2 曲线段的绘制

使用钢笔工具可以绘制任意的曲线段路径，其转折锚点带有弯曲效果。

选择钢笔工具，将鼠标指针移动到画板中，单击确定线段的起始点，然后移动鼠标指针到画板的任意位置作为终点，再次单击后按住鼠标左键并拖曳，即可绘制一条曲线段路径，如图3-61所示。

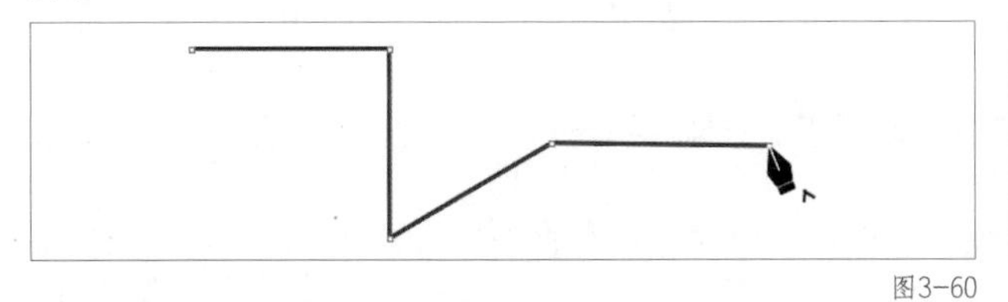

图3-60

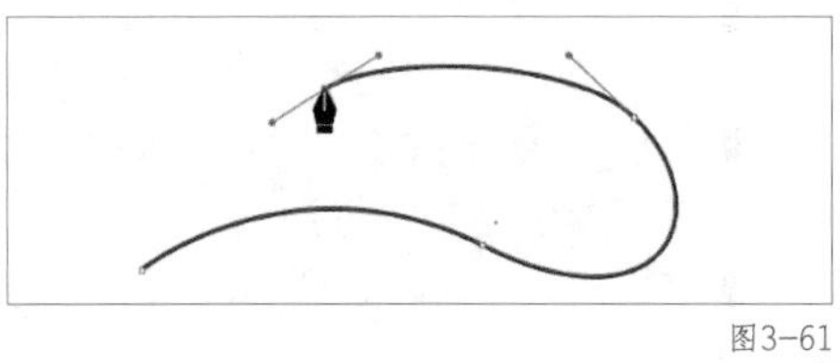

图3-61

知识点 3 锚点的添加与删除

使用添加锚点工具和删除锚点工具可以编辑路径上的锚点，包括添加或删除锚点。

选择添加锚点工具，将鼠标指针移动到需要添加锚点的路径上，出现添加状态钢笔图标后，单击即可在路径上添加锚点，如图3-62所示。

选择删除锚点工具，将鼠标指针移动到需要删除的锚点上，出现删除状态钢笔图标后，单击即可将此锚点从路径上删除，如图3-63所示。

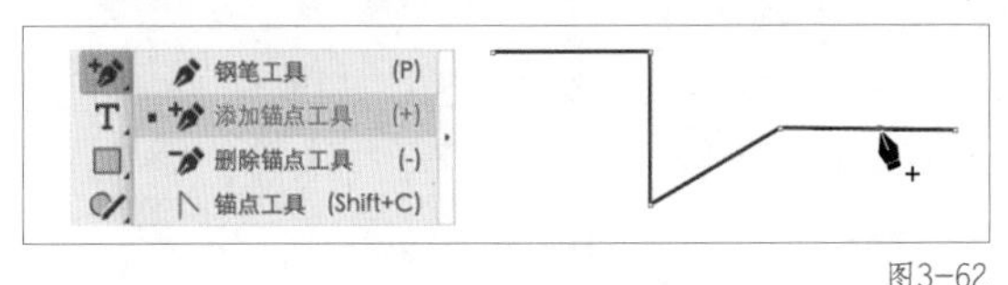

图3-62

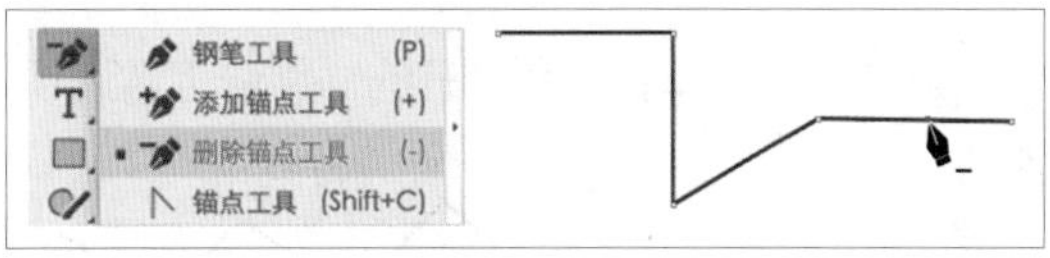

图3-63

使用钢笔工具绘制锚点的技巧如下。

- 在使用钢笔工具添加或删除锚点时，将鼠标指针移动到要添加锚点或删除锚点的位置，待钢笔状态呈现为添加或删除状态后，也可以直接添加锚点或删除锚点。
- 在使用钢笔工具绘制锚点时，如果想要结束绘制状态，可以按回车键。

第7节 路径绘制工具的使用

使用铅笔工具可以自由地绘制路径，并可以配合平滑工具或路径橡皮工具等工具编辑路径。

知识点 1 铅笔工具的使用

使用铅笔工具可以绘制任意路径，绘制出的路径为一条单一的路径。

选择铅笔工具，将鼠标指针移动到画板中，确定好路径的起始点后按住鼠标左键拖曳，绘制出想要的路径后松开鼠标左键即可，如图3-64所示。

双击铅笔工具，在打开的“铅笔工具选项”对话框中可以设置铅笔的参数，如图3-65所示。

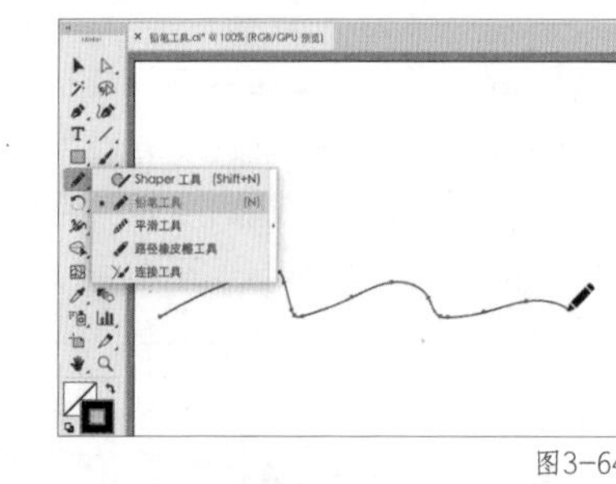

图3-64

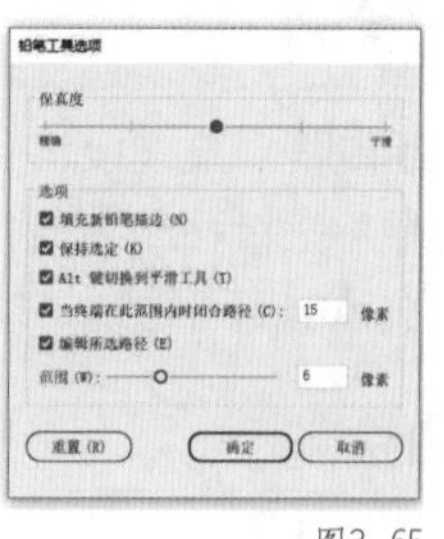

图3-65

“铅笔工具选项”对话框中各参数的含义如下。

▌拖曳“保真度”滑块可以设置所绘制路径的平滑度。滑块越靠近“精确”，路径的边角越锐利，锚点数越多；滑块越靠近“平滑”，路径的边角越平滑，锚点数越少。

▌勾选“填充新铅笔描边”选项，可以将填充颜色与描边颜色应用到新绘制的路径上；不勾选此选项，则不使用任何填充与描边效果。

▌勾选“保持选定”选项，可以保持绘制的最后一条路径处于选定状态；不勾选此项，每次绘制的新路径都会自动取消选定状态。

▌勾选“Alt键切换到平滑工具”选项，在使用铅笔工具绘制路径时，按Alt键可以临时切换到平滑工具。

▌勾选“当终端在此范围内时闭合路径”选项，可以设置路径闭合的范围。如果路径起始点和结束点需要自动闭合，则这两点必须在设置的范围内。

▌勾选“编辑所选路径”选项，可以在“范围”内设置编辑路径的范围。

知识点 2 平滑工具的使用

使用平滑工具可以编辑任意路径，让路径的平滑度更高，同时减少路径上的锚点。

在画板中选择需要编辑的路径，使用平滑工具在需要调节的地方拖曳，可以平滑路径，如图3-66所示。

双击平滑工具，可在打开的“平滑工具选项”对话框中设置平滑工具的参数，如图3-67所示。

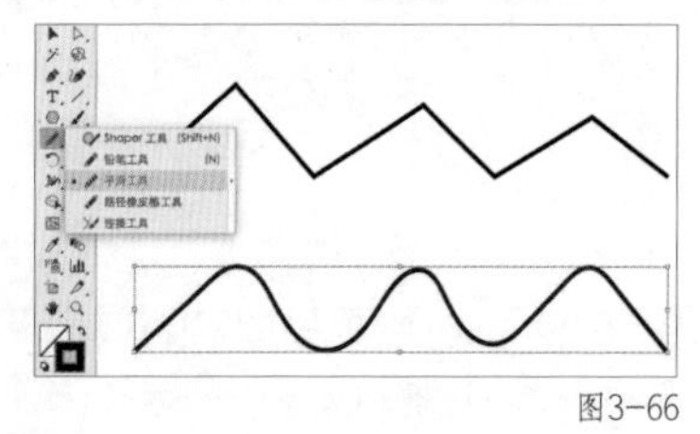

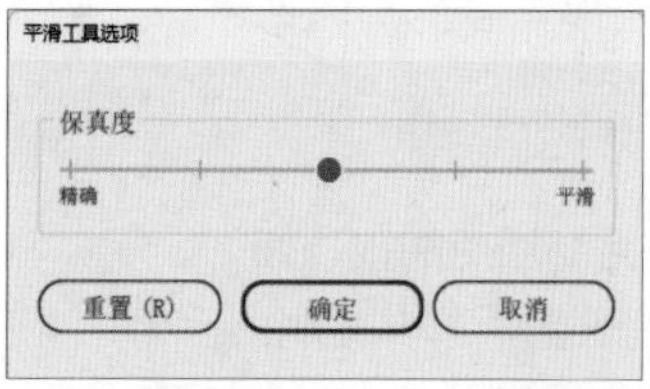

图3-66

图3-67

拖曳“保真度”滑块可以设置所绘制路径的平滑度。滑块越靠近“精确”，路径的边角越锐利，锚点数越多；滑块越靠近“平滑”，路径的边角越平滑，锚点数越少。

知识点 3 路径橡皮擦工具的使用

使用路径橡皮擦工具可以编辑绘制的路径，使用此工具擦除过的路径是开放的。

在画板中选择需要编辑的路径，使用路径橡皮擦工具涂抹需要删除的路径，即可将不需要的路径删除，如图3-68所示。

提示 路径橡皮擦工具与橡皮擦工具的区别如下。

使用路径橡皮擦工具擦除过的路径是开放的，而使用橡皮擦工具擦除过的路径是闭合的。

路径橡皮擦工具的参数是固定的，不能调节；而橡皮擦工具可以调节橡皮擦的角度、圆度、大小等参数，如图3-69所示。

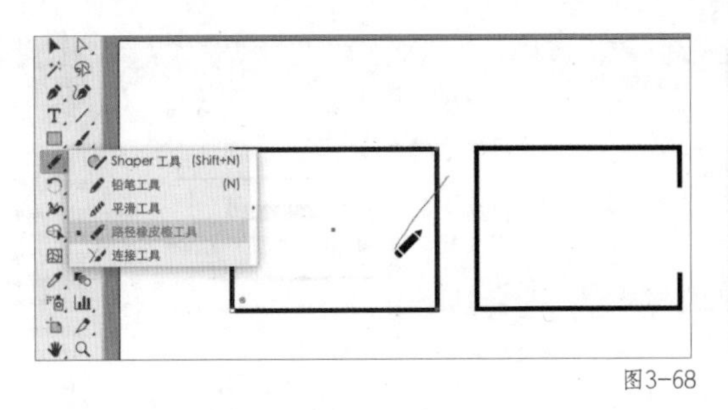

图3-68

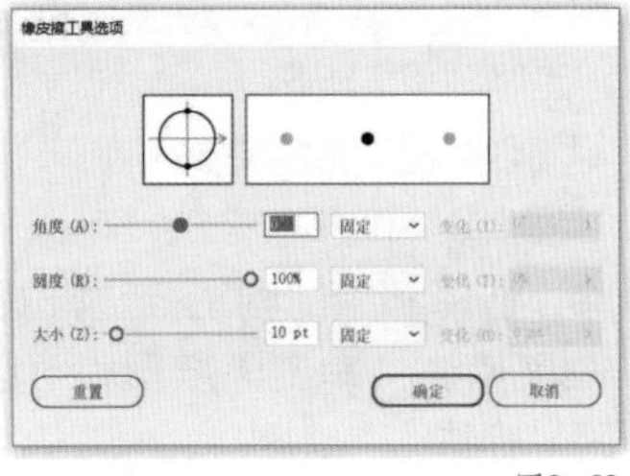

图3-69

知识点 4 连接工具的使用

使用连接工具可以去除两条交叉的路径顶端超出的部分，将其相交点变成一个锚点。

在画板中选择需要编辑的路径，使用连接工具涂抹交叉处，即可将多余的部分删除，将原有的路径端点合并，如图3-70所示。

知识点 5 Shaper 工具的使用

使用Shaper工具可以将手绘的形状转换为几何形状，如图3-71所示。使用Shaper工具合并、删除或移动绘制的形状，还可以创建出复杂而美观的图形，并且该图形仍能被编辑。

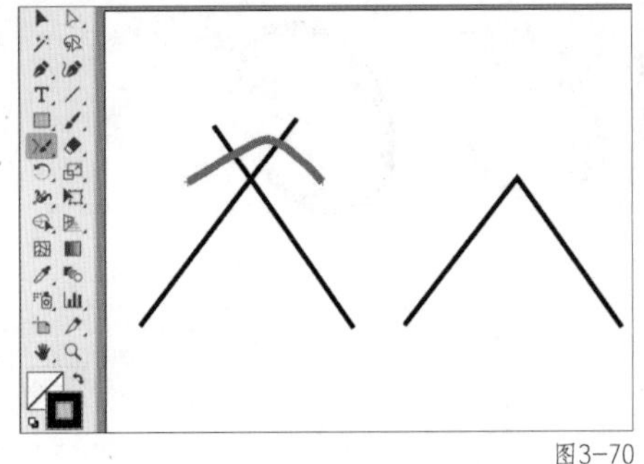
图3-70

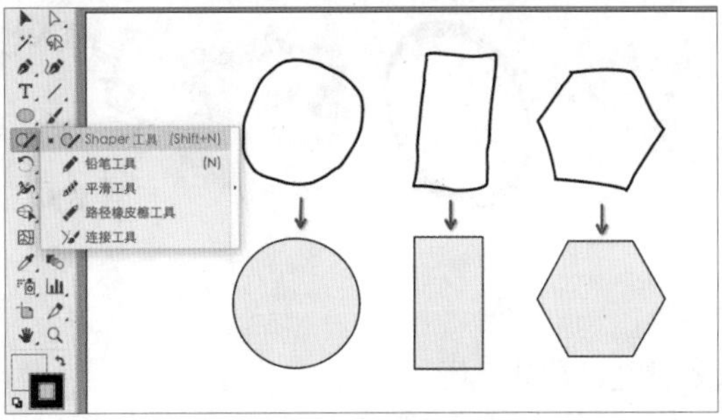

图3-71

使用Shaper工具的技巧如下。

- 使用Shaper工具在重叠形状之间进行涂抹，即可将两个形状合并，如图3-72所示。
- 使用Shaper工具在重叠区域内部进行涂抹，即可删除重叠区域，如图3-73所示。
- 使用Shaper工具在形状任意区域与形状外部进行涂抹，即可删除该区域，如图3-74所示。

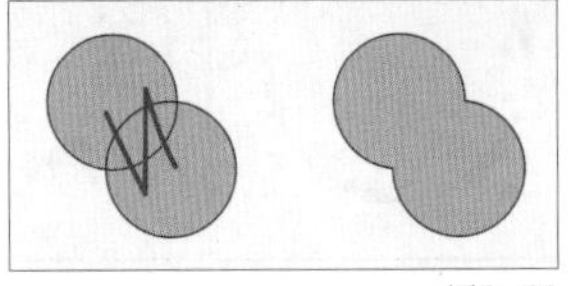
图3-72

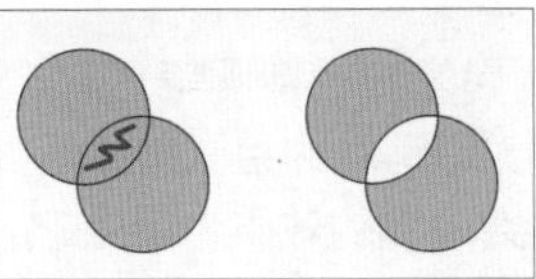
图3-73

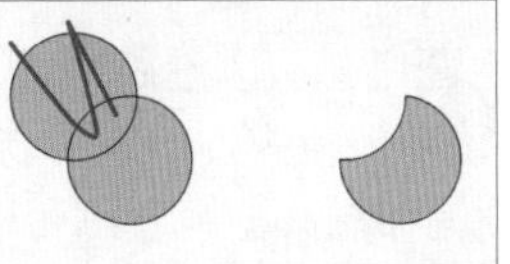
图3-74

使用Shaper工具绘制形状组后，单击合并的形状组，再单击形状，即可选择想要上色的区域，如图3-75所示。如果直接双击形状，则可以修改形状的外观，如图3-76所示。

图3-75

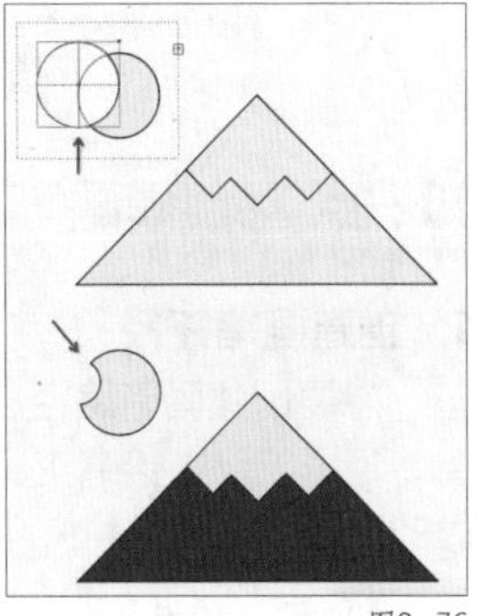
图3-76

第8节 画笔工具的使用

在Illustrator 2023中用户可以使用画笔工具实现绘画效果，也可以通过“画笔”面板为路径设置不同样式的描边，同时还可以自行创建和保存笔刷，如图3-77所示。

“画笔”面板中参数的含义如下。

▍画笔库菜单：单击该按钮，可以打开系统预设的画笔库，选择不同的画笔描边样式。

▍移去画笔描边：单击该按钮，可以删除应用于对象的画笔描边。

▍所选对象的选项：单击该按钮，可以打开“画笔选项”对话框，进行相关参数的设置。

▍新建画笔：单击该按钮，可以打开“新建画笔”对话框；如果将面板中的画笔拖曳到“新建画笔”按钮上，则可以复制该画笔。

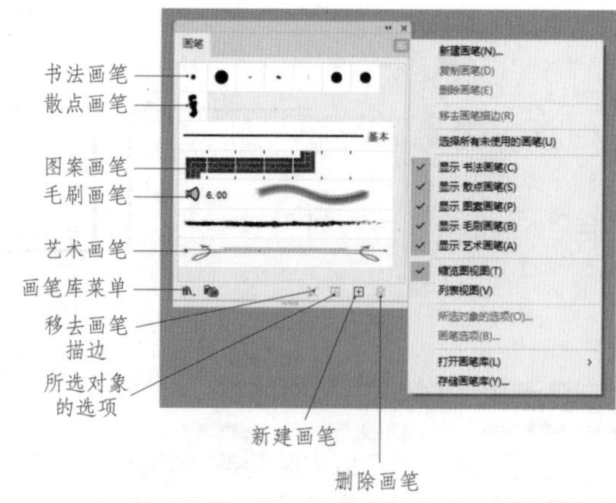

图3-77

▍删除画笔：选择面板中的画笔后，单击该按钮可以将其删除。

知识点 1 笔刷类型

Illustrator 2023中有5种类型的画笔，分别是书法画笔、散点画笔、图案画笔、毛刷画笔和艺术画笔。使用这些画笔可以画出以下几种效果，如图3-78所示。

图3-78

5种画笔的具体作用如下。

▍书法画笔：可以模拟书法钢笔，绘制出扁平且带有一定倾斜角度的描边。

▍散点画笔：可以将一个对象的许多副本沿着路径分布。

▍图案画笔：可以绘制一种由沿路径重复的多个拼贴组成的图案，且图案可以独立设置5段拼贴，即图案的边线、内角、外角、起点和终点。

▍毛刷画笔：可以模拟鬃毛类画笔，创建具有自然笔触的描边。

▍艺术画笔：可以沿路径的长度均匀地拉伸画笔形状，能模拟水彩颜料、毛笔、粉笔、炭笔、铅笔等的绘画效果。

散点画笔和图案画笔通常可以达到同样的效果，但是它们之间还是有一个区别：图案画笔会完全按照路径排列，而散点画笔则会在保持按路径排列的同时散布图案，如图3-79所示。

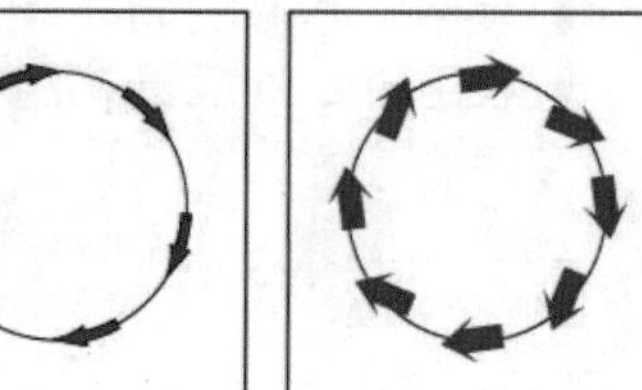

图3-79

知识点 2 创建画笔路径

1. 创建画笔路径

想要创建画笔路径，可以使用工具箱中的画笔工具，也可以使用矩形工具、椭圆工具、多边形工具、星形工具、铅笔工具等。选择画笔工具，在画板中绘制画笔路径后，如果要对路径进行修改，可以双击画笔工具，打开“画笔工具选项”对话框进行设置，如图3-80所示。

“画笔工具选项”对话框中各参数的含义如下。

▌ 保真度：移动滑块可控制画笔散离于路径的像素值，值越大，路径越平滑。

▌ 填充新画笔描边：勾选此选项，可以在绘制路径的同时为路径填充颜色；取消勾选该选项，则路径内部无填充颜色。

▌ 保持选定：勾选该选项后，绘制出的路径将自动处于选中状态。

▌ 编辑所选路径：勾选该选项即可修改选中的路径。

▌ 范围：用来设置鼠标指针与现有路径的距离在多大范围之内才能使用画笔工具编辑路径；该选项仅在勾选了“编辑所选路径”选项时才可用。

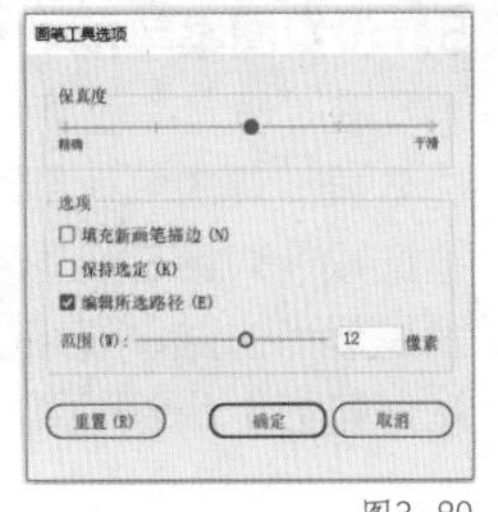

图3-80

2. 将画笔路径转换为轮廓路径

绘制完画笔路径后，可以将画笔路径转换为轮廓路径，以便编辑用画笔绘制的路径上的各个部分。选中绘制的路径，执行“对象→扩展外观”命令，即可将画笔路径转换为轮廓路径，如图3-81所示。

图3-81

知识点 3 设置笔刷样式

如果想要更改笔刷效果，可以在“画笔”面板中进行笔刷参数的调整。

1. 设置书法笔刷

在“画笔”面板中选择书法画笔笔刷可以得到书法描边效果，双击“画笔”面板中的书法画笔，打开“书法画笔选项”对话框，可以设置笔刷的角度、圆度、大小等参数，如图3-82所示。

2. 设置散点笔刷

在“画笔”面板中选择散点画笔笔刷可以得到散点描边效果，双击“画笔”面板中的散点画笔，打开“散点画笔选项”对话框，可以设置笔刷的大小、间距、分布、旋转等参数，如图3-83所示。

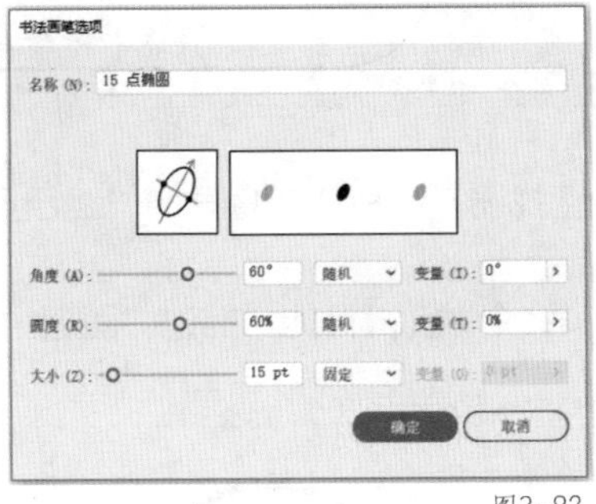

图3-82

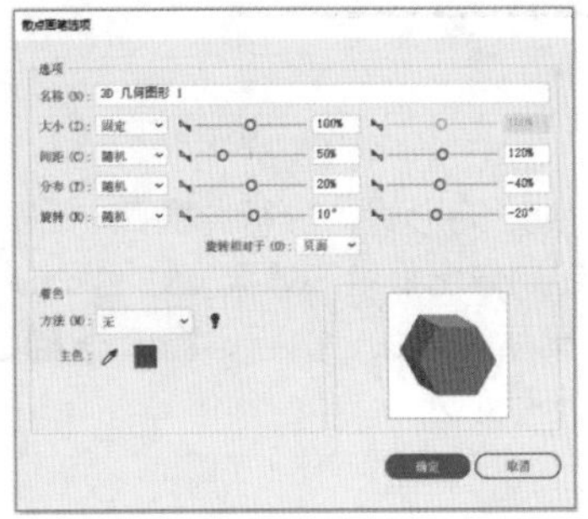

图3-83

3. 设置毛刷笔刷

在“画笔”面板中选择毛刷画笔笔刷可以得到毛刷描边效果，双击“画笔”面板中的毛刷画笔，打开“毛刷画笔选项”对话框，可以设置笔刷的大小、毛刷长度、毛刷密度、毛刷粗细、上色不透明度、硬度等参数，如图3-84所示。

4. 设置艺术笔刷

在“画笔”面板中选择艺术画笔笔刷可以得到艺术描边效果，双击“画笔”面板中的艺术画笔，打开“艺术画笔选项”对话框，可以设置笔刷的方向、缩放、翻转等参数，如图3-85所示。

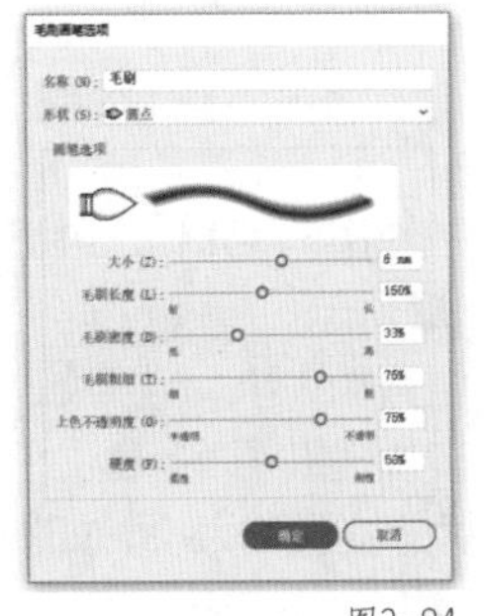

图3-84

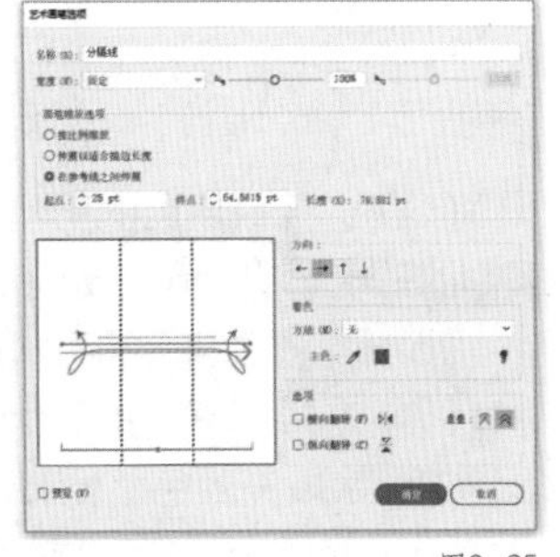

图3-85

5. 设置图案笔刷

在“画笔”面板中选择图案画笔笔刷可以得到图案描边效果，双击“画笔”面板中的图案画笔，打开“图案画笔选项”对话框，图案笔刷由5个图案拼贴组成，它们分别是起点拼贴、终点拼贴、边线拼贴、内角拼贴和外角拼贴，如图3-86所示。

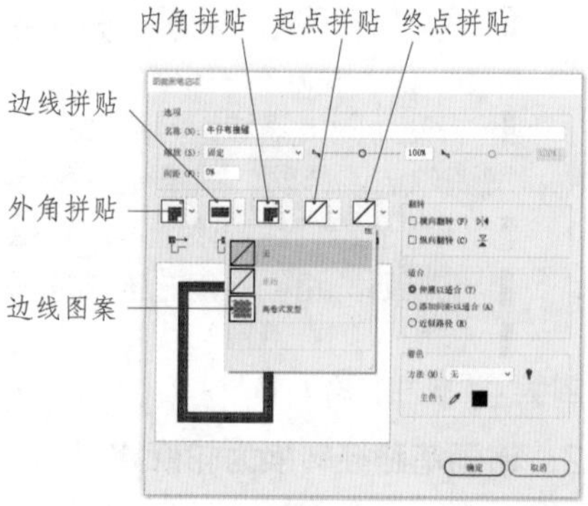

内角拼贴 起点拼贴 终点拼贴
边线拼贴
外角拼贴
边线图案

图3-86

第9节 综合应用

案例 1 MBE 风格图标的制作

本案例使用基础形状制作MBE风格图标，效果如图3-87所示。

操作步骤如下。

（1）执行“文件→新建”命令，或按快捷键Ctrl+N，打开“新建文档”对话框，设置文件尺寸为500px×500px，选择画板1，将颜色模式设为RGB，分辨率设为72ppi，如图3-88所示。

（2）使用圆角矩形工具和椭圆形工具绘制基础形状，效果如图3-89所示。

图3-87

图3-88

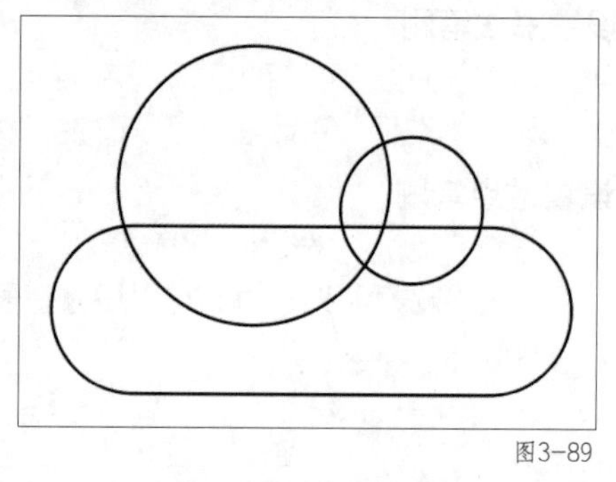

图3-89

（3）选择绘制好的形状，执行“窗口→路径查找器”命令，在打开的“路径查找器”面板中，单击“联集”按钮制作出云朵的效果，如图3-90所示。

（4）选择联集后的形状，执行“窗口→描边”命令，在打开的“描边”面板中，将描边粗细设置成5pt，如图3-91所示。

图3-90

图3-91

（5）选择联集后的形状，按快捷键 Ctrl+C进行复制，再按快捷键Ctrl+B进行原位粘贴，并为新复制的形状填充颜色，如图3-92所示。

（6）调节复制出的形状的位置和大小，效果如图3-93所示。

（7）选择新复制的形状，按快捷键 Ctrl+C进行复制，再按快捷键Ctrl+B进行原位粘贴，并给新复制的形状填充颜色，调节形状的位置和大小，如图3-94所示。

（8）使用椭圆形工具绘制圆形，并执行“窗口→描边”命令，在打开的“描边”面板中，将描边粗细设置成5pt，如图3-95所示。

图3-92

图3-93

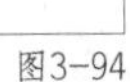

图3-94

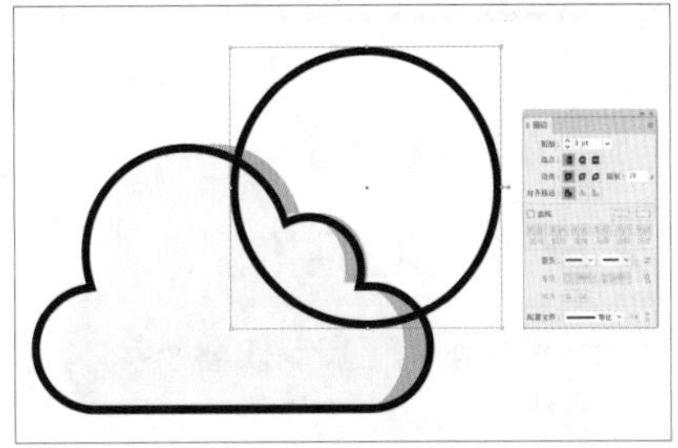

图3-95

（9）选择绘制的圆形，执行“对象→ 排列→ 置于底层”命令，或按快捷键 Ctrl+Shift+[，将圆形置于底层，效果如图3-96所示。

（10）选择绘制的圆形，按快捷键 Ctrl+C进行复制，再按快捷键Ctrl+B进行原位粘贴，并给新复制的形状填充颜色，调节圆形的位置和大小，如图3-97所示。

图3-96

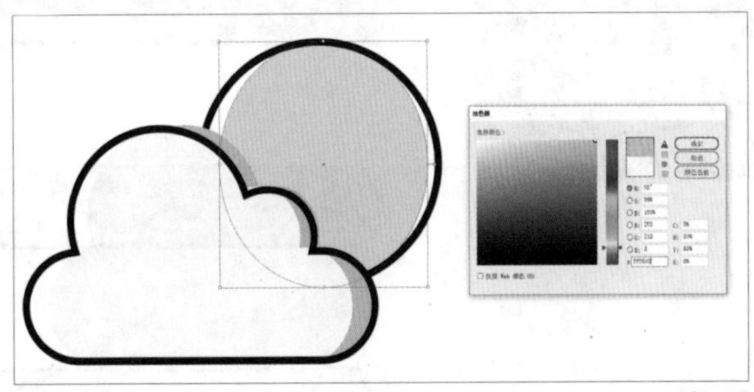

图3-97

（11）选择新复制的圆形，按快捷键 Ctrl+C进行复制，再按快捷键Ctrl+B进行原位粘贴，并给复制的形状填充颜色，调节圆形的位置和大小，如图3-98所示。

（12）使用工具箱中的剪刀工具，或按快捷键C，在黑色路径上多次单击，制作缺口效果，如图3-99所示。

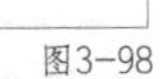

图3-98

图3-99

（13）选择黑色路径，执行“窗口→ 描边”命令，在打开的“描边”面板中，将描边端点设置成圆头端点，如图3-100所示。

（14）使用形状工具或钢笔工具绘制装饰图形，效果如图3-101所示。

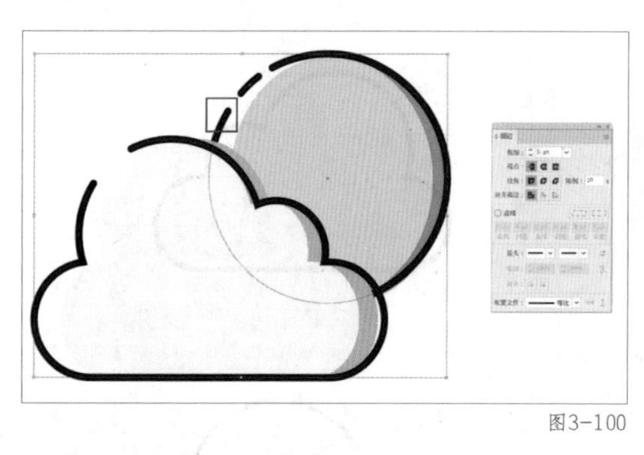

图3-100

图3-101

至此，案例1讲解完毕。

案例 2 薯条字体的制作

本案例使用画笔工具制作薯条字体，效果如图3-102所示。

操作步骤如下。

（1）执行“文件→新建”命令，或按快捷键Ctrl+N，打开“新建文档”对话框，设置文件尺寸为1280px×600px，选择画板1，将颜色模式设为RGB，分辨率设为72ppi，如图3-103所示。

（2）使用矩形工具绘制基础形状，将描边设为4pt，填充色设为黄色，效果如图3-104所示。

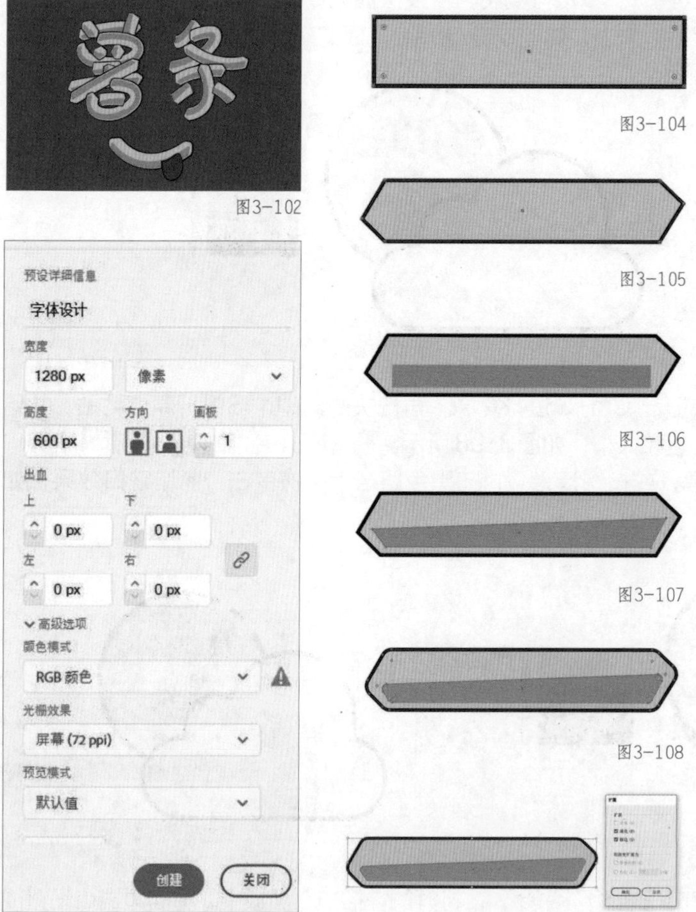

图3-102

图3-103

图3-104

图3-105

图3-106

图3-107

图3-108

图3-109

（3）使用钢笔工具在形状的左侧和右侧添加描边，并使用直接选择工具进行造型的调整，效果如图3-105所示。

（4）使用矩形工具在黄色形状的上方绘制新的矩形，设置填充色为橘色，效果如图3-106所示。

（5）使用直接选择工具对橘色矩形的左右角点进行调整，效果如图3-107所示。

（6）使用直接选择工具，分别为黄色形状和橘色矩形进行圆角锚点的调整，让外边框更圆润，效果如图3-108所示。

（7）选择绘制好的形状，执行“对象→扩展”命令，在打开的“扩展”对话框中单击“确定”按钮，将路径转换为轮廓，如图3-109所示。

（8）选择直线段工具，在靠近形状左侧和右侧的位置分别绘制两条上下贯穿的直线段，效果如图3-110所示。

（9）选择绘制好的形状，执行“窗口→路径查找器”命令，在打开的“路径查找器”面板中，单击

“分割”按钮对形状进行分割，效果如图3-111所示。

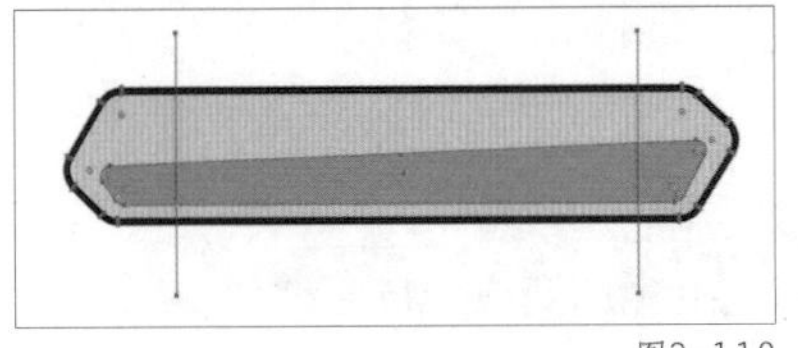
图3-110

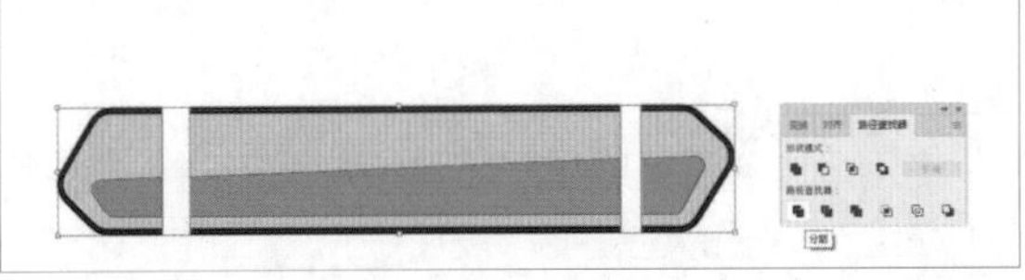
图3-111

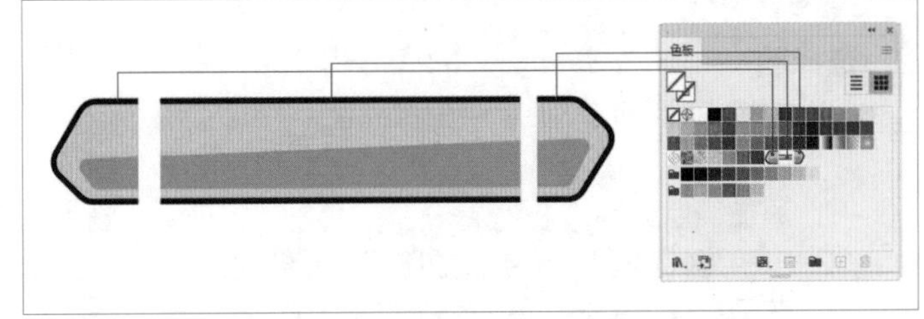
图3-112

（10）执行“窗口→色板”命令，在打开的“色板”面板中，分别将分割后的3个形状拖到色板中，建立色板，如图3-112所示。

（11）执行“窗口→画笔”命令，在打开的“画笔”面板中，单击“新建画笔”按钮，在弹出的对话框中选择“图案画笔”单选项，如图3-113所示。

（12）在弹出的“图案画笔选项”对话框中，分别设置边线拼贴、起点拼贴、终点拼贴的样式，如图3-114所示。

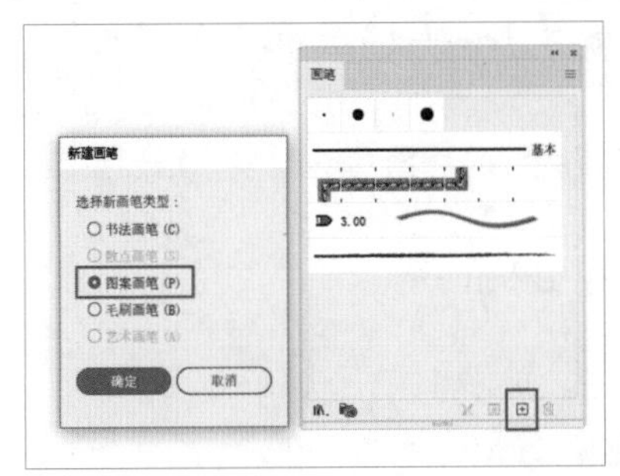

图3-113

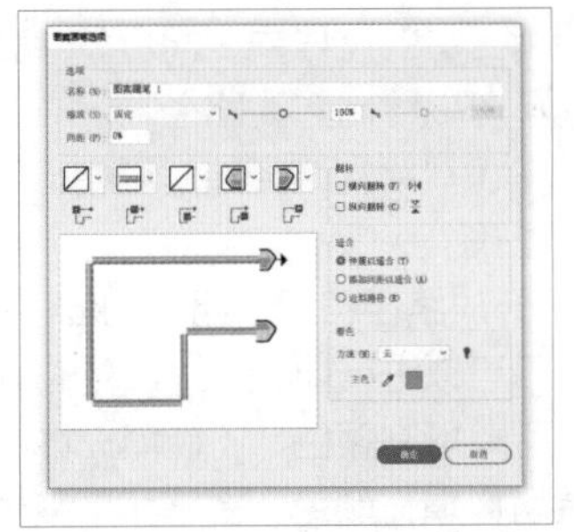
图3-114

（13）设置完画笔后，使用钢笔工具勾勒出想要的文字路径，效果如图3-115所示。

图3-115

（14）选择绘制好的路径，在“画笔”面板中选择定义好的画笔，将画笔描边效果添加到文字路径中，效果如图3-116所示。

图3-116

（15）添加完画笔描边后，选中制作好的对象，通过放大比例、调节锚点等方式进行细节优化，让文字效果更佳。

（16）在文字的下方，使用钢笔工具绘制一个可爱的笑脸，以美化整体的视觉效果，并对路径添加薯条画笔描边样式，效果如图3-117所示。

（17）绘制完成后，在画板上添加橘红色背景，效果如图3-118所示。

至此，案例2讲解完毕。

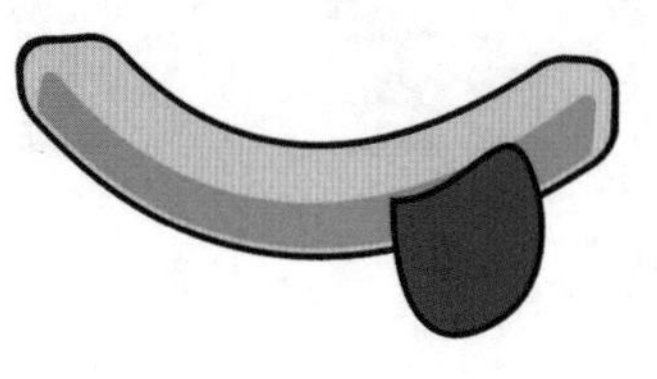

图3-117

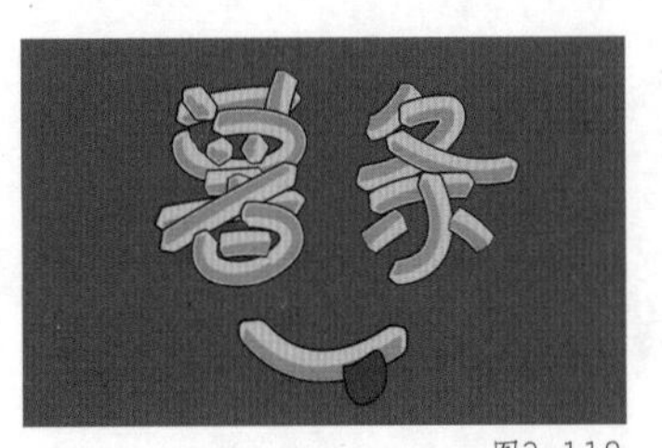
图3-118

本课练习题

1. 填空题

（1）使用多边形工具或星形工具绘制图形时，最少可以绘制的边数是________条。

（2）在绘制矩形的过程中，按住________键，可以使绘制的矩形变成正方形。

（3）路径主要分为开放路径、闭合路径和________3种类型。

参考答案：（1）3；（2）Shift；（3）复合路径。

2. 选择题

（1）下列不是钢笔工具组中工具的是（　　）。

A. 增加锚点工具　　B. 锚点工具

C. 添加锚点工具　　D. 删除锚点工具

（2）使用钢笔工具可绘制开放路径，若要终止此开放路径，下列操作中正确的是（　　）。

A. 在工具箱中单击任意一个工具

B. 在路径外任意一处单击

C. 执行“选择→取消选择”命令

D. 在路径外任意一处双击

（3）下列关于铅笔工具的描述中，不正确的是（　　）。

A. 在使用铅笔工具的过程中，配合Ctrl键就可以绘制封闭的路径

B. 铅笔工具不可以绘制封闭路径

C. 在使用铅笔工具绘制路径的过程中，当终点和起点重合的时候，路径会自动封闭

D. 以上都不正确

（4）下列关于开放路径和闭合路径的描述中，正确的是（　　）。

A. 开放路径不可以进行填充

B. 开放路径可以填充颜色，不能填充图案

C. 闭合路径可以填充颜色、图案和渐变色

D. 如果要为开放路径填充颜色，必须将开放路径转换为闭合路径

参考答案：（1）A；（2）A、C；（3）D；（4）C。

3. 操作题

（1）请根据图3-119所示效果，完成相机图标的绘制。

操作题要点提示

为了保证所有图形的中心统一，在绘制图形时可按住Alt键沿中心向四周绘制图形。

图3-119

（2）请根据图3-120所示效果，完成奖杯图标的绘制。

操作题要点提示

① 使用矩形工具绘制奖杯形状，并使用直接选择工具进行圆角化处理。

② 使用星形工具绘制五角星。

③ 注意图层的上下顺序。

图3-120

第 4 课

文本工具的使用

文本是设计作品的重要组成部分。在Illustrator 2023中，文本工具的编辑功能非常强大，可以制作出各种复杂的页面排版效果。通过本课的学习，读者可以熟练掌握文本的创建和编辑操作。

本课知识要点

- 文本工具与文本类型
- “字符”面板的使用
- “段落”面板的使用
- 文本绕排
- 封套文字的建立

第1节 文本工具与文本类型

Illustrator 2023中提供了多种创建文本的工具，包括文字工具、区域文字工具、路径文字工具、直排文字工具、直排区域文字工具、直排路径文字工具、修饰文字工具7种，如图4-1所示。

知识点 1 点文本

点文本是最基本的文本形式，适用于创建文字少而精的标题性段落。

可以使用文字工具和直排文字工具进行点文本的创建，使用文字工具创建的文字方向永远是水平的，使用直排文字工具创建的文字方向永远是垂直的，如图4-2所示。

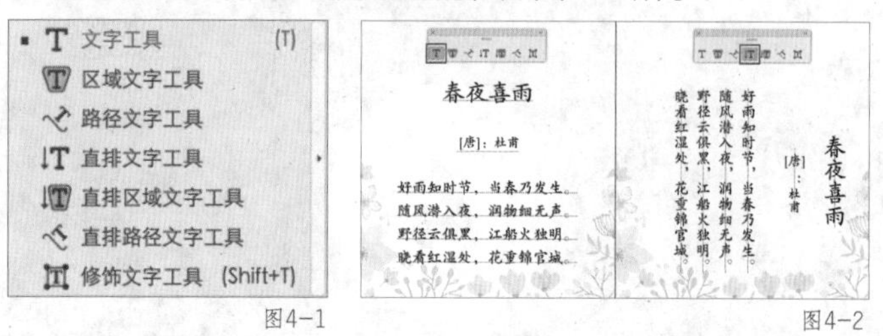

图4-1　　图4-2

1. 创建点文本

选择文字工具或直排文字工具，将鼠标指针移动到画板中并单击，确定输入文字的起点，然后输入文字即可创建点文本，如图4-3所示。

图4-3

2. 点文本的变换

在结束点文本的输入后，可以单击画板中的任意位置退出文本编辑模式。在选择选择工具的状态下，将鼠标指针放在文本框的边角上并拖曳可以调节文本框的大小，若拖曳时按住Shift键，可以等比例调节文本框的大小，如图4-4所示。

我是点文本　我是点文本

图4-4

知识点 2 区域文本

可以使用文字工具或直排文字工具进行区域文本（段落文本）的创建。

1. 创建区域文本

选择文字工具或直排文字工具，将鼠标指针移动到画板中，按住鼠标左键进行拖曳，创建一个矩形文本框，然后在文本框中输入文字，文字会根据文本框的大小自动换行，不会超出文本框的范围，如图4-5所示。

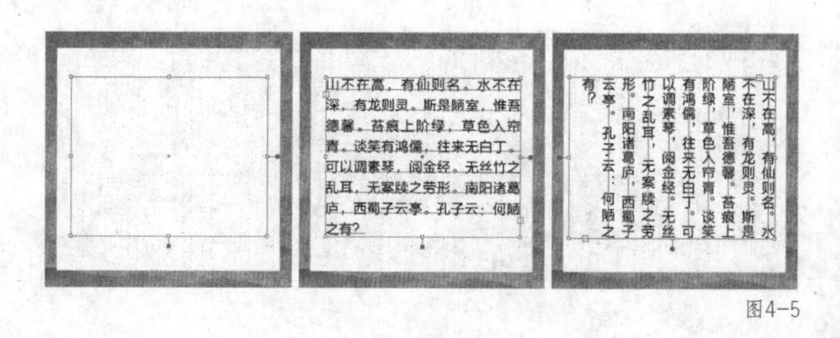

图4-5

2. 区域文字工具与直排区域文字工具的使用

区域文字工具和直排区域文字工具的操作方法相同，可以单击对象的路径边缘，将对象转换为文本输入区域，在其中进行文本的输入。使用区域文字工具创建的文字方向永远是水平的，使用直排区域文字工具创建的文字方向永远是垂直的，如图4-6所示。

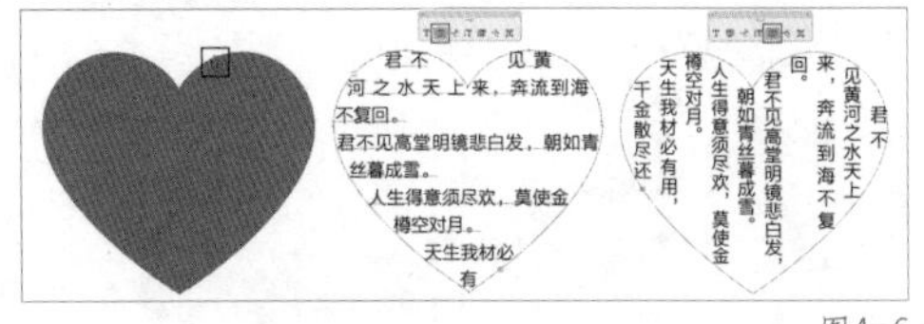

图4-6

> **提示** 如果绘制的形状路径有填充和描边属性，使用区域文字工具或直排区域文字工具单击形状路径时，Illustrator 2023会自动将对象的填充和描边属性删除，只保留形状的路径。
>
> 绘制的形状路径应尽量是封闭路径，若是开放路径，在输入文本时，Illustrator 2023会在路径未闭合的两个端点之间自动绘制出一条虚构的直线段来定义文本的边界。
>
> 形状路径右下方出现红色加号时，表示当前文字数量已超出形状路径的显示范围，文本未显示完整，需要手动进行调整。

3. 区域文本的变换

与点文本不同，区域文本当文本内容到达文本定界框的边界时会自动换行。但当文本定界框右下方出现红色加号时，表示当前文字数量已超出文本定界框的显示范围，文本未显示完整，需要手动进行调整。将文本显示完整有以下两种方法。

- 使用直接选择工具，将文本定界框拉大，使未显示的文本显示完整，如图4-7所示。
- 使用直接选择工具，将鼠标指针放在文本定界框底部小黑点处并双击，可以一次性将文本定界框内的全部文本显示出来，如图4-8所示。

使用鼠标指针双击文本定界框右边界的小圆点，可以在点文本和区域文本之间随时进行切换。

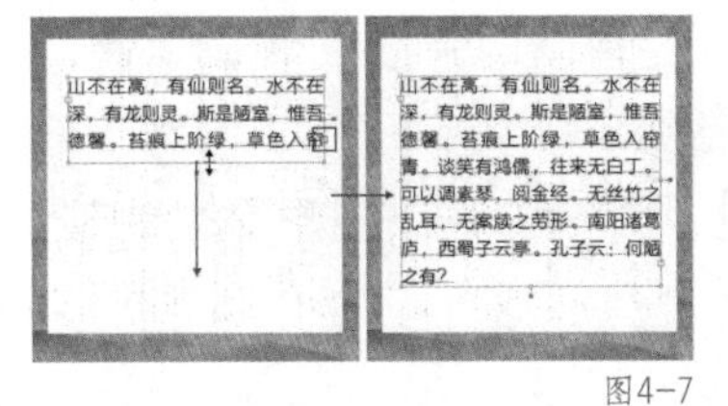

图4-7

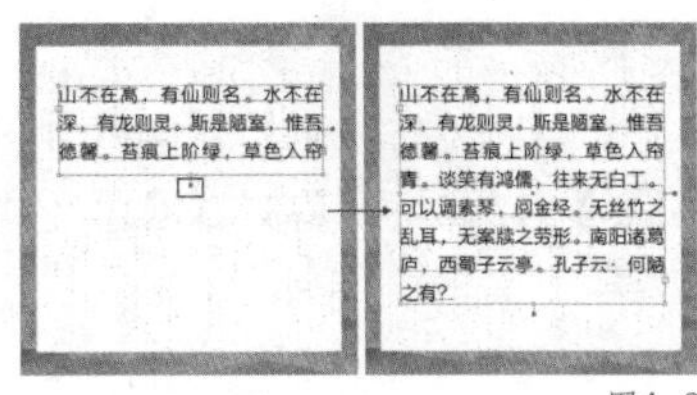

图4-8

知识点 3 路径文本

路径文本是指沿着开放或封闭路径排列的文本。路径文字工具和直排路径文字工具的操作方法相同，可以单击对象的路径边缘，将对象转换为文本输入路径，沿着路径的走向进行文本输入，如图4-9所示。

1. 编辑路径文本

选中创建的路径文本，可以看到在路径文本上出现了3条标记线。在文本的起点处出现了起点标记，路径的终点处会出现终点标记，在起点标记与终点标记之间会出现中心标记，如图4-10所示。

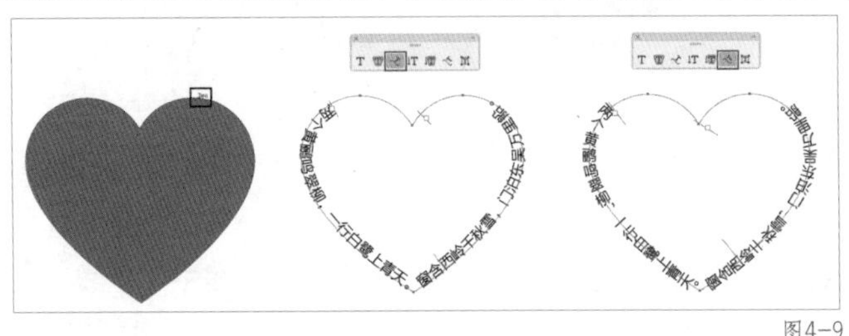

图4-9

图4-10

▌移动路径文本。选择选择工具，将鼠标指针放置于文本的中心标记上，鼠标指针呈现▸状时，可以沿路径拖曳，调整路径文本的位置；也可将鼠标指针放置于文本的起点标记和终点标记上，调整起点位置和终点位置，如图4-11所示。

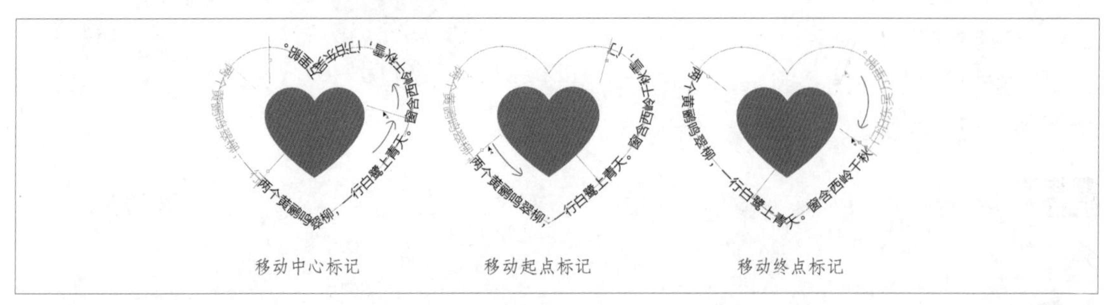

图4-11

▌翻转路径文本。选择选择工具，将鼠标指针放置于文本的中心标记上，鼠标指针呈现▸状时，按住鼠标左键将中心标记向路径另一侧拖曳，可以将路径文本翻转，如图4-12所示。

2. 使用路径文字选项

执行“文字→路径文字→路径文字选项”命令，可在打开的“路径文字选项”对话框中设置路径文本的参数，如图4-13所示。

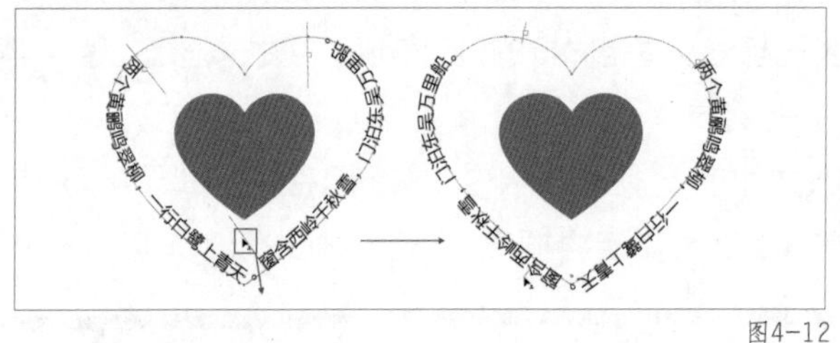

图4-12

路径文字选项

效果：彩虹效果 ☐ 翻转

对齐路径：基线

间距：自动

☐ 预览 确定 取消

图4-13

“路径文字选项”对话框中各参数的含义如下。

▌效果：设置文本沿路径排列的效果，包括彩虹效果、倾斜、3D带状效果、阶梯效果、重力效果，如图4-14所示。

图4-14

▌对齐路径：设置文本与路径的对齐方式，包括字母上缘、字母下缘、居中、基线，如图4-15所示。

▌间距：用于设置字符之间的距离。

▌翻转：勾选此选项，可以让路径文本翻转。

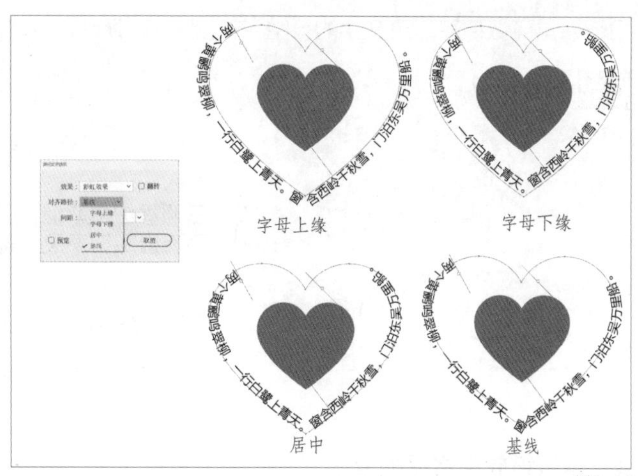

图4-15

第2节 编辑文本

在Illustrator 2023中，如果要对文本的字体、字号、段落格式等进行编辑，可以使用“字符”面板和“段落”面板。

知识点 1 “字符”面板的使用

执行“窗口→ 文字→ 字符”命令可以打开“字符”面板，使用“字符”面板可以对字体、字号、行距、字符间距等属性进行精确调整，如图4-16所示。下面介绍其中常用的属性。

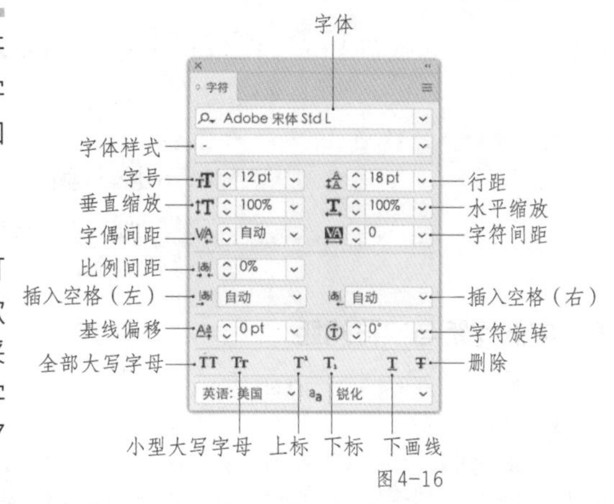

图4-16

1. 字体

字体是指文字本身呈现出来的字形效果，可以在“设置字体样式”下拉列表中选择任意一款字体对文字进行设置。该下拉列表中的字体采用字体样式进行显示，方便用户直观地观察字体样式，从而快速选择合适的字体，如图4-17所示。

提示 除了可以设置字体外，还可以设置不同的字体样式，通过“设置字体样式”下拉列表进行字体样式的选择，如果某款字体没有字体样式可供选择，下拉列表中会显示“ - ”。

2. 字号

字号是指文字的大小，常用度量单位为pt（点），默认文字字号为12pt。

可以在“设置字体大小”下拉列表中调节字号，可以选择一个数值来设置文字大小，也可以直接在文本框中输入具体数值来更改文字大小，如图4-18所示。

图4-17

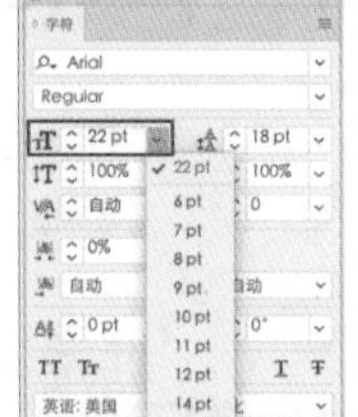

12pt 设置字体大小

18pt 设置字体大小

22pt 设置字体大小

图4-18

3. 行距

行距是指文字之间的垂直距离，是一行文字基线到下一行文字之间的距离，默认文字行距为字体大小的120%。

可以在“设置行距”下拉列表中调节行距，可以选择一个数值来设置行距，也可以直接在文本框中输入具体数值来更改文字的行距，如图4-19所示。

提示 选择需要调节行距的文字，可通过按快捷键Alt+↑减小行距，按快捷键Alt+↓增大行距，每按一次快捷键的行距改变量为2pt。

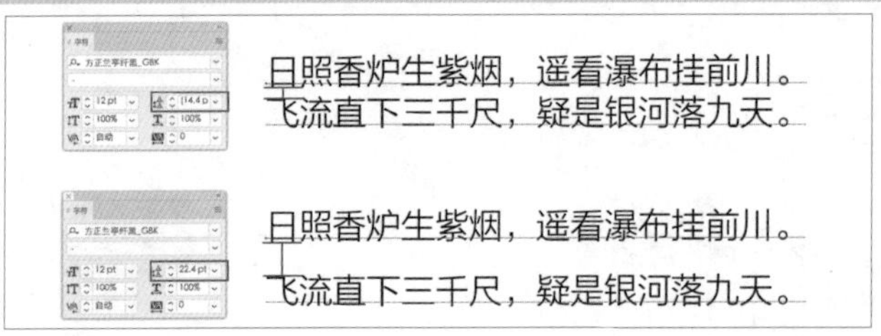

图4-19

4. 垂直缩放与水平缩放

这两个选项用于调整文字高度和宽度的比例，如图4-20所示。

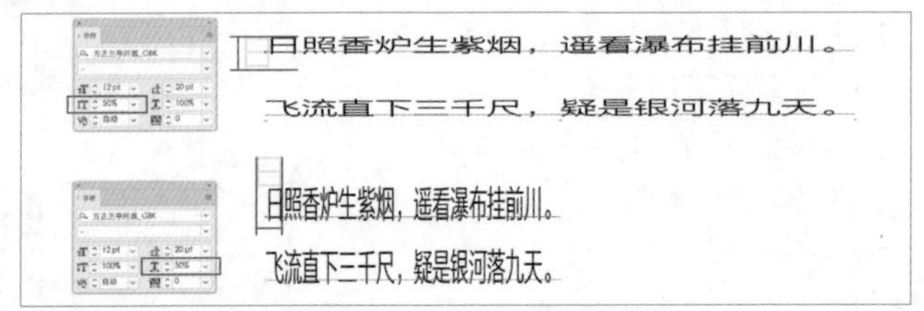

图4-20

5. 字偶间距与字符间距

字偶间距是指相邻两个文字之间的距离，字符间距是指所选的整行文字的文字与文字之间的水平距离。

设置字偶间距与字符间距有两种方式：一种是“设置两个字符间的字距微调”，指的是调节字偶间距，也就是两个字符之间的距离；另一种是“设置所选字符的字距调整”，指的是调节字符间距，也就是字符之间的距离。

▌ 字偶间距设置方法。将光标定位在两个字符之间，可以在“设置两个字符间的字距微调”下拉列表中选择一个数值来设置字偶间距，也可以直接在文本框中输入具体数值来修改字偶间距的大小，如图4-21所示。

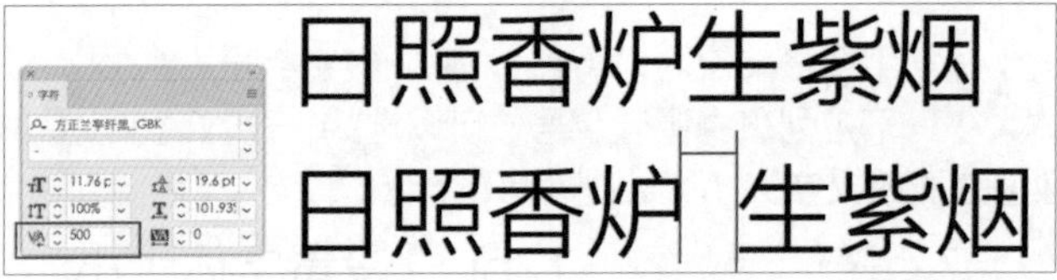

图4-21

▌ 字符间距设置方法。选择要调整的文字，可以在“设置所选字符的字距调整”下拉列表中选择一个数值来设置字符间距，也可以直接在文本框输入具体数值来修改字符间距的大小，如图4-22所示。

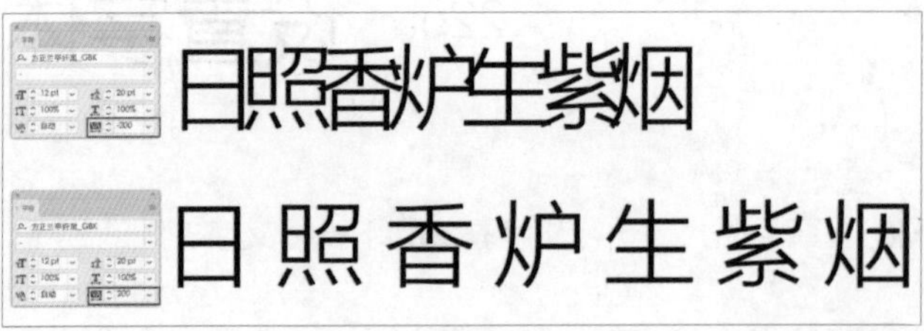

图4-22

提示 选择需要调节字偶间距与字符间距的文字，可按快捷键Alt+←减小字距，按快捷键Alt+→增大字距，每按一次，数值将减小或增大20pt。

若按快捷键Alt+Ctrl+←可更大幅度地减小字距，按快捷键Alt+Ctrl+→可更大幅度地增大字距，每按一次，数值将减小或增大100pt。

6. 插入空格

插入空格是指在某个文字的左侧或者右侧插入空格，以拉开字符间距。

插入空格有两种方式；一种是“插入空格（左）”，另一种是“插入空格（右）”。可以在“插入空格（左）”或“插入空格（右）”下拉列表中选择一个数值来设置要插入的空格。该下拉列表中包括1/8全角空格、1/4全角空格、1/2全角空格、3/4全角空格和1全角空格，如图4-23所示。

7. 基线偏移

基线偏移可以调节文字基线的上下偏移量。基线默认位于文字底部，通过调整该参数可以将文字向上或向下移动，一般常用来编辑数学公式、分子式等。

选择要调整的文字，可以在“设置基线偏移”下拉列表中选择一个数值来设置基线偏移值，也可以直接在文本框中输入具体数值来修改基线偏移值。默认基线偏移值为0，若输入正值文字向上偏移，输入负值文字向下偏移，如图4-24所示。

1全角空格	插入空格
3/4全角空格	插入空格
1/2全角空格	插入空格
1/4全角空格	插入空格
1/8全角空格	插入空格

图4-23

提示 选中要调整基线偏移的文字，按快捷键Alt+Shift+↑向上调整基线偏移量，按快捷键Alt+Shift+↓向下调整基线偏移量，每按一次快捷键数值变化量为2pt。

8. 字符旋转

字符旋转是指文字以其中心点为轴进行旋转。在一整段文字中，可单独旋转某几个文字或整体控制一段文字进行旋转。

选择要调整的文字，可以在“字符旋转”下拉列表中选择一个数值来设置字符旋转角度，也可以直接在文本框中输入具体数值来修改字符旋转角度。默认旋转角度是0，若输入正值字符将逆时针旋转，输入负值字符将顺时针旋转，如图4-25所示。

图4-24

图4-25

知识点2 “段落”面板的使用

执行“窗口→文字→段落”命令可以打开“段落”面板，使用“段落”面板可以对段落的对齐方式、缩进、段前和段后间距、文字避头尾法则等属性进行精确调整，如图4-26所示。

1. 段落对齐方式

“段落”面板中提供了7种对齐方式：左对齐、居中对齐、右对齐、末行左对齐、末行居中对齐、末行右对齐、全部两端对齐。

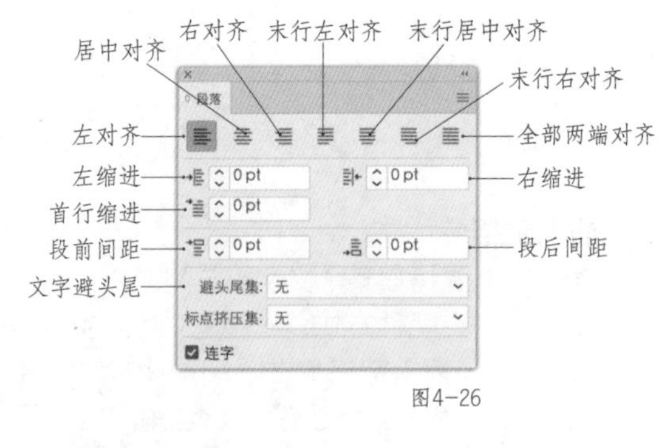

图4-26

- 左对齐：可以使文本向左对齐。
- 居中对齐：可以使文本向中间对齐。
- 右对齐：可以使文本向右对齐。
- 末行左对齐：可以使文本左右两端对齐，最后一行文字单独向左对齐。
- 末行居中对齐：可以使文本左右两端对齐，最后一行文字单独居中对齐。
- 末行右对齐：可以使文本左右两端对齐，最后一行文字单独向右对齐。
- 全部两端对齐：可以使文本左右两端全部对齐。

以上7种对齐方式的显示效果如图4-27所示。

图4-27

2. 段落缩进

缩进是指文本两端与文本框（路径）之间的距离。缩进只对所选的段落有用，主要包括3种缩进方式：左缩进、右缩进、首行缩进。

- 左缩进：文本两端与文本框（路径）左侧的间距。
- 右缩进：文本两端与文本框（路径）右侧的间距。
- 首行缩进：第一行文本左侧距文本框（路径）左侧的距离。

以上3种缩进方式的显示效果如图4-28所示。

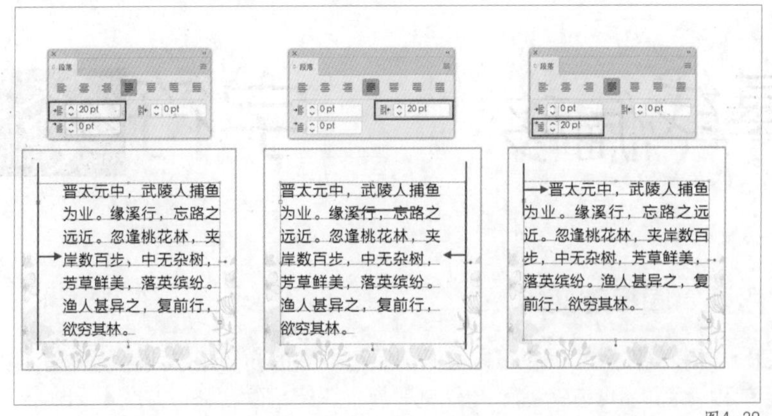
图4-28

3. 段落间距

段落间距是指每个段落之间的上下距离，主要包括两种间距：段前间距和段后间距。

▌ 段前间距：当前段落与前一个段落之间的距离。

▌ 段后间距：当前段落与后一个段落之间的距离。

以上两种间距的显示效果如图4-29所示。

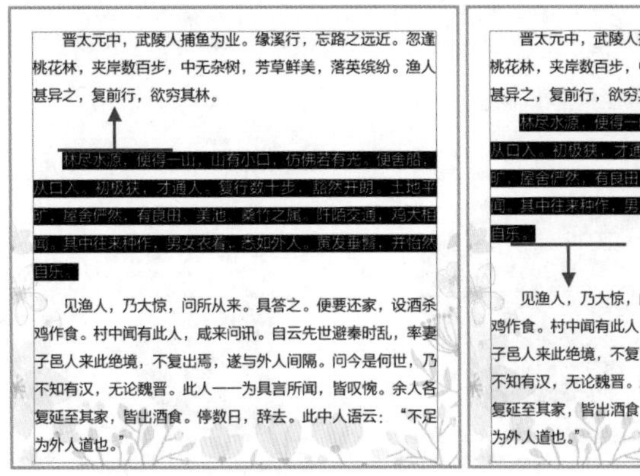

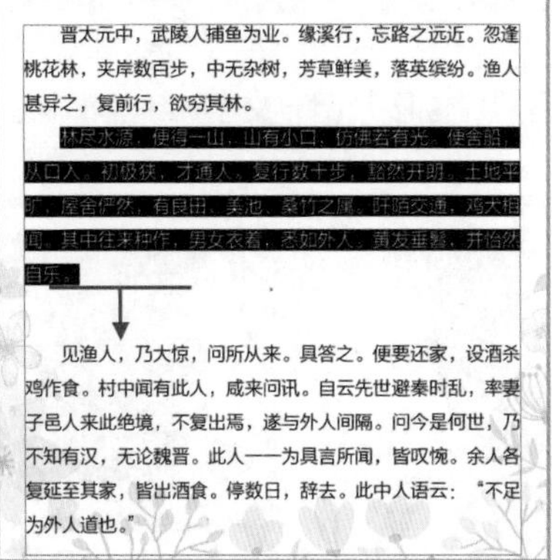

图4-29

4. 文字避头尾

文字避头尾用于设置不能位于行首或行尾的字符，可以在"避头尾集"下拉列表中修改现有的严格或宽松设置，如图4-30所示。

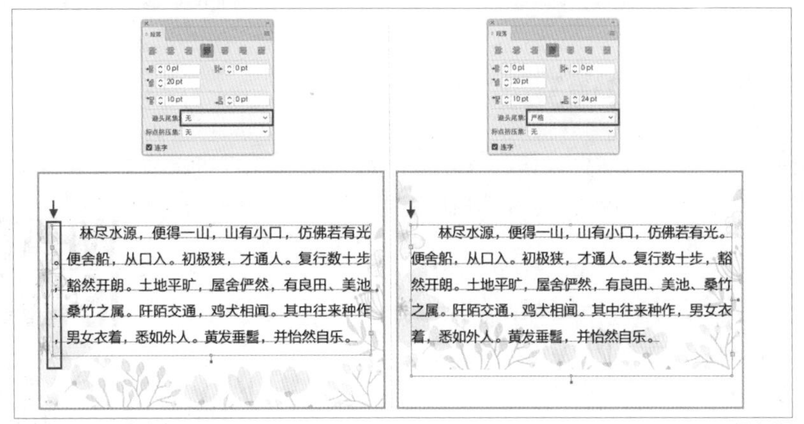

图4-30

第3节 文本绕排

使用文本绕排可以将区域文本绕排在对象周围，对象包括：文字对象、图形和导入的图像。如果绕排对象是导入的位图，文本会在不透明或半透明的像素周围绕排，而忽略完全透明的像素。

知识点 1 文本绕排注意事项

要想创建文本绕排，必须满足以下条件。

▌ 文本必须为区域文本，而不是点文本。

▌ 绕排对象与文本必须处于同一个图层中，可通过执行"窗口→图层"命令打开"图层"面板，查看图层的堆叠顺序。

▌ 绕排的对象必须在文本的上层，并且与文本有相互重叠的部分。

知识点 2 创建文本绕排

选择绕排对象与区域文本，执行“对象→ 文本绕排→ 建立”命令，即可实现文字绕排效果，如图4-31所示。

知识点 3 编辑文本绕排

修改文本绕排设置，可以执行“对象→ 文本绕排→ 文本绕排选项”命令，打开“文本绕排选项”对话框，通过设置“位移”调节文字在绕排时与图形边缘的间距，如图4-32所示。

图4-31

图4-32

知识点 4 释放文本绕排

若要取消（释放）文本绕排，可以执行“对象→ 文本绕排→ 释放”命令，将其释放。

第4节 封套文字的建立

在Illustrator 2023中，封套扭曲是一个特色扭曲功能，能使图形和文字在变形时更加灵活。由于图形和文字的封套建立方式相同，接下来就以文字为例，讲解封套文字的建立。

封套扭曲有3种建立类型：用变形建立、用网格建立、用顶层对象建立。较常用的是用顶层对象建立，使用“用顶层对象建立”命令，可以将选择的文字对象以上方图形为基础进行变形。

使用顶层对象建立封套文字

选择需要的文本及文本上方的图形，执行“对象→ 封套扭曲→ 用顶层对象建立”命令，即可完成封套文字的建立，如图4-33所示。

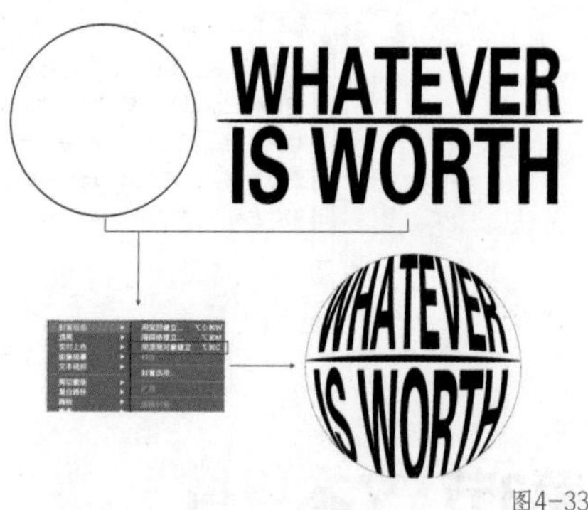

图4-33

提示 若要修改文字内容，可执行“对象→封套扭曲→编辑内容”命令。
若要修改封套形状，可执行“对象→封套扭曲→编辑封套”命令。
若要取消封套，可执行“对象→封套扭曲→释放”命令。

本课练习题

1. 填空题

（1）快速增大文本行间距的快捷键是________。

（2）在“段落”面板中提供了7种对齐方式：左对齐、居中对齐、________、________、________、末行右对齐、全部两端对齐。

（3）使用________工具，可以使文本围绕着一条路径排列。

参考答案：（1）Alt+↓；（2）右对齐、末行左对齐、末行居中对齐；（3）路径文字

2. 选择题

（1）Illustrator 2023中提供了（　　）文字输入工具。

A. 6　　B. 5　　C. 4　　D. 7

（2）“段落”面板中提供了5种文字的对齐方式，下列（　　）方式不包括在其中。

A. 左对齐　　B. 居中对齐　　C. 全部两端对齐　　D. 顶部对齐

（3）下列有关文本的编辑描述正确的是（　　）。

A. 文本框的右下角出现带加号的方块时，表示有些文字被隐藏了，没有完全显示

B. 对于点文本，可以通过拖曳文本框的边角使文本换行

C. 文本框的形状只能是矩形

D. 文字可以围绕图形排列，但不可以围绕路径排列

（4）默认文字行距是字体大小的（　　）。

A. 100%　　B. 120%

C. 140%　　D. 160%

参考答案：（1）A；（2）D；（3）A；（4）B。

3. 操作题

根据图4-34所示效果制作文字海报。要求：尺寸为210mm×297mm。

图4-34

操作题要点提示

① 制作酒杯封套文字。输入文字，使用钢笔工具绘制出高脚杯形状。选中文字和高脚杯，执行“对象→封套扭曲→用顶层对象建立”命令，此时文字就会扭曲为酒杯的形状，如图4-35所示。

② 背景中的“艺术”两字复制了两层，一层用于填色，一层用于描边。注意调节图层的不透明度，如图4-36所示。

图4-35

图4-36

第 5 课

颜色的运用

在Illustrator 2023中，可以对已创建的图形进行颜色填充，实现更为丰富的色彩效果。常用的填充形式有单色填充、渐变填充和图案填充等。通过对本课的学习，读者可以掌握颜色的基础知识和相关颜色工具的使用方法，从而在日后的设计工作中更加得心应手。

本课知识要点

- 颜色模式
- 色彩的3个基本属性
- 单色填充
- 渐变填充
- 网格渐变填充
- 实时上色

第1节 颜色模式

要正确地使用颜色，首先需要了解颜色模式的相关知识。在制作前，需明确图像的具体应用场景，以便正确选择相应的颜色模式来定义颜色。例如：用于屏幕显示的图像，其颜色模式需设置为RGB模式；用于印刷输出的图像，其颜色模式需设置为CMYK模式。

知识点 1 RGB 颜色模式

RGB颜色模式是以三原色为基础建立的。RGB图像只使用3种颜色，分别是R（Red）、G（Green）、B（Blue），它们可叠加混合出各种各样的颜色，如图5-1所示。

知识点 2 CMYK 颜色模式

CMYK是一种专门用于印刷输出的颜色模式。CMYK代表印刷中使用的4种颜色，C代表青色（Cyan），M代表洋红色（Magenta），Y代表黄色（Yellow），K代表黑色（Black），如图5-2所示。在实际应用中，青色、洋红色和黄色很难叠加混合成真正的黑色，因此引入了黑色。黑色的作用是强化暗调，加深暗部颜色。

知识点 3 颜色的色域

在Illustrator 2023中，RGB颜色模式和CMYK颜色模式所能显示的颜色数量及范围各不相同。一般显示器颜色（RGB）比印刷品颜色（CMYK）更鲜艳、明亮，因为RGB颜色模式比CMYK颜色模式的色域更广阔，也可以理解为显示器上呈现的很多鲜亮的颜色是油墨印刷品无法表现的，如图5-3所示。

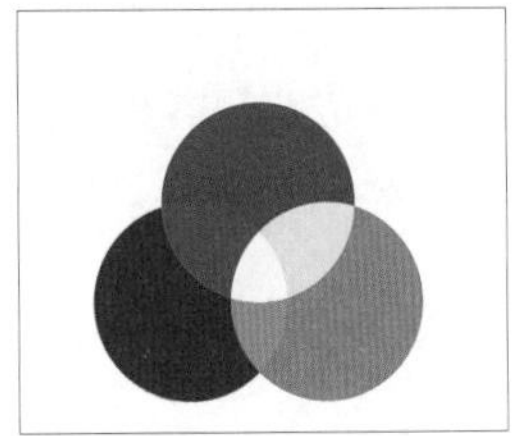

图5-1

图5-2

RGB颜色模式

CMYK颜色模式

图5-3

色域警告

使用CMYK颜色模式进行创作时，在拾色器中选择颜色，如果当前颜色超出了CMYK系统的色域范围，就会弹出色域警告框。单击警告三角形图标，系统会自动选择一个最接近当前颜色，又在CMYK色域内的打印安全色，如图5-4所示。

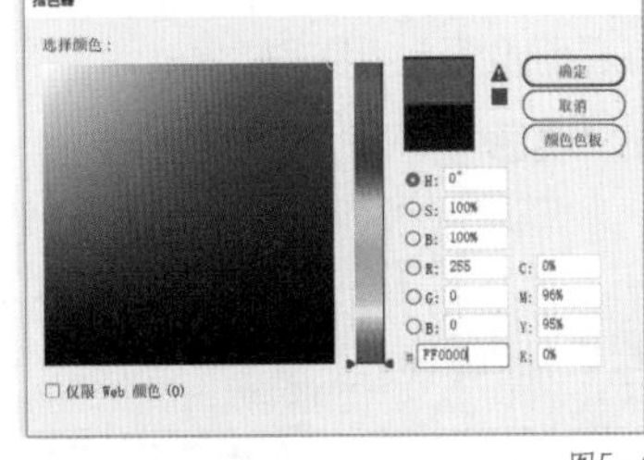

图5-4

第2节 色彩的3个基本属性

任何色彩都具有3个基本属性，即色相（Hue）、饱和度（Saturation）和明度（Brightness），也就是我们常说的色彩三要素。下面对它们进行讲解。

知识点 1 色相（Hue）

色相能帮助我们区分和分类色彩，能够十分确切地表示某种色彩的名称，只有了解了色彩的色相，才能更加灵活地运用色彩。色相在色轮上的显示如图5-5所示。

知识点 2 饱和度（Saturation）

饱和度指色彩的鲜艳纯度，也称色彩的纯度。色彩中的彩色成分和消色成分（也就是灰色）的比例决定了色彩的鲜艳程度。当某种色彩中所含的消色越少，其饱和度就越高，图像颜色就越艳丽；反之，当某种色彩中所含的消色越多，其饱和度就越低，图像颜色就越暗淡。为色彩添加消色的效果如图5-6所示。

知识点 3 明度（Brightness）

明度指色彩的明暗程度，与色彩中黑色或白色的占比有关，为色彩添加白色和黑色的效果如图5-7所示。

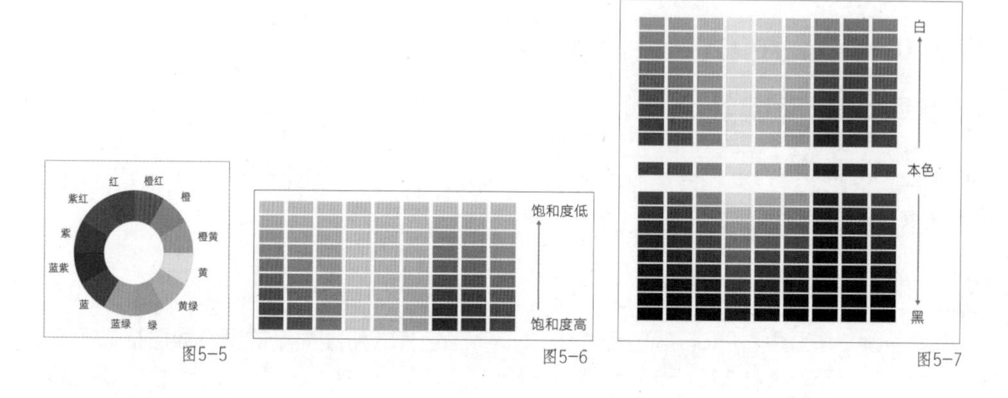

图5-5　图5-6　图5-7

第3节 单色填充

单色填充是指使用一种颜色对选定形状的内部进行填充。单色填充可以应用于开放路径或封闭的图形，以及实时上色组的表面。填充颜色主要有使用工具箱、控制栏、“颜色”面板、“色板”面板4种方法。

知识点 1 使用工具箱设置填色与描边

使用工具箱中的“填充”按钮为对象设置填充颜色是最为常见的一种颜色填充方法。下面详细讲解图5-8所示工具箱中的按钮的含义及使用方法。

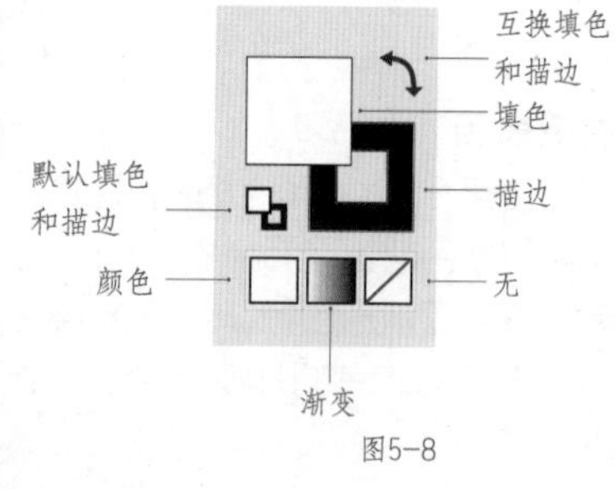

图5-8

1. 填色

在默认状态下，“填色”按钮的颜色是白色。双击“填色”按钮，可在打开的“拾色器”对话框中设置对象的填充颜色，如图5-9所示。

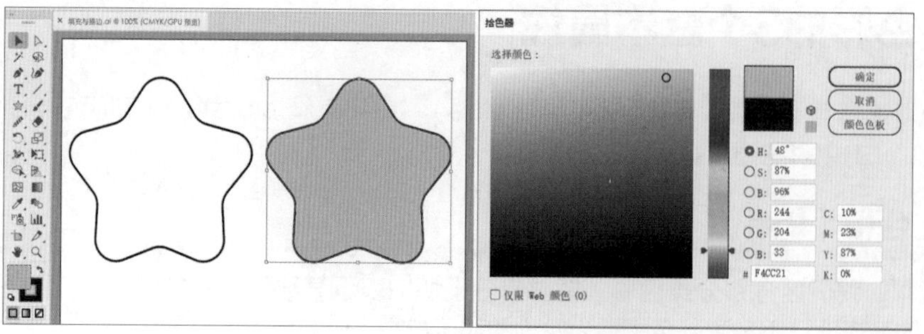

图5-9

2. 描边

在默认状态下，“描边”按钮的颜色是黑色。双击“描边”按钮，可在打开的“拾色器”对话框中设置对象的描边颜色，如图5-10所示。

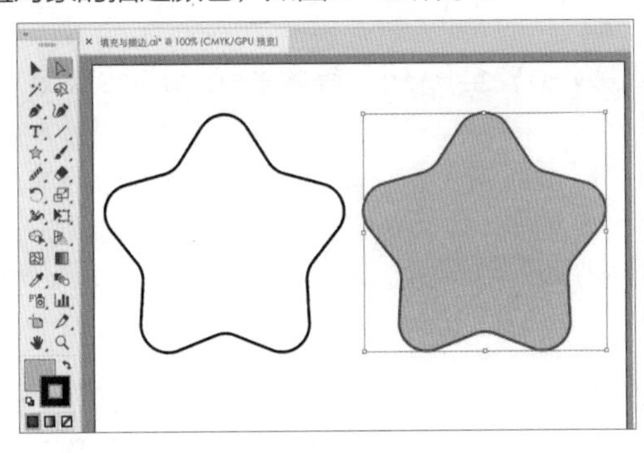

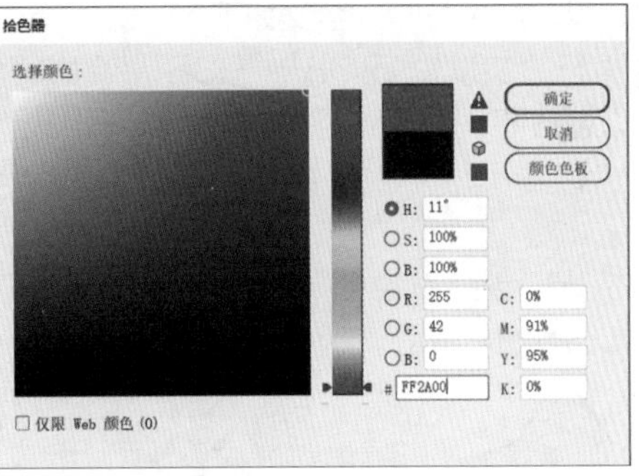

图5-10

3. 默认填色和描边

单击默认的“填色”和“描边”按钮，或按快捷键D，可将图形的填充颜色恢复为白色，将描边颜色恢复为黑色，如图5-11所示。

4. 互换填色和描边

单击“互换填色和描边”按钮，或按快捷键Shift+X，可将填充颜色与描边颜色进行互换，如图5-12所示。

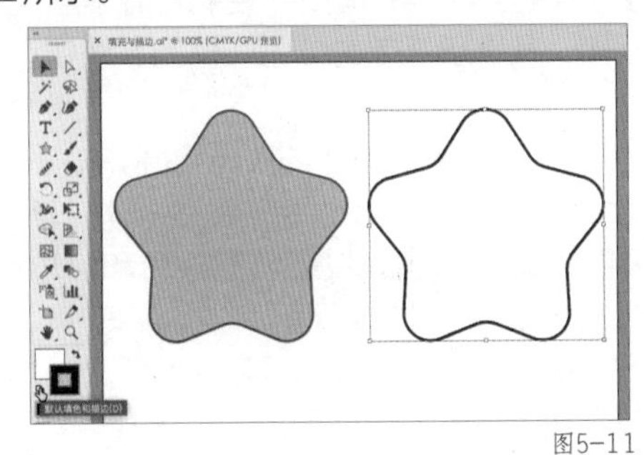

图5-11

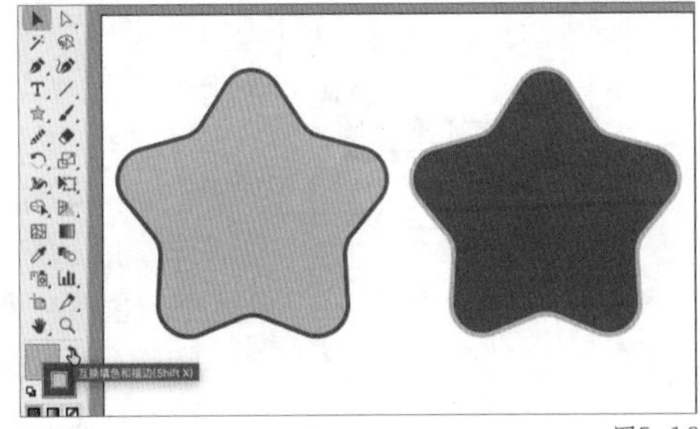

图5-12

知识点 2 使用“颜色”面板设置填色与描边

在“颜色”面板中可以对填充颜色和描边颜色进行设置。执行“窗口→颜色”命令，可以打开“颜色”面板，如图5-13所示。

使用“颜色”面板调节颜色的方法有以下3种。

在“颜色”面板中双击“填色”或“描边”按钮，可在打开的“拾色器”对话框中设置填充颜色或描边颜色。

单击“颜色”面板中的“填色”或“描边”按钮后，可拖曳颜色滑块调整颜色，如图5-14所示。

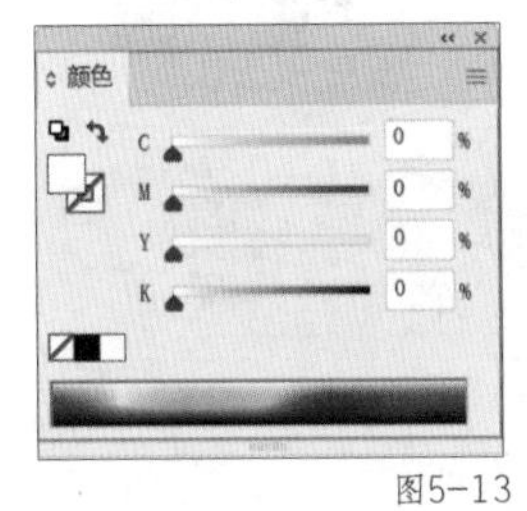

图5-13

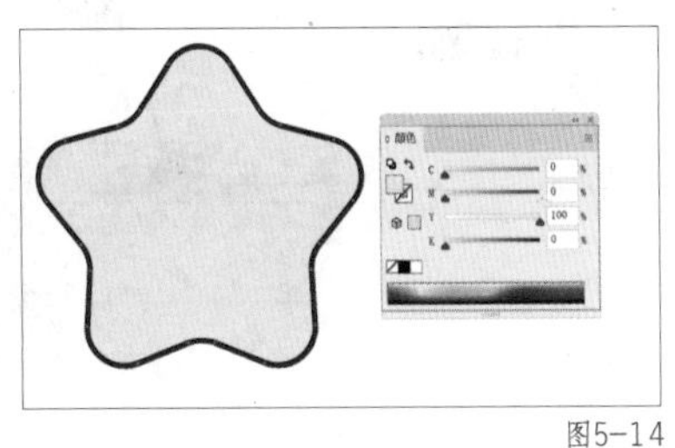

图5-14

单击“颜色”面板中的“填色”或“描边”按钮后，可在颜色条中吸取颜色作为填充颜色或描边颜色，如图5-15所示。

单击“颜色”面板右上角的按钮，将打开面板菜单，在其中可以切换不同的颜色模式，如图5-16所示。

面板菜单中各命令的含义如下。

- 执行“灰度”“RGB”“HSB”“CMYK”“Web安全RGB”等命令可以切换到对应的颜色模式，以适应不同的工作需求。
- 执行“反相”和“补色”这两个命令可以将当前填充颜色或描边颜色替换为其反相色或补色。
- 执行“创建新色板”命令可以将当前正在编辑的颜色定义为固定的样本，并将其存储在色板中，如图5-17所示。

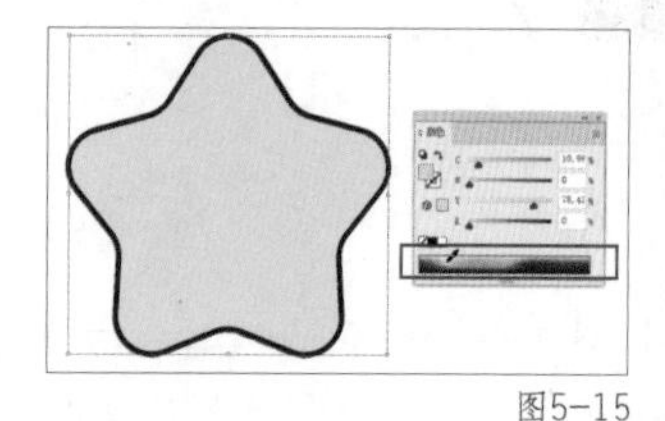
图5-15

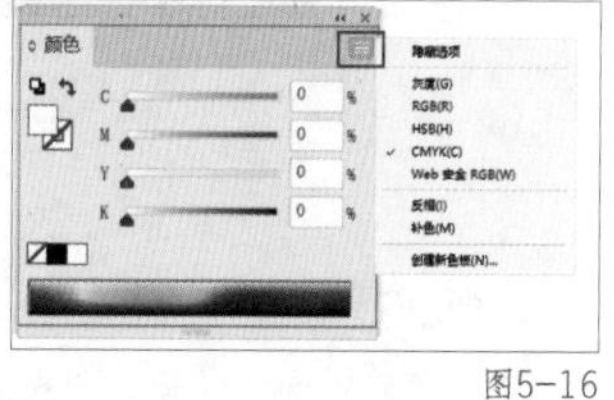
图5-16

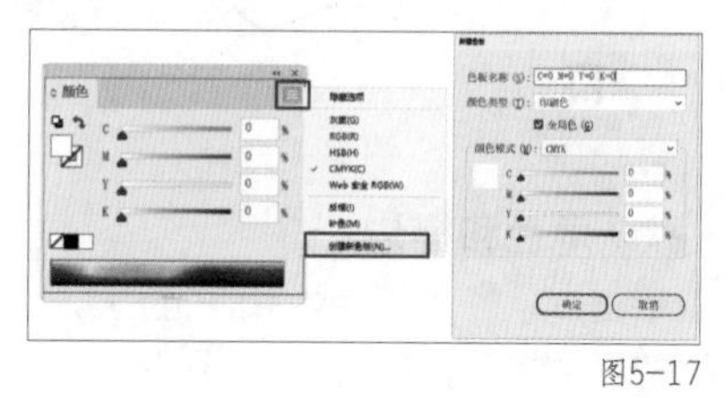
图5-17

知识点 3 使用“色板”面板设置填色与描边

在“色板”面板中可以对填充颜色和描边颜色进行设置。执行“窗口→色板”命令，可以打开“色板”面板，如图5-18所示。单击“色块排列”按钮可切换色块排列模式，如图5-19所示。

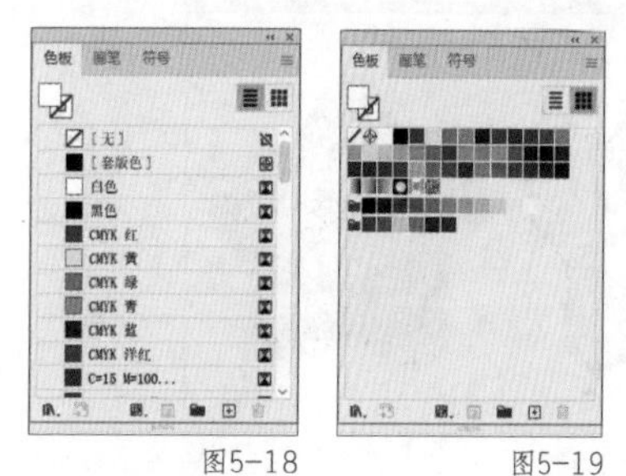
图5-18　图5-19

“色板”面板中存储了多种颜色样本、渐变样本、图案样本和颜色组，同时，色板库中还存储了大量的颜色样本、渐变样本、图案样本以适应不同的绘制需求。设置填充颜色和描边颜色时，直接在该面板中单击需要的颜色样本即可。

使用面板底部的命令按钮，可以实现载入色板库样本、改变面板显示状态、查看颜色选项、新建或删除样本等操作。

1. 色板库菜单

色板库中预设了大量的样本，可以通过这些样本快速进行颜色的编辑。样本以不同的颜色、渐变类型、图案等进行分类，单击需要的分类可以打开对应的样本色板，并且可以通过单击色块实现填充效果，如图5-20所示。

2. 色板类型菜单

该菜单可以控制面板显示的样本类别，执行该菜单下的命令可以设置单独显示“颜色”色板、“渐变”色板、“图案”色板或颜色组等，如图5-21所示。

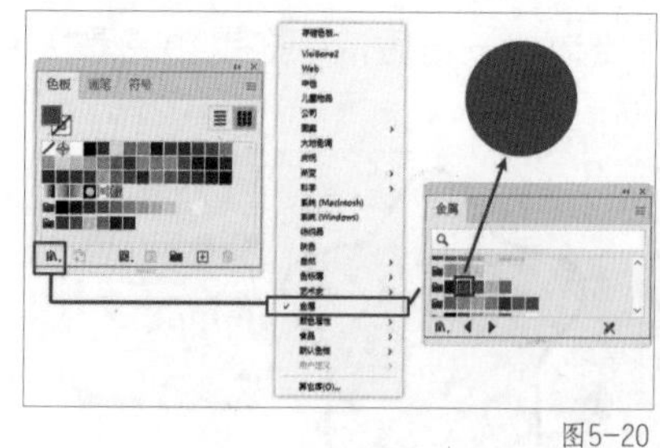
图5-20

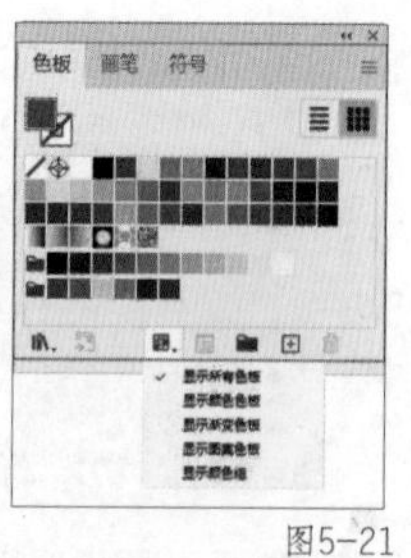
图5-21

3. 色板选项

选择一个色块后，单击“色板选项”按钮，打开“色板选项”对话框，可以对颜色属性进行设置，如图5-22所示。

“色板选项”对话框中主要参数的含义如下。

▌色板名称：用于自定义颜色名称，默认以色值命名颜色。

▌颜色类型：分为印刷色和专色，印刷色用于四色印刷，专色用于特殊印刷。

▌颜色模式：分为灰度、RGB、HSB、CMYK、Lab、Web安全RGB。

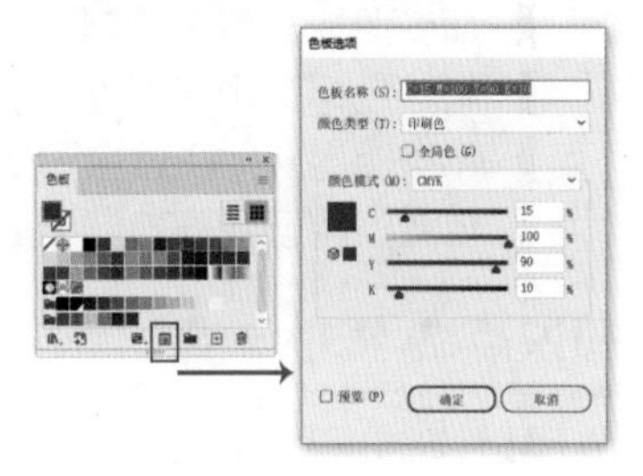

图5-22

4. 新建颜色组

单击“新建颜色组”按钮，打开“新建颜色组”对话框，可创建新的颜色组，如图5-23所示。

5. 新建色板

选择形状后单击“新建色板”按钮，可以将当前选中的形状的填充颜色定义为新的样本，同时将其添加到“色板”面板中，如图5-24所示。

6. 删除色板

选择色板中的颜色后单击“删除色板”按钮，在删除提示对话框中单击“是”按钮即可将其删除，如图5-25所示。

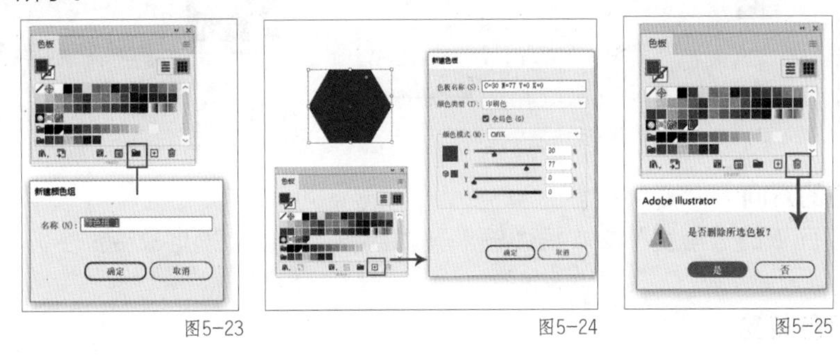

图5-23　　图5-24　　图5-25

第4节 渐变填充

在Illustrator 2023中可以通过多种方法实现渐变效果，如使用工具箱中的“渐变填色”按钮，以及使用“渐变”面板和色板中的渐变样本等。

知识点1 认识“渐变”面板

在Illustrator 2023中可以创建3种类型的渐变：一是线性渐变，二是径向渐变，三是任意形状渐变。这3种渐变类型的切换都可以通过“渐变”面板来实现，如图5-26所示。

“渐变”面板中主要参数的含义如下。

▌渐变填色：显示当前渐变状态，单击右侧的下拉按钮，可为对象填充其他预设渐变。

▌类型：用于改变渐变类型，包括线性渐变、径向渐变和任意形状渐变3种。

▌角度：用于控制渐变的方向，取值范围是-180°~180°。

▌长宽比：用于控制渐变的长宽比例。

▌渐变色条：显示当前设置的渐变颜色。

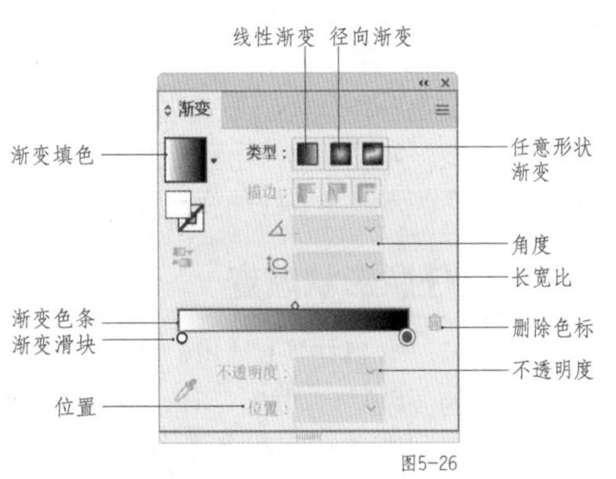

图5-26

- 渐变滑块：用于控制渐变颜色。
- 删除色标：用于删除当前选中的色标。
- 不透明度：用于设置渐变颜色的不透明度。
- 位置：用于精确控制渐变滑块的位置。

知识点 2 线性渐变

线性渐变是指两种或多种颜色在同一条直线上逐渐过渡的效果，如图5-27所示。

1. 设置颜色

双击渐变色条上的渐变滑块，可以在打开的“颜色”面板中设置渐变滑块的颜色，如图5-28所示。

2. 编辑渐变滑块的位置

拖曳渐变色条上的渐变滑块，可以设置渐变滑块的位置，拖曳滑块可以设置两个渐变色之间的混合效果，如图5-29所示。

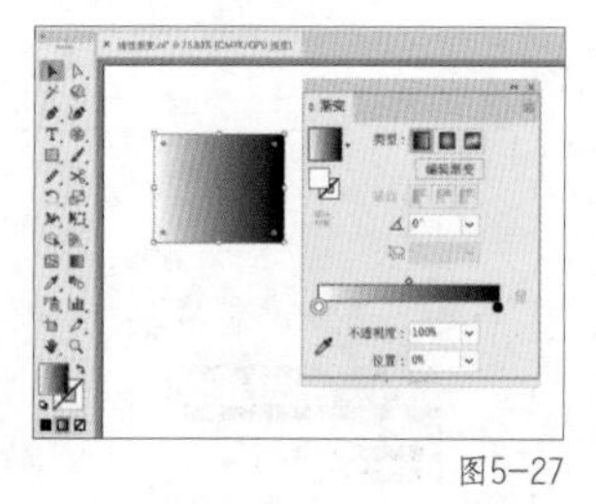
图5-27

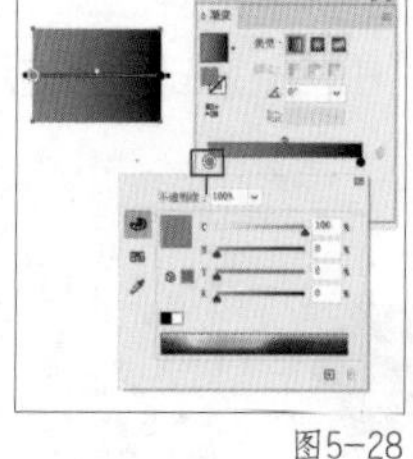
图5-28

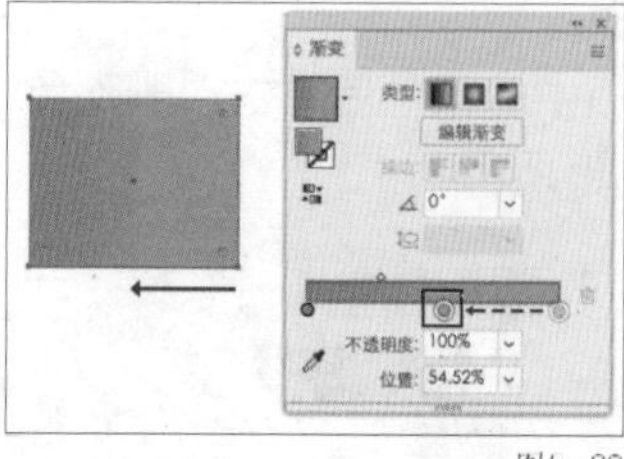
图5-29

3. 编辑渐变色的方向

在“渐变”面板的“角度”文本框中输入具体数值，可以精确地改变渐变方向，如图5-30所示。

4. 创建多种颜色渐变

将鼠标指针放置在渐变色条的空白位置，当鼠标指针呈现为添加渐变滑块的状态时，单击即可添加渐变滑块，如图5-31所示，拖曳渐变滑块可以创建多种颜色渐变。

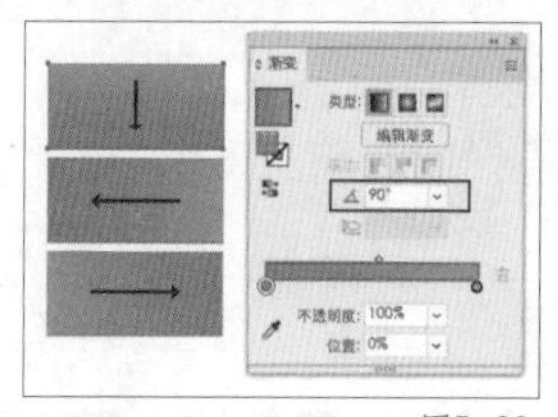
图5-30

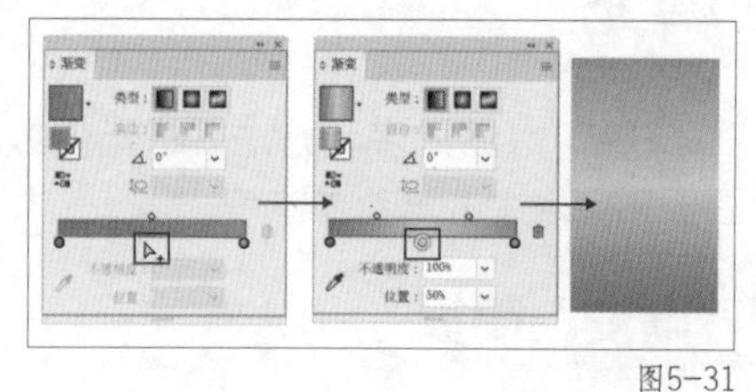
图5-31

知识点 3 径向渐变

径向渐变是一种从内到外变化的类圆形渐变。其颜色不再沿着一条直线渐变，而是从一个起点向所有方向渐变，如图5-32所示。径向渐变的滑块颜色、滑块位置、渐变角度的修改方法与线性渐变一致。

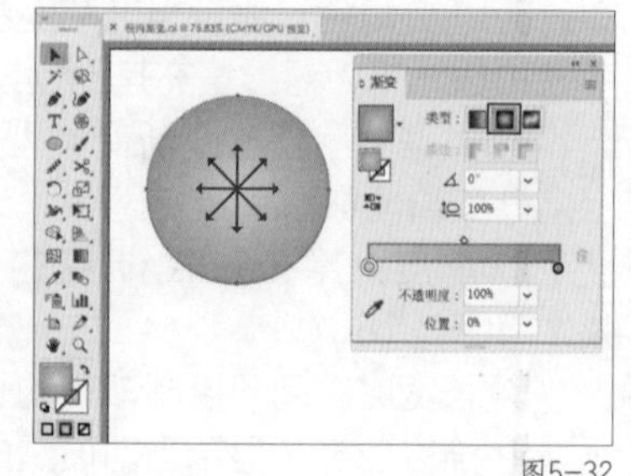
图5-32

知识点 4 任意形状渐变

任意形状渐变是在Illustrator CC 2018中新加入的渐变类型，它提供了新的颜色混合功能，可以创建更自然、更丰富、更逼真的渐变。任意形状渐变有两种模式——点模式和线模式，如图5-33所示。二者都可以在任意位置添加色标，也可以移动色标和更改色标的颜色，色标之间会自动进行混色，再将渐变平滑地应用于对象。

1. 点模式

在形状中以独立点的方式创建色标，通过控制点的位置和范围圈的大小来调整渐变颜色的显示区域，如图5-34所示。

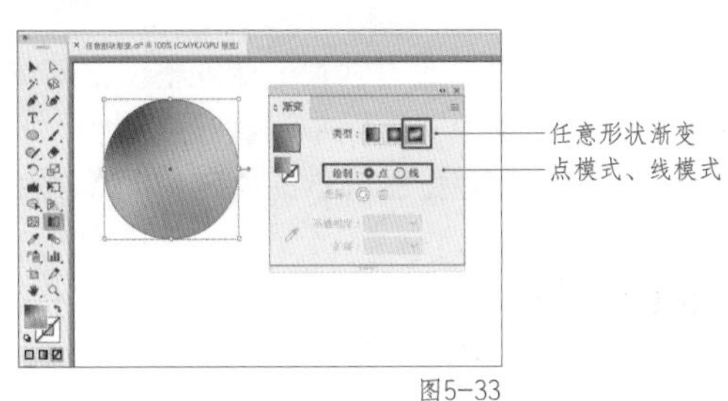

图5-33

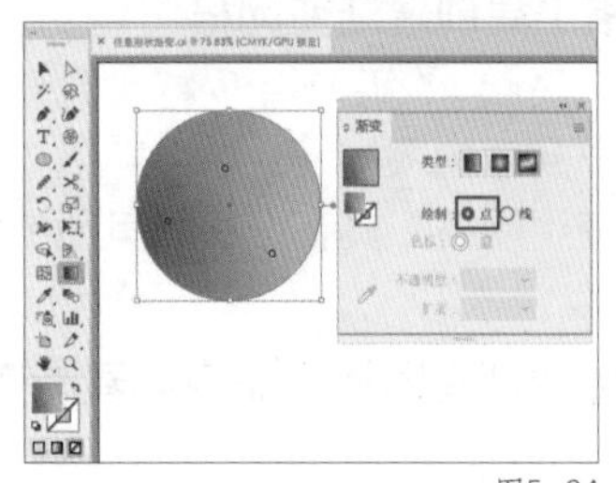

图5-34

2. 线模式

在形状中以线段或曲线的方式创建色标，其线段或曲线可以是闭合的，也可以是开放的，如图5-35所示。

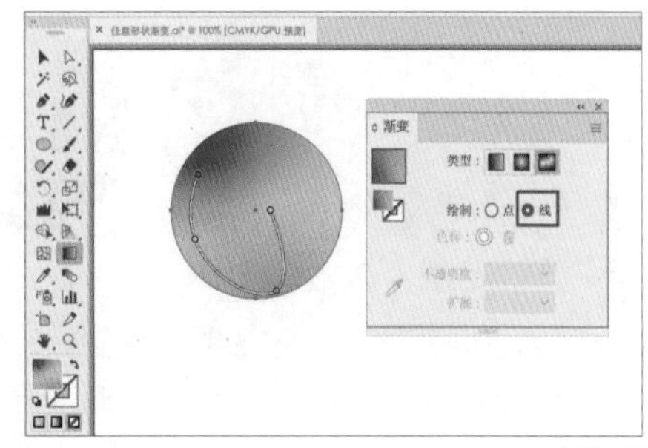

图5-35

知识点 5 渐变批注者

为对象填充渐变后，当选择渐变工具时，对象内会显示渐变批注者（也称“渐变控制条”）。渐变批注者可以修改渐变的角度、位置和范围，如图5-36所示。

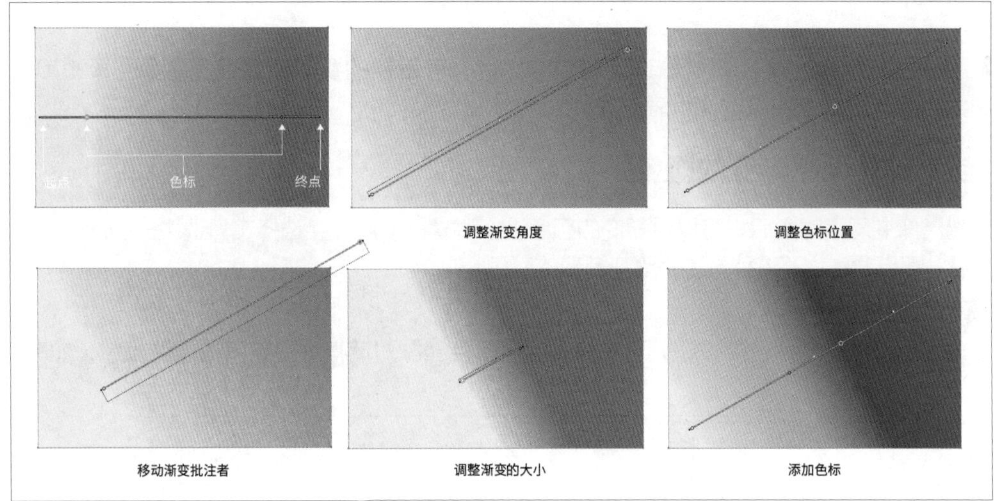

图5-36

第5节 网格渐变填充

使用网格渐变填充能制作出更自由、丰富的渐变填充效果，其表现非常出色，能够从一种颜色平滑地过渡到另一种颜色，使对象产生多种颜色混合的效果，如图5-37所示。

图5-37

知识点 1 创建渐变网格

创建渐变网格的方法有两种：一种是使用工具箱中的网格工具创建渐变网格，另一种是执行“对象→创建渐变网格”命令创建渐变网格。

1. 使用网格工具创建渐变网格

选中目标形状，然后使用网格工具直接在形状上单击，即可创建渐变网格。在网格中每单击一次即可生成一条新的网格线。选中网格中的节点，在“颜色”面板中设置节点颜色，即可实现渐变效果。继续使用网格工具在形状的其他位置单击，可将带有颜色属性的网格快速添加到对象中，如图5-38所示。

2. 执行“创建渐变网格”命令创建渐变网格

选中目标形状，然后执行“对象→创建渐变网格”命令，打开“创建渐变网格”对话框，设置网格的数量、渐变的方式等，单击“确定”按钮可创建出较为精确的渐变网格，如图5-39所示。

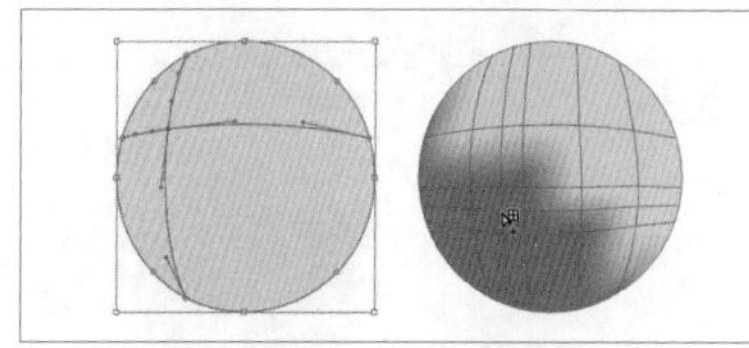

图5-38

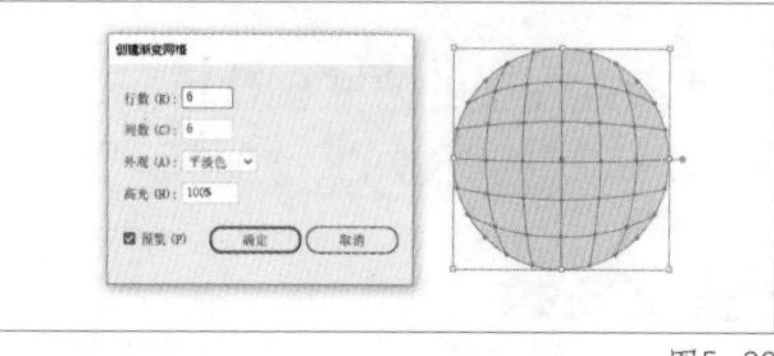

图5-39

“创建渐变网格”对话框中各参数的作用如下。

- 行数：用来控制水平方向的网格线数量。
- 列数：用来控制垂直方向的网格线数量。
- 外观：该下拉列表中包括“平淡色”“至中心”“至边缘”3个选项，用于控制网格渐变的方式。
- 高光：用于控制高光区域占选定对象的比例，可设置的参数值的范围是0% ~ 100%，参数值越大，高光区域占对象的比例就越大。

知识点 2 编辑网格渐变的颜色

创建出渐变网格对象后，可以对渐变的颜色进行调整。使用直接选择工具选中一个网格点或多个网格点后，可以通过以下4种方法来改变渐变的颜色。

1.“填色”按钮

双击工具箱中的“填色”按钮，可在打开的“拾色器”对话框中设置网格点的颜色，如图5-40所示。

图5-40

2.“颜色”面板

在“颜色”面板中拖曳颜色滑块，可以设置网格点的颜色，如图5-41所示。

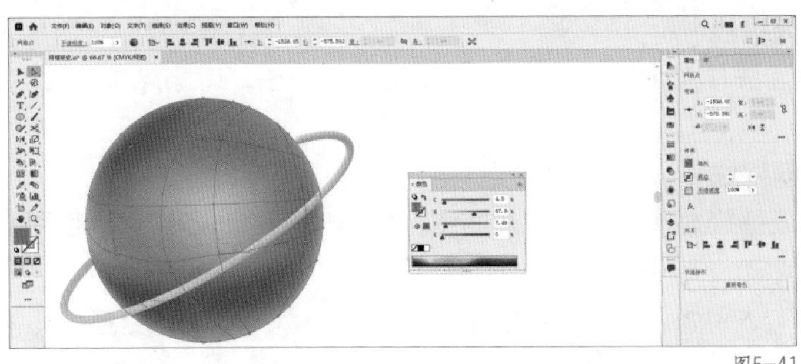

图5-41

3. “色板”面板

在“色板”面板中单击颜色样本，可以设置网格点的颜色，如图5-42所示。

图5-42

4. 吸管工具

选择吸管工具，在画板中其他具有单色填充的对象上单击，会吸取该对象的颜色并将其应用到选中的网格点中，如图5-43所示。

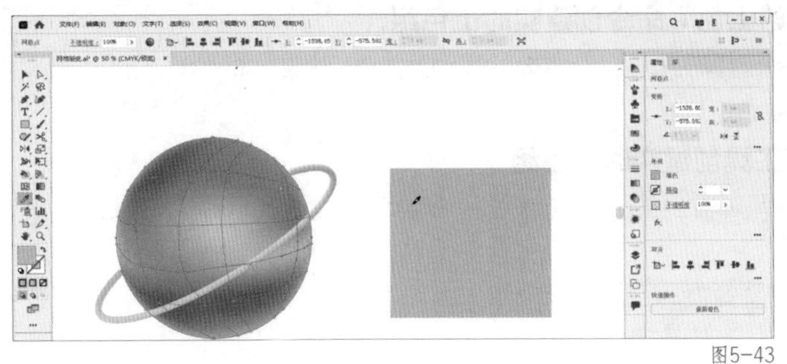

图5-43

知识点 3 编辑网格点和网格线

创建好网格渐变后，可以通过调整网格中的网格点或网格线来进一步编辑网格渐变效果，使其颜色过渡得更自然。

1. 增加网格点或网格线

使用网格工具在网格渐变对象的空白处单击，可增加一条纵向和一条横向的网格线，如图5-44所示。如果在绘制好的网格线上单击，可增加一条与其方向相反的网格线，如图5-45所示。

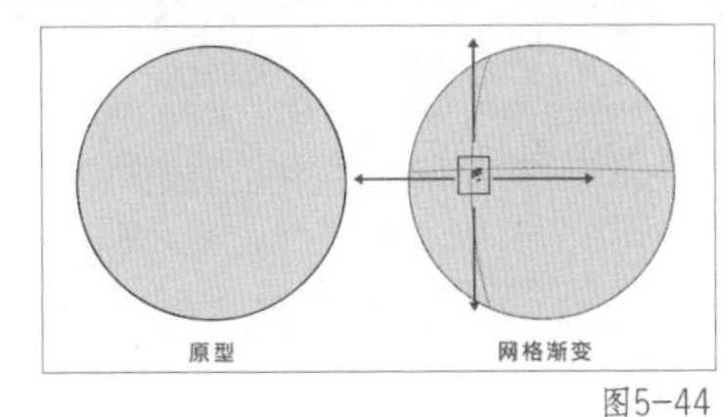

图5-44

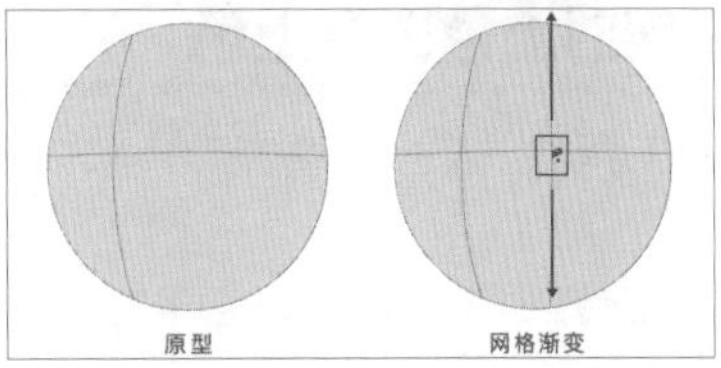

原型 网格渐变

图5-45

2. 删除网格点或网格线

选择网格工具后按住Alt键，在网格点或网格线上单击，可删除单击的网格点或网格线，如图5-46所示。

3. 调整网格点或网格线

使用网格工具或直接选择工具单击并拖曳网格点，可移动网格点。使用直接选择工具并按住Shift键选中多个网格点，然后拖曳，可同时移动选中的所有网格点，如图 5-47所示。

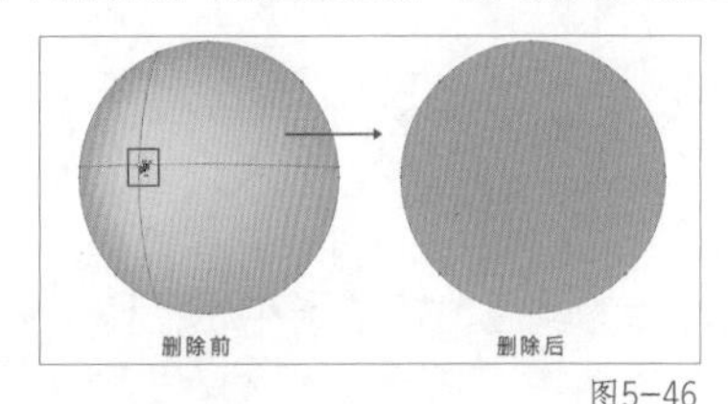

图5-46

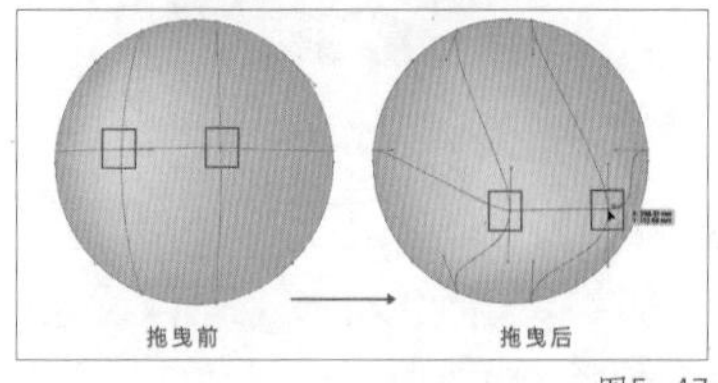

图5-47

第6节 实时上色

实时上色是一种可以对矢量图进行快速、准确、直观上色的方法。采用该方法，用户能在矢量图上即时创建可编辑的上色区域，方便用户更快速、直观地进行图形着色和编辑，免去烦琐的路径编辑和分解。实时上色让用户可以实时查看所做的更改，并在需要时进行调整和修改。

知识点 1 创建实时上色组

将对象创建为实时上色组后，可以对其进行着色处理。可以使用不同的颜色为每个路径描边，也可使用不同的颜色、图案或渐变填充每个封闭路径。创建实时上色组主要有以下两种方法。

1. 使用“创建实时上色”命令创建实时上色组

选择一个或多个对象，执行“对象→ 实时上色→ 建立”命令，如图5-48所示，可以将对象创建为实时上色组。

2. 使用实时上色工具创建实时上色组

在工具箱中选择实时上色工具，如图5-49所示，然后在选择的对象上单击，可直接将对象创建为实时上色组。

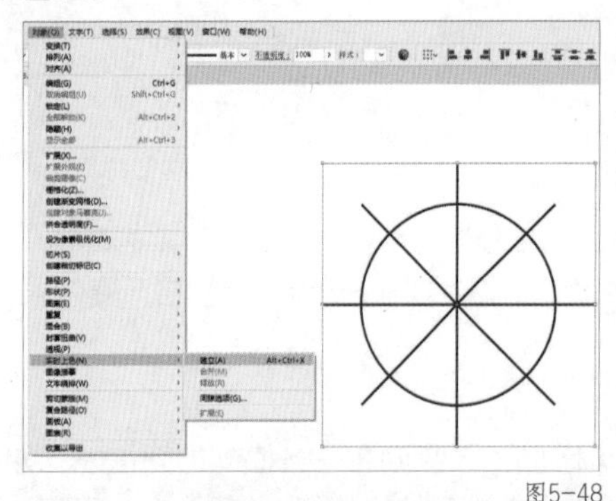

图5-48

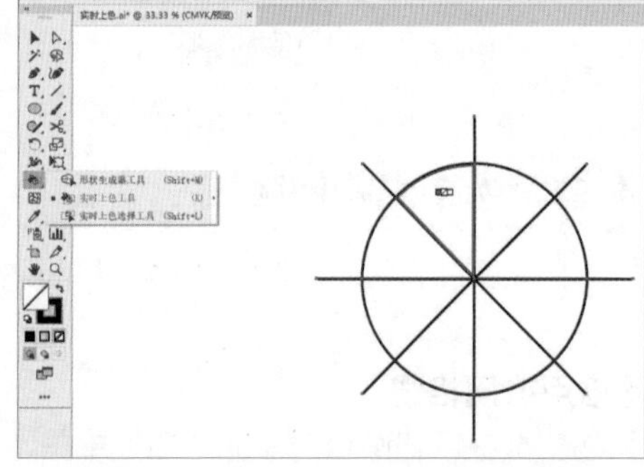

图5-49

知识点 2 使用实时上色工具上色

使用实时上色工具可以将当前填充颜色和描边颜色添加到实时上色组的表面或边缘。

双击实时上色工具，可在打开的“实时上色工具选项”对话框中设置工具的显示状态和填充的对象内容，如图5-50所示。

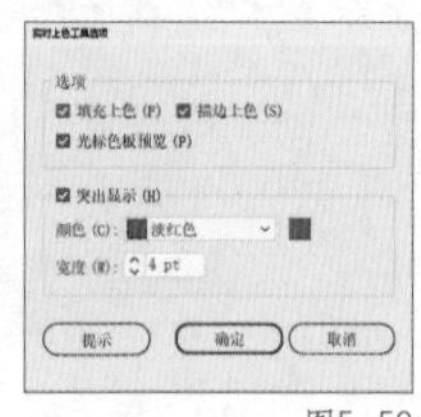

图5-50

"实时上色工具选项"对话框中各参数的含义如下。

- 填充上色：对实时上色组的各表面上色。
- 描边上色：对实时上色组的各边缘上色。
- 光标色板预览：在鼠标指针上显示填充或描边属性
- 突出显示：勾画出鼠标指针当前所在的表面或边缘的轮廓；用粗线突出显示表面，细线突出显示边缘。
- 颜色：设置突出显示线的颜色；可以从下拉列表中选择预设颜色，也可以单击色块，在打开的"颜色"对话框中自定义颜色。
- 宽度：设置突出显示线的粗细。

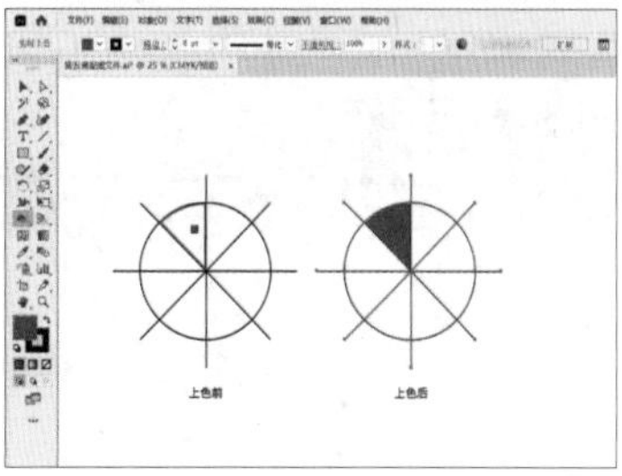

图5-51

1. 填充上色

选择实时上色工具，将鼠标指针移动到形状区域，当鼠标指针变为半填充的油漆桶形状，且形状区域内侧的线条突出显示时，直接单击即可为其填充颜色，如图5-51所示。

如果要为多个形状区域填充颜色，只需先单击一个区域，然后按住鼠标左键并拖曳跨过多个区域，即可为跨过的区域填充相同的颜色，如图5-52所示。

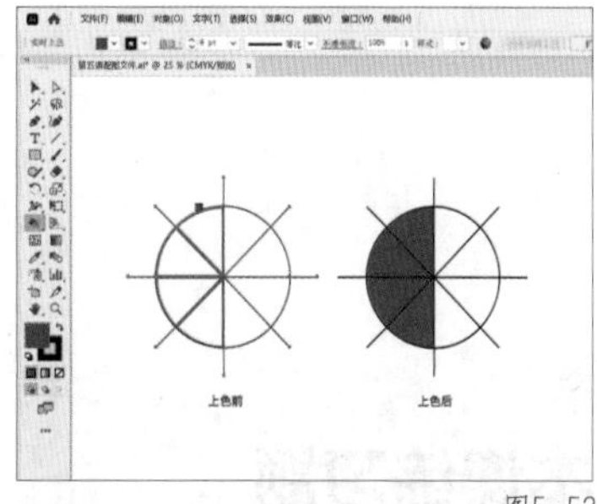

图5-52

2. 描边上色

若勾选"实时上色工具选项"对话框中的"描边上色"选项，可开启对实时上色组中的路径添加颜色的模式。将鼠标指针移动到路径边缘，当鼠标指针变为画笔形态且该边缘突出显示时，单击即可填充描边颜色，如图5-53所示。

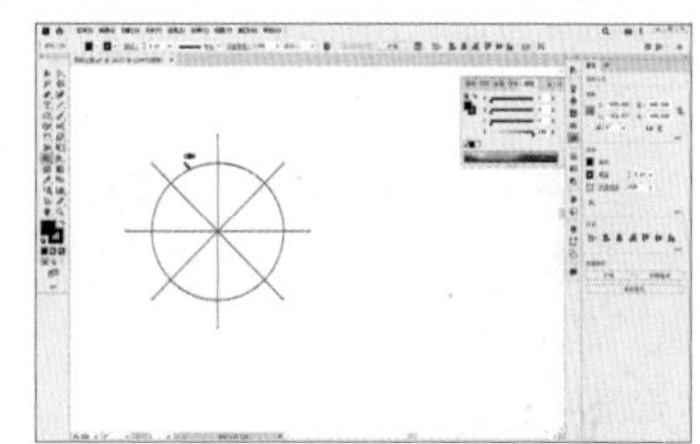

图5-53

为多条路径添加颜色的方法与为多个形状区域添加颜色的方法相同。选择实时上色工具，然后按住鼠标左键并拖曳跨过多条路径边缘，可为多条路径边缘填充相同的描边颜色，如图5-54所示。

提示 在使用实时上色工具时，按住Shift键可以切换填充上色和描边上色功能，按住Alt键可以切换到吸管工具。

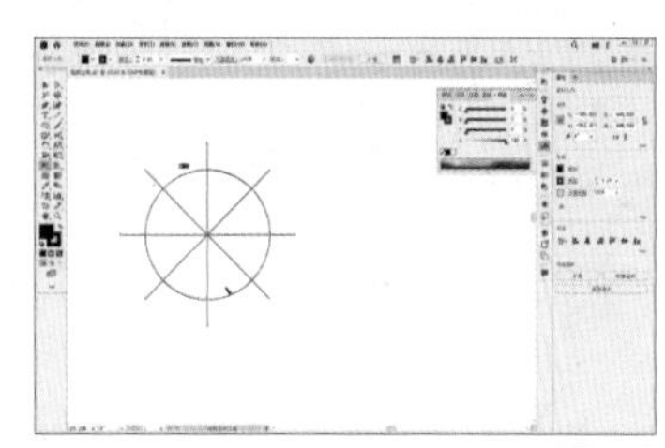

图5-54

3. 释放实时上色

在对对象执行实时上色操作后，想要取消实时上色状态，可执行"对象→实时上色→释放"命令，将对象转换为原始形状。此时，对象的所有填充和描边效果被取消，只保留基本轮廓，如图5-55所示。

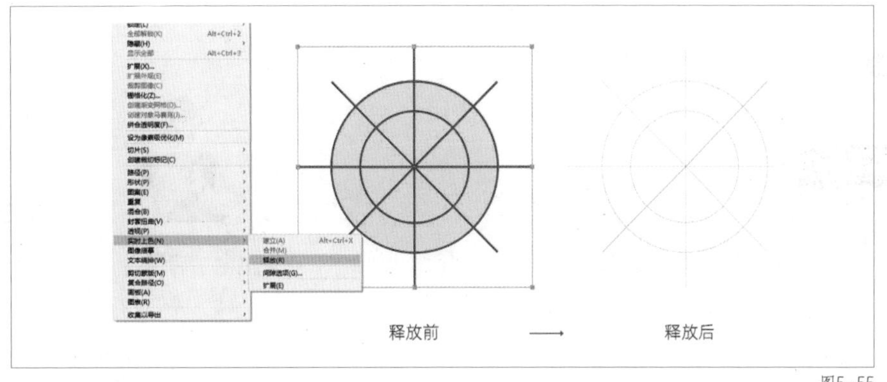

图5-55

4．扩展实时上色

执行"对象→实时上色→扩展"命令，可将实时上色组的各个表面和边缘转换为独立的图形，并将其分为两个编组对象——所有形状一组，所有边缘一组。解散编组后即可查看各个单独的对象，如图5-56所示。

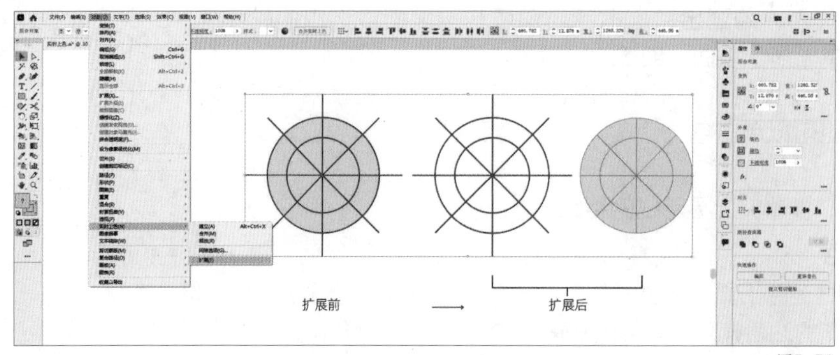

图5-56

本课练习题

1．填空题

（1）渐变填充分为________、________、________。

（2）Illustrator 2023中的颜色模式有________、________。

（3）________颜色模式是专门用来印刷输出的颜色模式。

参考答案:（1）线性渐变、径向渐变、任意形状渐变;（2）CMYK颜色模式、RGB颜色模式;（3）CMYK。

2．选择题

（1）下列（　　）颜色模式定义的颜色可用于印刷。

A．RGB　　B．CMYK　　C．HSB　　D．SSD

（2）在Illustrator 2023中，使用网格工具时，按住（　　）键单击网格线可将其删除。

A．Ctrl　　B．Alt　　C．Shift　　D．Ctrl+Alt

（3）Illustrator 2023的"色板"面板中存储了多种颜色样本，包括（　　）和图案样本。

A．画笔样本　　B．符号样本　　C．渐变样本　　D．透明度

（4）在Illustrator 2023的默认状态下，创建的渐变效果是（　　）渐变。

A．线性　　B．曲线　　C．径向　　D．点

参考答案:（1）B;（2）B;（3）C;（4）A。

3．操作题

根据图5-57所示的效果，对线稿文件进行填色。

图5-57

操作题要点提示

① 在填充颜色时可以使用吸管工具。

② 在填充颜色时注意填色与描边功能的选择是否正确。

第 6 课

对象的基本调节

通过对本课的学习，读者可以掌握调节对象和变换对象的操作，如对象的复制、编组、锁定、隐藏、排列、旋转、缩放与倾斜等。

本课知识要点

- 对象的移动与复制
- 对象的编组
- 对象的锁定与隐藏
- 对象的排列与对齐
- 对象的旋转与镜像
- 对象的缩放与倾斜

第1节 对象的基本操作

在绘制图形或路径后，经常需要对对象进行移动、复制、编组、锁定或隐藏等操作，下面对这些操作进行介绍。

知识点 1 移动对象

移动对象有多种方法，如可以使用鼠标拖曳对象，可以使用键盘方向键或使用“移动”命令移动对象，具体操作如下。

1. 使用鼠标拖曳

选择需要移动的对象，然后按住鼠标左键将对象拖曳到新的位置，即可实现移动操作。如果在拖曳时按住Shift键，可以水平或垂直移动对象。

2. 使用键盘方向键移动

选中需要移动的对象，按键盘方向键，也可以使对象移动。

如果要调节单次移动的距离，可以执行“编辑→首选项→常规”命令，在打开的“首选项”对话框中设置“键盘增量”的数值，如图6-1所示。

3. 使用数值精确移动

如果要精确移动对象，可以执行“对象→变换→移动”命令，在打开的“移动”对话框中设置具体的移动数值，如图6-2所示。

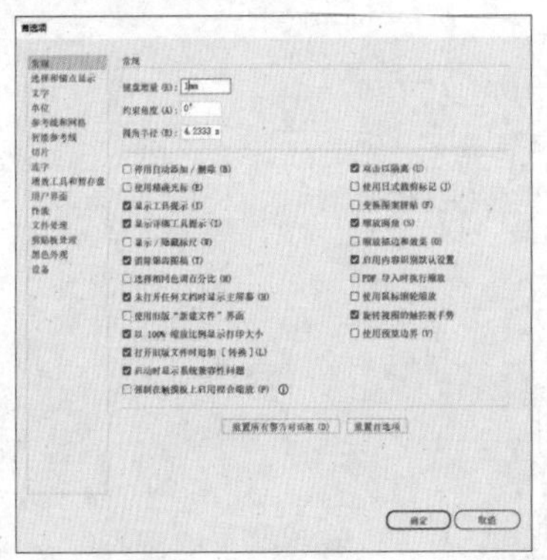

图6-1

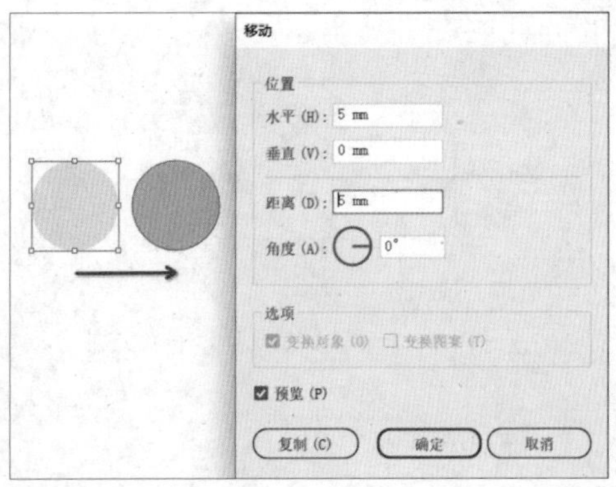

图6-2

知识点 2 复制对象

当需要创建具有相同属性的对象时，可以使用鼠标或快捷键复制对象。

1. 使用鼠标复制

使用选择工具选择需要复制的对象，然后按住Alt键，鼠标指针变为双箭头形状时拖曳，即可实现对象的复制，如图6-3所示。

> **提示** 在执行复制操作后，按快捷键Ctrl+D，即可对上一步操作进行重复，重复出属性一致的对象，如图6-4所示。

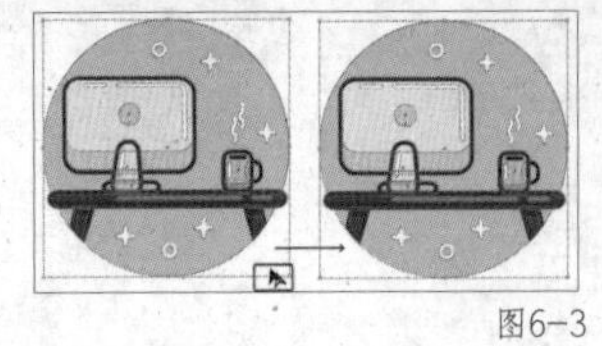

图6-3

图6-4

2. 使用快捷键复制

使用选择工具选择需要复制的对象，按快捷键Ctrl+C复制，再按快捷键Ctrl+V粘贴，即可实现对象的复制。新复制的对象会在画板中心显示，如图6-5所示。

> **提示** 粘贴在前：按快捷键Ctrl+C复制，再按快捷键Ctrl+F，可以将复制的对象粘贴到原对象的前面。
> 粘贴在后：按快捷键Ctrl+C复制，再按快捷键Ctrl+B，可以将复制的对象粘贴到原对象的后面。

知识点 3　编组与解组对象

当画板中的对象较多时，可以对多个相关的对象进行编组处理，从而更方便地控制和操作对象。

1. 使用编组命令编组与解组对象

使用选择工具选择需要编组的对象，然后右击，在弹出的快捷菜单中执行“编组”命令即可完成编组操作，如图6-6所示。如果要取消编组，可以再次右击，在弹出的快捷菜单中执行“取消编组”命令取消编组。

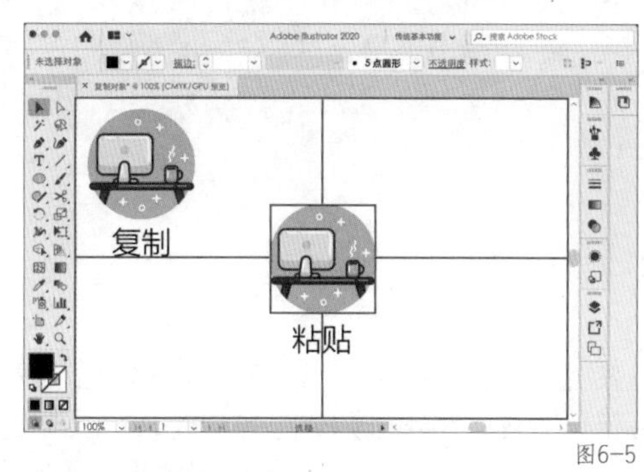

图6-5

图6-6

2. 使用快捷键编组与解组对象

使用选择工具选择需要编组的对象，按快捷键Ctrl+G即可编组对象。如果要取消编组，可以按快捷键Ctrl+Alt+G取消编组。

知识点 4　锁定与解锁对象

在处理比较复杂的文件时，为了防止误操作，可以对暂时不需要操作的对象进行锁定，以减少干扰。

1. 使用锁定命令锁定与解锁对象

使用选择工具选择需要锁定的对象，然后在“对象”菜单中执行“锁定→所选对象”命令完成对象的锁定操作，如图6-7所示。如果要取消锁定，可以在“对象”菜单中执行“全部解锁”命令完成全部对象的解锁。

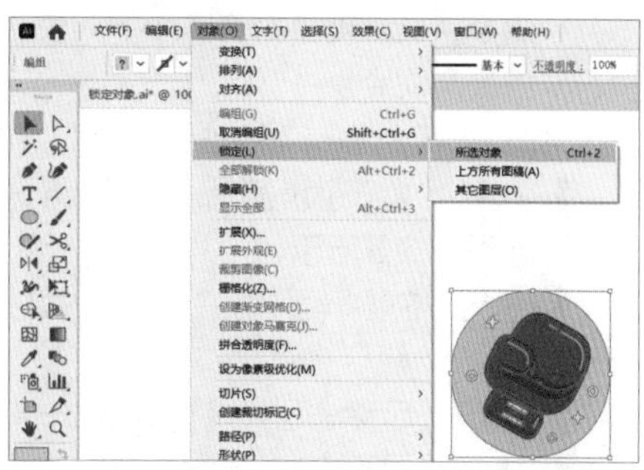

图6-7

2. 使用快捷键锁定与解锁对象

使用选择工具选择需要锁定的对象，按快捷键Ctrl+2即可锁定对象。如果要取消锁定，可以按快捷键Ctrl+Alt+2全部解锁。

> **提示** 在锁定对象后，如果执行“全部解锁”命令，会把画板中已锁定的对象全部解锁。如果要解锁单独的对象，需要在“图层”面板中单击已锁定的对象图层对应的小锁头图标进行解锁，如图6-8所示。

图6-8

知识点 5 隐藏与显示对象

在处理比较复杂的文件时，为了防止误操作，除了可以锁定对象外，还可以对暂时不需要操作的对象进行隐藏，以减少干扰。

1. 使用隐藏命令隐藏与显示对象

使用选择工具选择需要隐藏的对象，然后在“对象”菜单中执行“隐藏→所选对象”命令完成对象的隐藏操作，如图6-9所示。如果要取消隐藏，可以在“对象”菜单中执行“显示全部”命令完成全部对象的显示。

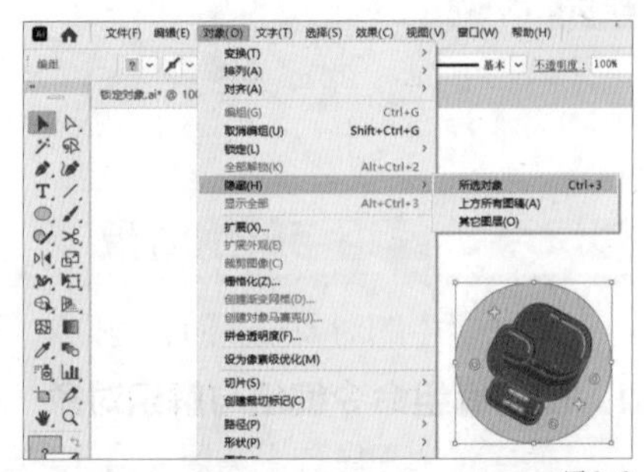

图6-9

2. 使用快捷键隐藏与显示对象

使用选择工具选择需要隐藏的对象，按快捷键Ctrl+3即可隐藏对象。如果要取消隐藏，可以按快捷键Ctrl+Alt+3全部显示对象。

提示 在隐藏对象后，如果执行“显示全部”命令，会把画板中已隐藏的对象全部显示。如果要显示单独的对象，需要在“图层”面板中单击已隐藏的对象图层对应的“切换可视性”按钮进行显示，如图6-10所示。

图6-10

第2节 对象的排列与对齐

在绘制图形时，经常需要对要绘制内容的位置进行调整，如改变对象的前后顺序，或对多个图形的位置进行调整，以使它们的排列更符合工作需求。使用排列与对齐功能，可以改变对象的排列顺序、调整对象的对齐和分布方式。

知识点 1 排列对象

在画板中，所有的绘制对象都是按绘制的先后顺序进行排列的。当需要调整对象的前后顺序时，可以使用排列功能改变对象的前后顺序，如图6-11所示。

图6-11

改变对象排列顺序的方法有两种：一种是执行“对象→排列”命令；另一种是右击选中的对象，在打开的快捷菜单中执行“排列”命令。

“排列”菜单中有4种排列命令，如图6-12所示。

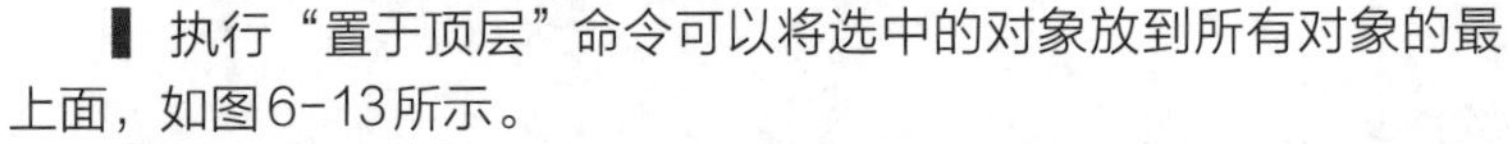

- 执行“置于顶层”命令可以将选中的对象放到所有对象的最上面，如图6-13所示。
- 执行“前移一层”命令可将选中的对象向上移动一层，如图6-14所示。

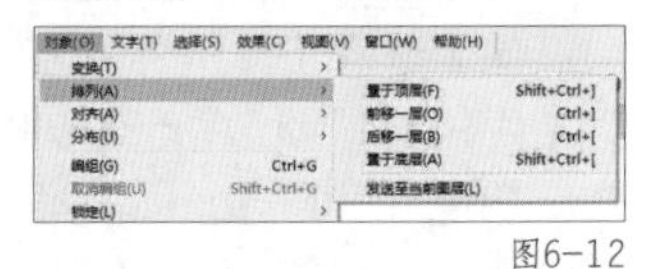

图6-12

- 执行“后移一层”命令可将选中的对象向下移动一层，如图6-15所示。
- 执行“置于底层”命令可以将选中的对象放到所有对象的最下面，如图6-16所示。

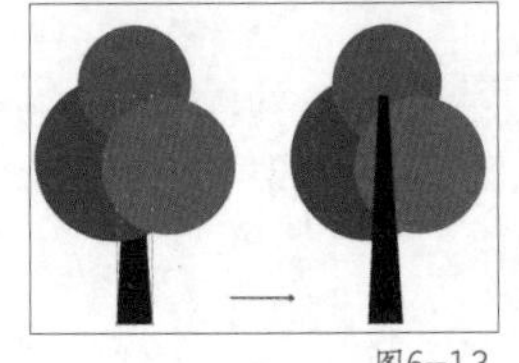

图6-13

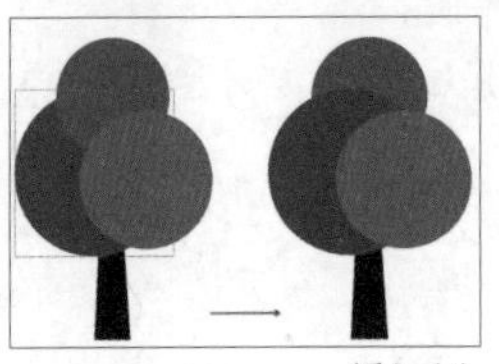

图6-14

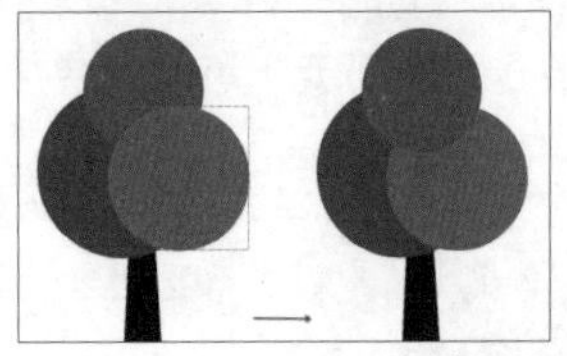

图6-15

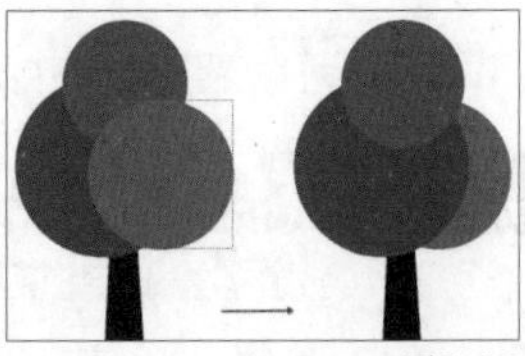

图6-16

提示 在排列对象时可直接使用以下快捷键进行操作。

① “置于顶层”的快捷键为Ctrl+Shift+]。 ② “置于底层”的快捷键为Ctrl+Shift+[。

③ “前移一层”的快捷键为Ctrl+]。 ④ “后移一层”的快捷键为Ctrl+[。

知识点 2 对齐和分布对象

如果需要将对象精确排列，单纯依靠拖曳是难以精准完成的，这时需要使用对齐和分布功能。执行“窗口→对齐”命令，打开“对齐”面板，如图6-17所示。

1. 对齐对象

使用“对齐对象”选项组中的按钮可以将选中的对象沿指定的方向轴进行对齐。在“对齐对象”选项组中共有6种对齐方式，单击对应的按钮能够使选中的多个对象按所选方式进行对齐。

“对齐对象”选项组中各按钮的含义如下。

▌水平左对齐：可以使两个及两个以上的对象在对齐时，以最左边对象的左边线为基准向左对齐，最左边对象的位置保持不变，如图6-18所示。

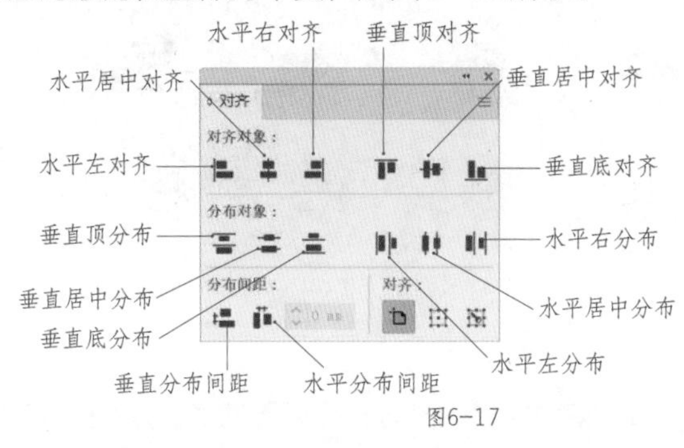

图6-17

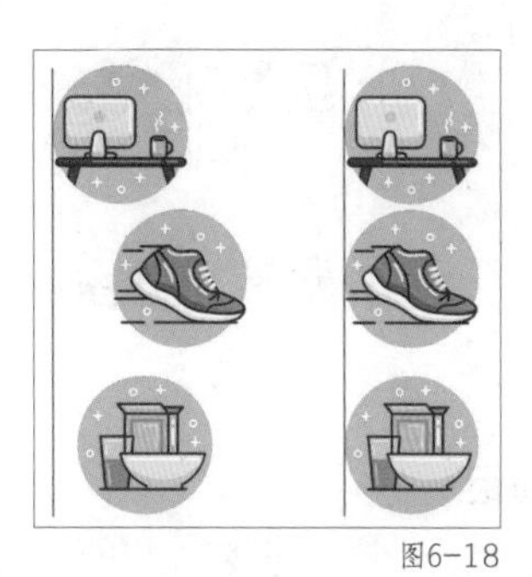

图6-18

▌水平居中对齐：以选中对象的中心作为水平居中对齐的基准点，对象在垂直方向上保持不变，如图6-19所示。如果选择的是不规则的对象，将以各对象的中心作为对齐中心点进行水平方向上的对齐，如图6-20所示。

▌水平右对齐：可以使两个及两个以上的对象在对齐时，以最右边对象的右边线为基准向右对齐，最右边对象的位置保持不变，如图6-21所示。

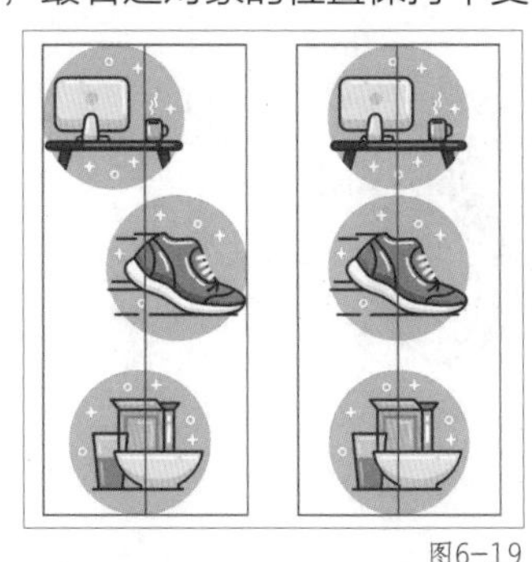

图6-19

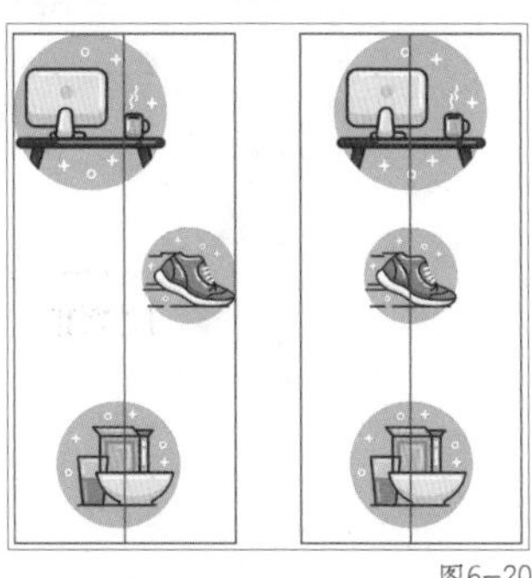
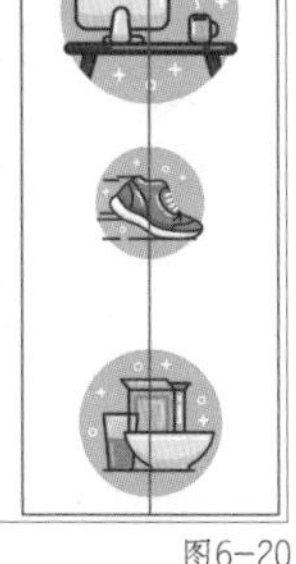

图6-20

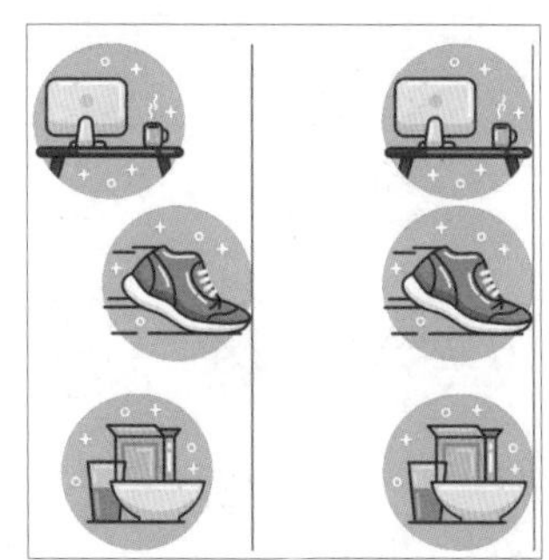

图6-21

▌垂直顶对齐：可以使两个及两个以上的对象在对齐时，以最上方对象的上边线作为基准向上对齐，最上面对象的位置保持不变，如图6-22所示。

▌垂直居中对齐：以选中对象的中心作为垂直居中对齐的基准点，对齐后对象中心点都在一条水平方向的直线上，如图6-23所示。

▌垂直底对齐：可以使两个及两个以上的对象在对齐时，以最下方对象的下边线作为基准向下对齐，最下面对象的位置保持不变，如图6-24所示。

图6-22　　图6-23　　图6-24

2．分布对象

使用“分布对象”选项组中的按钮可以使对象之间进行均匀分布，从而使对象的排列更为有序，但分布对象功能需要有3个对象才可以使用。“分布对象”选项组中包含垂直顶分布、垂直居中分布、垂直底分布、水平左分布、水平居中分布、水平右分布6种分布方式，图6-25所示为各分布方式的分布效果。

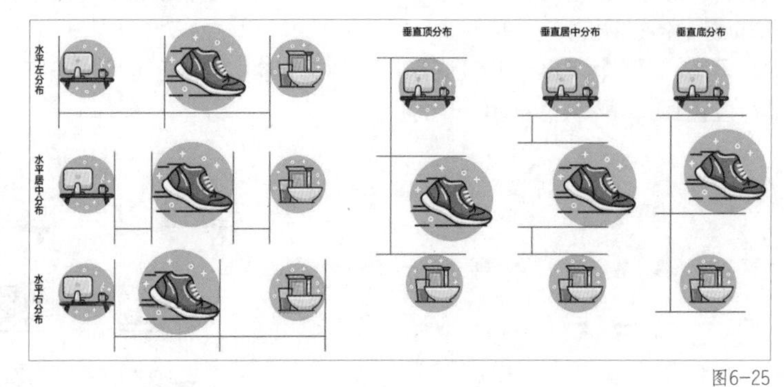

图6-25

3．分布间距

使用“分布间距”选项组中的按钮，可以使对象之间的分布距离更精确。分布间距功能的实现有两种方法，分别是自动分布和固定数值分布。

▌ 自动分布。选择需要分布的所有对象，然后单击“水平分布间距”按钮或“垂直分布间距”按钮，对象将按照相等的间距进行分布，如图6-26所示。

▌ 固定数值分布。选择要分布的所有对象，然后单击其中一个对象作为分布的基准对象，这时“分布间距”文本框为可输入状态，在文本框中输入具体的参数值，然后单击“垂直分布间距”按钮或“水平分布间距”按钮即可，如图6-27所示。

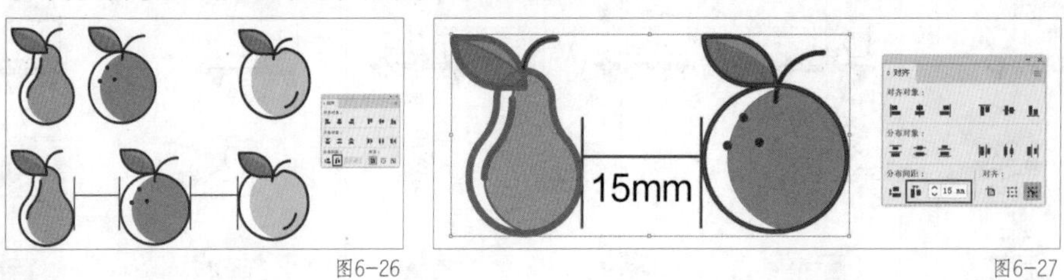

图6-26　　图6-27

第3节 旋转对象

旋转对象是指将对象绕着一个固定的点进行转动，在默认状态下，对象的中心点将作为旋转的中心点。当然也可以根据具体情况指定对象旋转的中心点。

知识点1 手动旋转对象

手动旋转对象的方法有以下3种。

1. 使用选择工具旋转对象

在画板中选择对象，选择选择工具，将鼠标指针移到对象定界框边角处，将出现旋转符号，此时按住鼠标左键并拖曳，可以对对象进行旋转操作，如图6-28所示。

2. 使用自由变换工具旋转对象

在画板中选择对象，选择自由变换工具，此时按住鼠标左键并拖曳即可旋转对象，操作方法与选择工具相同，如图6-29所示。

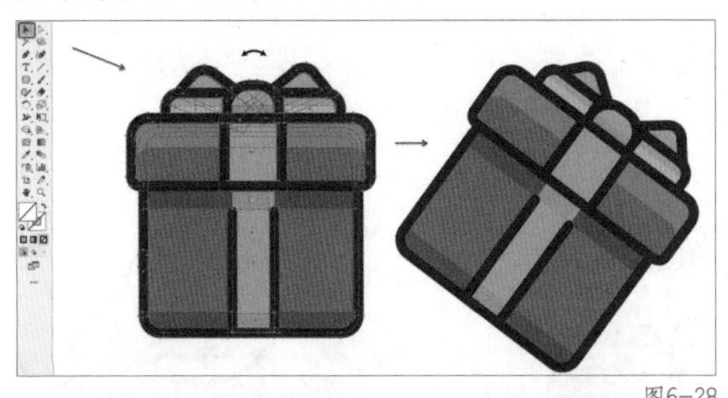

图6-28

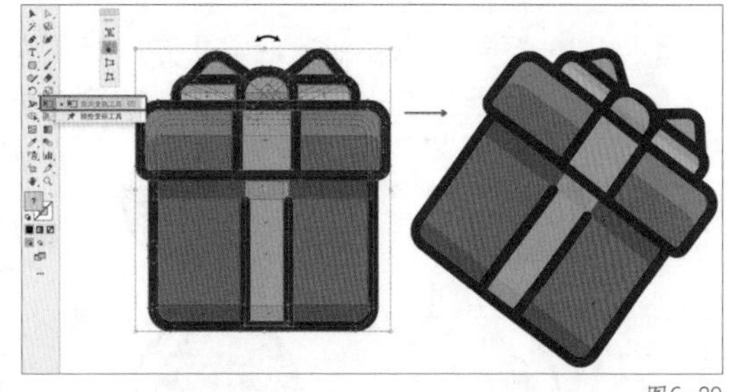

图6-29

3. 使用旋转工具旋转对象

在画板中选择对象，选择旋转工具，此时按住鼠标左键并拖曳，可以以对象的中心点为旋转中心旋转对象。如果要改变对象的旋转中心点，可在保持对象处于选中状态的情况下，使用旋转工具在需要定义中心点的位置单击，然后通过拖曳实现旋转操作，如图6-30所示。

知识点 2 精确旋转对象

如果要精确地旋转对象，可以在“旋转”对话框中进行设置。选中对象后，双击工具箱中的旋转工具，在打开的“旋转”对话框中设置需要旋转的角度，如图6-31所示。

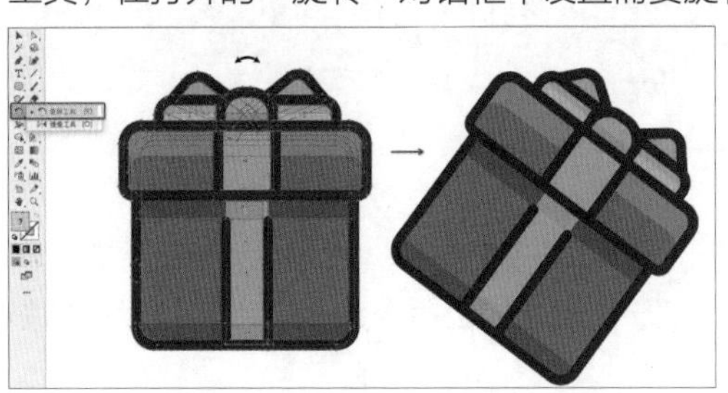

图6-30

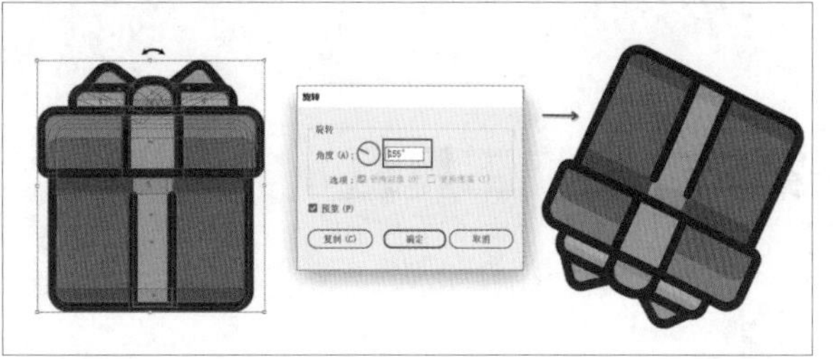

图6-31

“旋转”对话框中各参数的含义如下。

▌角度：用于设置对象旋转的角度。

▌变换对象与变换图案：同时勾选“变换对象”与“变换图案”选项，当对象填充了图案，旋转对象时对象中填充的图案将会随着对象一起旋转；只勾选“变换对象”选项，旋转时只旋转对象，填充图案不旋转。

> **提示** 使用旋转工具旋转对象时，按住Alt键单击画板，也可以打开“旋转”对话框，并可以精确拖曳旋转的中心点，单击“复制”按钮可以复制对象。

第4节 镜像对象

镜像是指让对象实现镜面翻转效果，它是将对象以一条不可见的轴线为参照进行翻转。使用工具箱中的镜像工具可实现镜像操作。

知识点 1 自由设置镜像对象

在画板中选择对象，选择镜像工具，按住鼠标左键并拖曳即可设置镜像效果，如图6-32所示。

知识点 2 精确设置镜像对象

双击镜像工具，可在打开的“镜像”对话框中精确设置对象的镜像参数，如图6-33所示。

“镜像”对话框中各参数的含义如下。

▌水平：用于使选中对象沿水平方向产生镜像效果。

▌垂直：用于使选中对象沿垂直方向产生镜像效果。

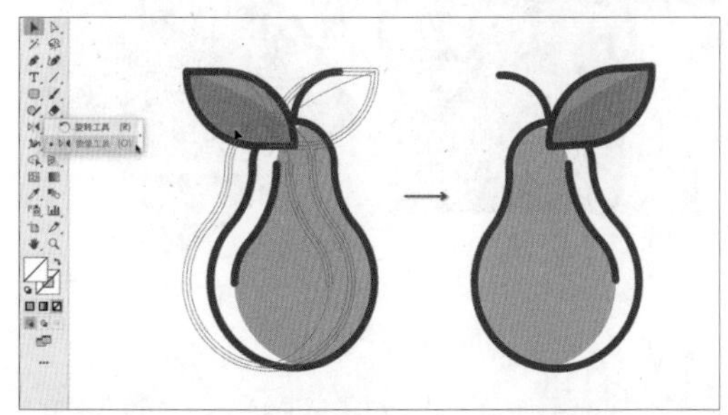

图6-32

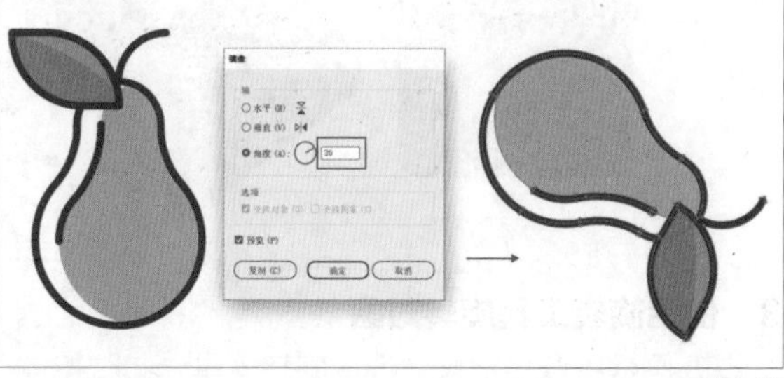

图6-33

▌角度：用于设置镜像轴的倾斜角度。

▌变换对象与变换图案：同时勾选“变换对象”与“变换图案”选项，当对象填充了图案，镜像对象时对象中填充的图案将会随着对象一起被镜像；只勾选“变换对象”选项，镜像时只镜像对象，填充图案保持不变。

提示 使用镜像工具镜像对象时，按住Alt键单击画板，也可以打开“镜像”对话框，单击“复制”按钮可以复制对象。

第5节 变换工具组

使用变换工具组可以对对象进行不同形式的变换，如改变对象的位置、大小、旋转角度和倾斜度等。

知识点 1 缩放对象

缩放是指将对象在水平和垂直方向上扩大或缩小。Illustrator 2023中有多种缩放对象的方法，可以使用选择工具、比例缩放工具、自由变换工具放大或缩小所选的对象，也可以通过“比例缩放”对话框精确地设置对象的缩放比例。

1. 使用工具缩放对象

使用工具箱中的选择工具、比例缩放工具、自由变换工具，可以对选中的对象进行较为简单的缩放。

▌选择工具。

使用选择工具选中对象后，对象的四周会显示蓝色定界框，直接拖曳定界框的角点可以缩小或放大对象，如图6-34所示。

▌比例缩放工具。

在画板中选中对象后，使用比例缩放工具拖曳定界框的角点也可以对对象进行缩小或放大的操作，如图6-35所示。

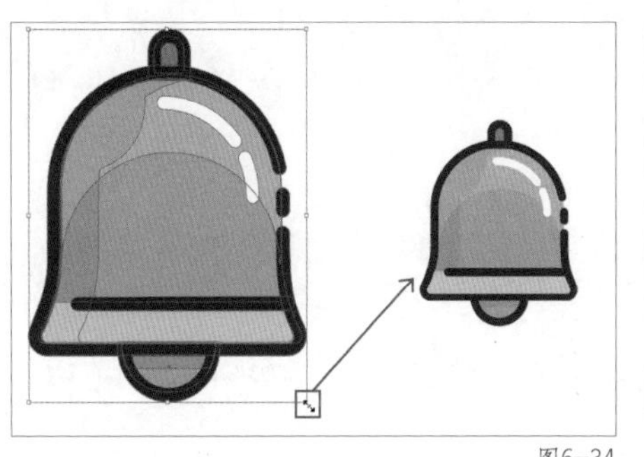

图6-34

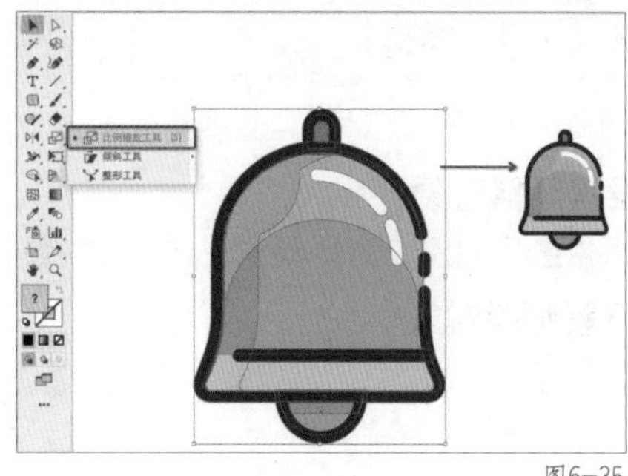

图6-35

▌自由变换工具。

在画板中选择对象，并选择自由变换工具，将鼠标指针放在定界框一角的控制柄上，拖曳即可对对象进行缩放，如图6-36所示。

2. 使用“比例缩放”对话框缩放对象

使用“比例缩放”对话框可以精确地设置缩放比例。执行“对象→变换→缩放”命令，可以打开“比例缩放”对话框；双击比例缩放工具，也可以打开“比例缩放”对话框，如图6-37所示。

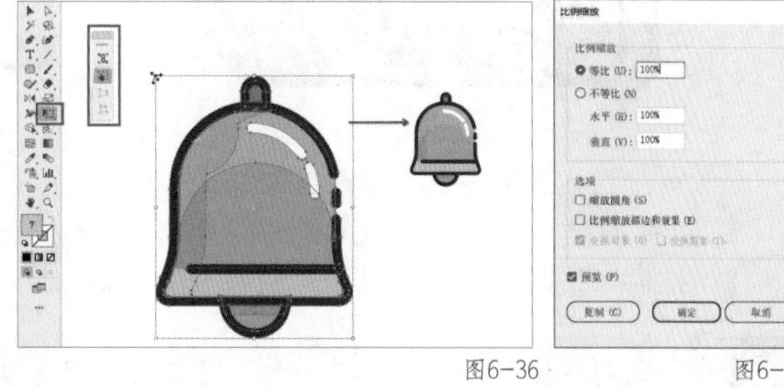

图6-36　图6-37

“比例缩放”对话框中各参数的含义如下。

▌等比：选择“等比”单选项可以使对象等比例缩放。如果参数值小于100%，对象将会缩小；如果参数值大于100%，对象将会放大。

▌不等比：选择“不等比”单选项可以单独调节对象的水平和垂直比例。“水平”参数用于设置对象的宽度缩放比例，“垂直”参数用于设置对象的高度缩放比例，如图6-38所示。

▌缩放圆角：勾选“缩放圆角”选项，在缩放带有圆角的对象时，圆角也与对象一起放大或缩小；若不勾选该选项，对象在放大或缩小时，圆角参数固定不变。

▌比例缩放描边和效果：勾选“比例缩放描边和效果”选项，在缩放对象的同时，对象的轮廓线也会与对象一起缩放。

▌当对象填充了图案时，“变换对象”和“变换图案”选项将被激活。仅勾选“变换对象”选项，只缩放对象；勾选“变换图案”选项，对象中填充的图案会随着对象一起缩放，如图6-39所示。

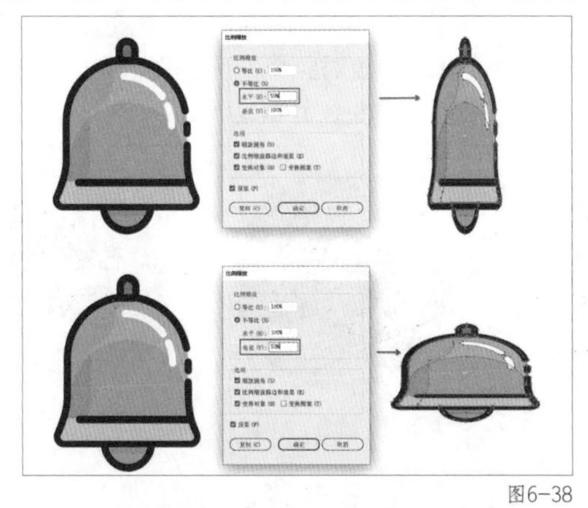

图6-38

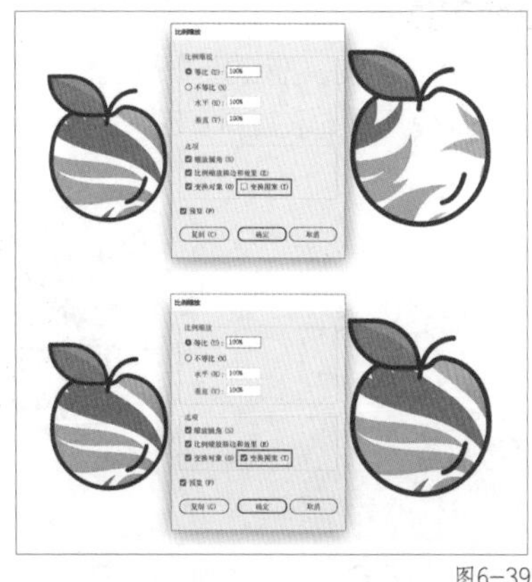

图6-39

提示 使用选择工具、自由变换工具缩放对象时，按住Shift键可以按比例缩放对象，按住Alt键可以控制对象以中心点进行缩放，按住快捷键Shift+ Alt可以等比同心缩放对象。

知识点 2 倾斜对象

使用倾斜工具可以让对象实现倾斜效果。

1. 自由设置倾斜对象

在画板中选择对象，选择倾斜工具，按住鼠标左键并拖曳即可实现倾斜效果，如图6-40所示。

2. 精确设置倾斜对象

双击倾斜工具，或执行“对象→ 变换→ 倾斜”命令，可在打开的“倾斜”对话框中精确设置对象的倾斜参数，如图6-41所示。

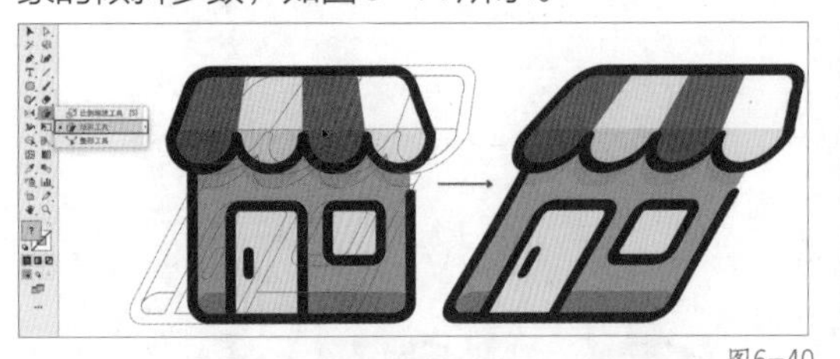

图6-40

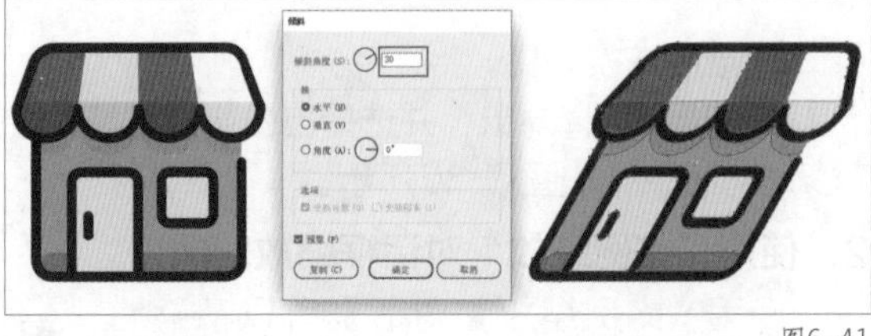

图6-41

“倾斜”对话框中主要参数的含义如下。

- 倾斜角度：用于设置对象的倾斜角度，范围是-360° ~ 360° 。
- 水平、垂直、角度：用于设置对象的倾斜方向。

提示 使用倾斜工具拖曳对象的过程中，按住Shift键可以约束对象的倾斜角度，按住Alt键可以在保持原对象不变的基础上复制一个倾斜的对象。

第6节 自由变换工具和操控变形工具

使用自由变换工具可以对对象进行透视变形。

知识点 1 自由变换工具

自由变换工具包括：自由变换工具、透视扭曲工具、自由扭曲工具3种。如图6-42所示。使用这些工具可以对对象进行缩放、旋转、倾斜、透视等操作。

1. 自由变换工具

选择自由变换工具，拖曳定界框上的边角控制点，可以缩放对象；拖曳定界框之外的控制点，可以旋转对象；拖曳定界框的上下左右控制点，可以倾斜对象，如图6-43所示。

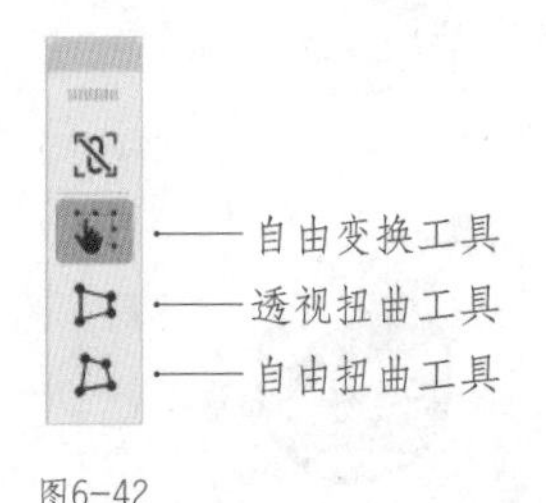

图6-42

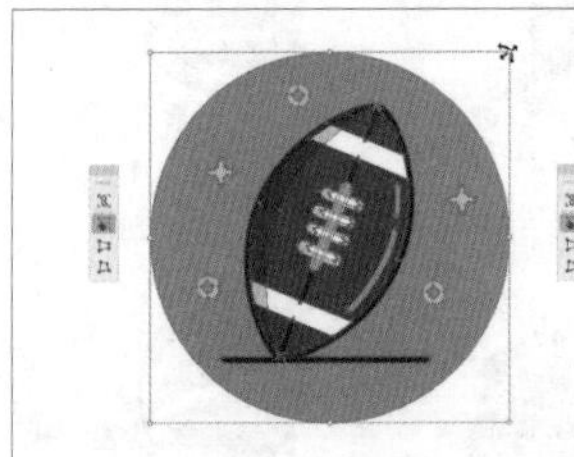

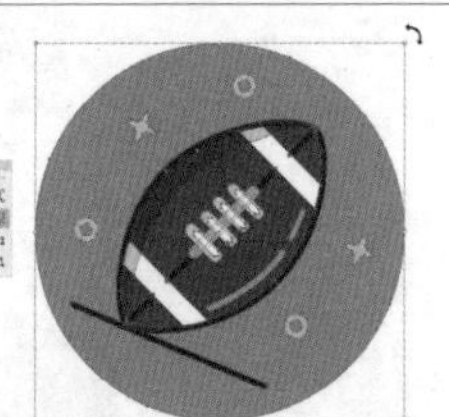

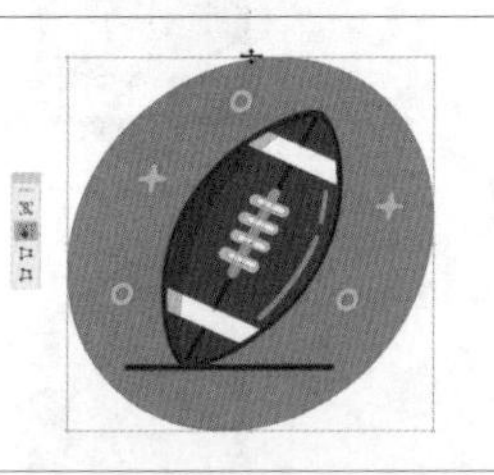

图6-43

2. 透视扭曲工具

选择透视扭曲工具，在定界框的边角控制点上拖曳，可以对对象进行对称的透视变换，如图6-44所示。

3. 自由扭曲工具

选择自由扭曲工具，在定界框的边角控制点上拖曳，可以对对象进行对称的透视变换，如图6-45所示。

知识点 2 操控变形工具

使用操控变形工具可以对对象进行扭转和扭曲，让对象看起来更加自然。

选择操控变形工具，在对象内部的关键转折位置单击，创建固定锚点。需要使用3个或更多个点（要删除这些点，可以按Delete键）。然后拖曳其中一个点进行效果的调节，即可实现对对象的操控变形，如图6-46所示。

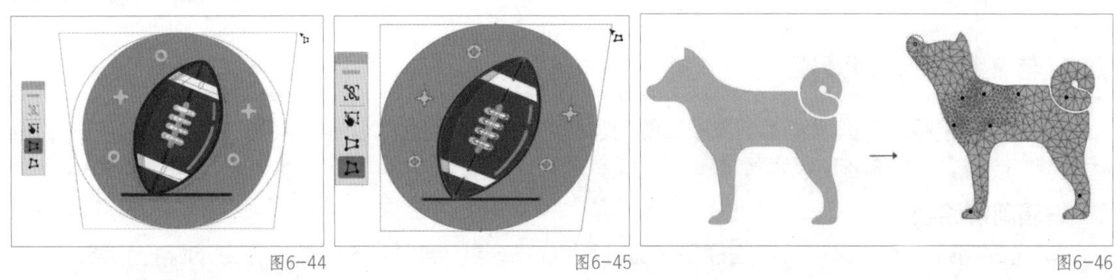

图6-44　图6-45　图6-46

第7节 剪切蒙版

使用剪切蒙版功能时可以用一个图形来遮盖其他对象。创建剪切蒙版后，只能看到蒙版形状内的对象，从效果上来说，就是将对象剪切为蒙版的形状。剪切蒙版和被蒙版的对象统称为“剪切组合”，并在“图层”面板中用下画线标出，如图6-47所示。

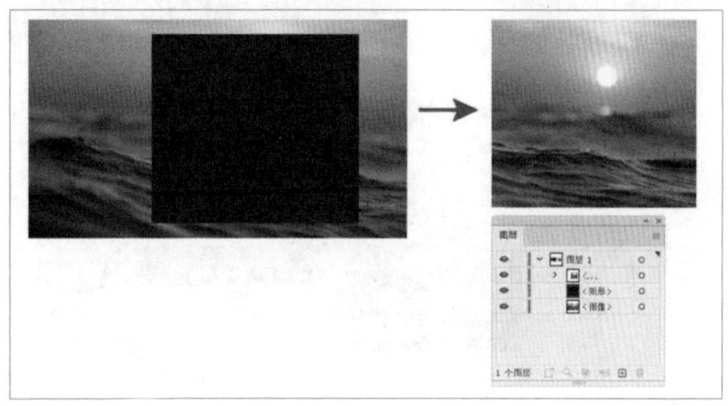

图6-47

知识点 1 创建剪切蒙版

在创建剪切蒙版时，只有图形可以作为剪切蒙版，而被蒙版的对象可以是任何图形或图像。创建剪切蒙版的常用方法有以下两种。

1. 使用菜单命令创建剪切蒙版

选择需要建立剪切蒙版的两个或多个对象，执行“对象→剪切蒙版→建立”命令，可以创建剪切蒙版，如图6-48所示。

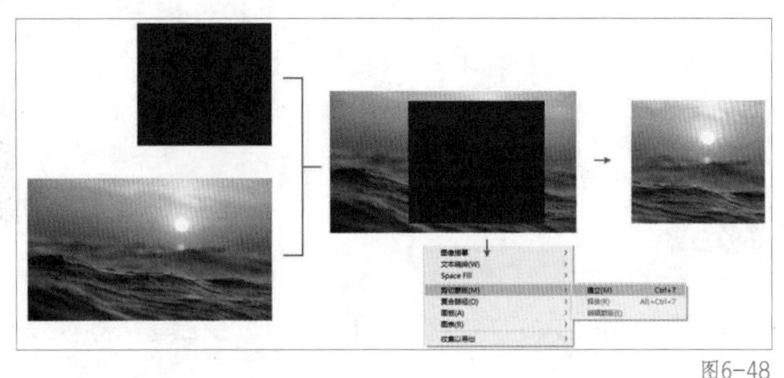

图6-48

2. 使用“建立剪切蒙版”命令创建剪切蒙版

选择需要建立剪切蒙版的两个或多个对象，在画板中右击，在弹出的快捷菜单中执行“建立剪切蒙版”命令，即可创建剪切蒙版，如图6-49所示。

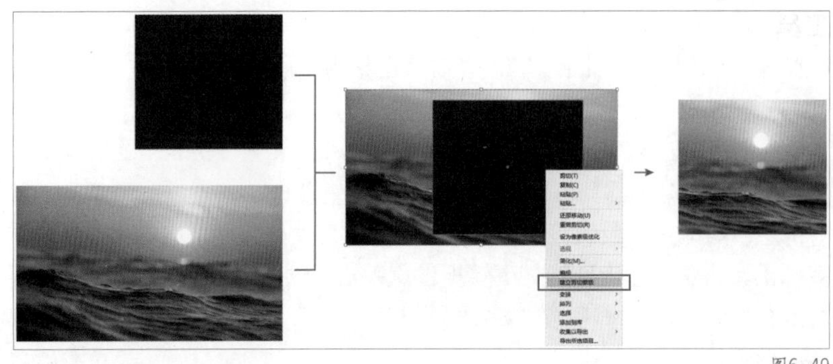

图6-49

知识点 2 编辑剪切蒙版

创建剪切蒙版后，剪切蒙版和被蒙版的对象都是可以编辑的。编辑剪切路径，可以调整蒙版的形状、增加或减少蒙版内容，以及释放剪切蒙版。

1. 编辑剪切路径

单击控制栏中的“编辑剪切路径”按钮，可以选择蒙版图形，编辑蒙版图形的路径和锚点，如图6-50所示。

2. 编辑被蒙版的对象

单击控制栏中的“编辑内容”按钮，可以选择被蒙版的图形，调整蒙版内容的位置，如图6-51所示。

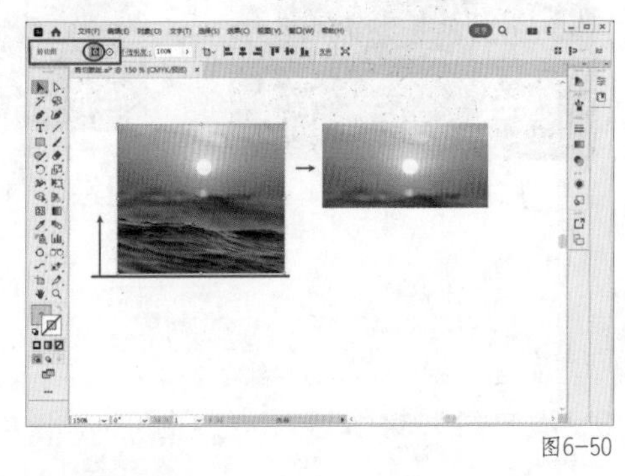

图6-50

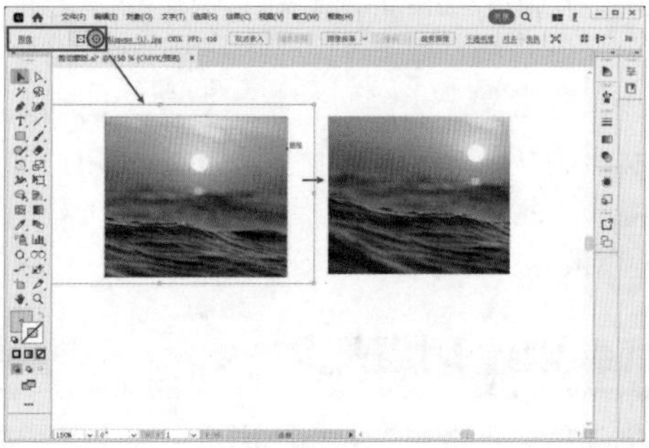

图6-51

3. 释放剪切蒙版

如果要从剪切蒙版中释放对象，可以执行“对象→剪切蒙版→释放”命令，或在画板中右击，在弹出的快捷菜单中执行“释放剪切蒙版”命令，将剪切蒙版释放。释放剪切蒙版后，蒙版图形将默认去除填色与描边效果，只保留路径，如图6-52所示。

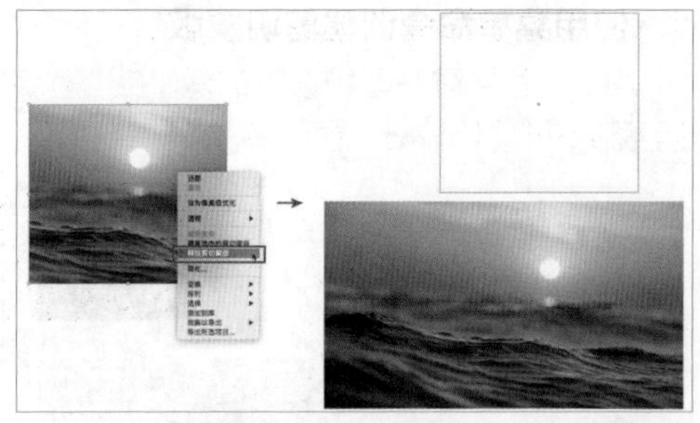

图6-52

第8节 路径查找器

Illustrator 2023中有功能非常强大的路径编辑工具——路径查找器。使用该工具可以使对象更好地组合、分离等。

知识点 1 路径查找器的类别

用“路径查找器”面板中的按钮，可以对图形进行联集、减去顶层、交集、差集、分割等操作，塑造新的图形。执行“窗口→路径查找器”命令，打开“路径查找器”面板，如图6-53所示。

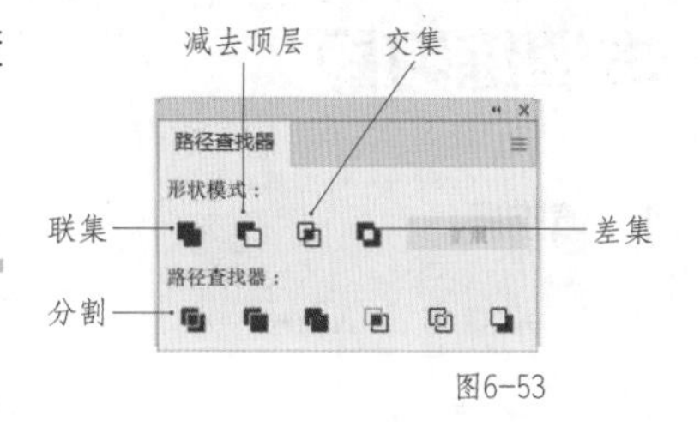

图6-53

知识点 2 路径查找器的使用

“路径查找器”面板中各按钮的含义如下。

▌联集：使用该按钮可以将选中的图形合并为一个图形，并将最上方图形的颜色填充到合并后的新图形中，如图6-54所示。

▌减去顶层：使用该按钮可以从选中的图形中减去相交的部分；通常用上方的图形减去下方的图形，保留下来的是最底层的图形，如图6-55所示。

▌交集：使用该按钮可以保留图形与图形重叠的部分，并将最上方图形的颜色填充到得到的新图形中，如图6-56所示。

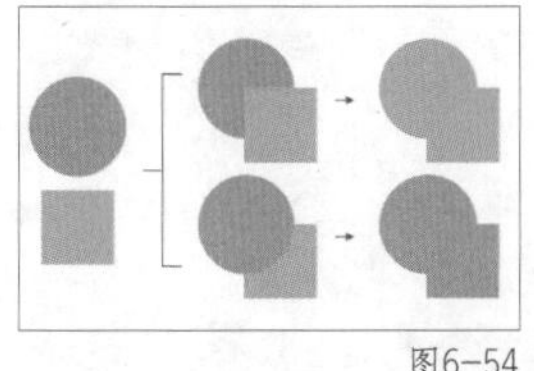
图6-54

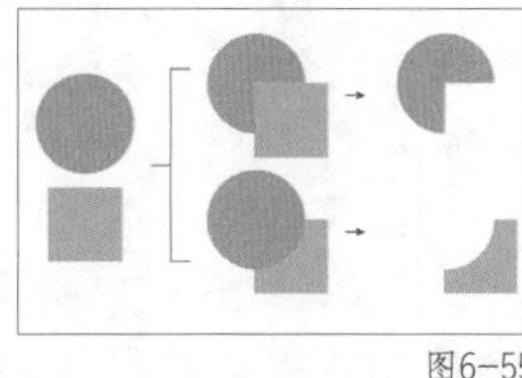
图6-55

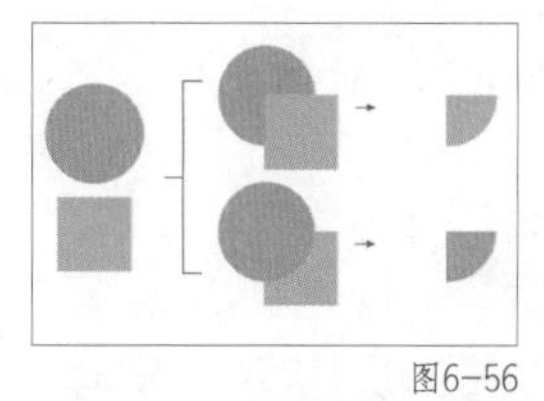
图6-56

▌差集：差集与交集产生的效果正好相反，使用该按钮可以将图形与图形之间不相交的部分保留，将相交的部分删除，并将最上方图形的颜色填充到得到的新图形中，如图6-57所示。

▌分割：使用该组按钮可以将图形按照相交的轮廓线进行分割，生成独立、无重叠的对象，如图6-58所示。执行分割操作后，默认图形为编组状态，若要单独移动图形，可以在图形上右击，在弹出的快捷菜单中执行“取消编组”命令，如图6-59所示。

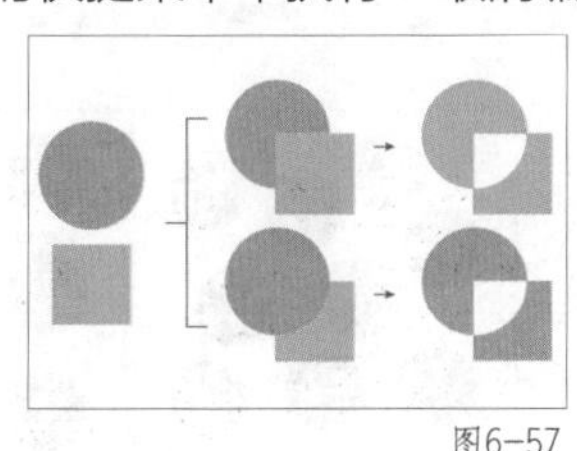
图6-57

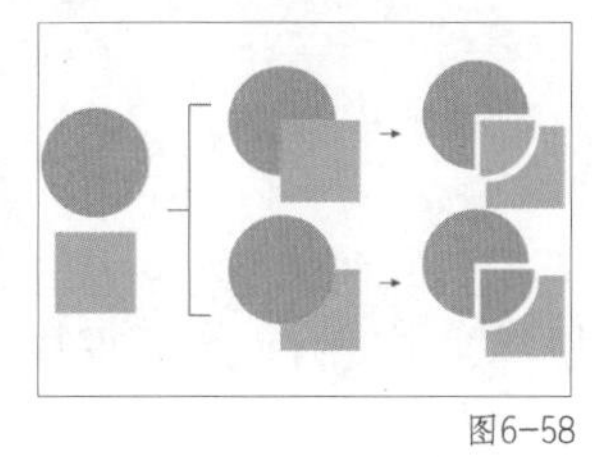
图6-58

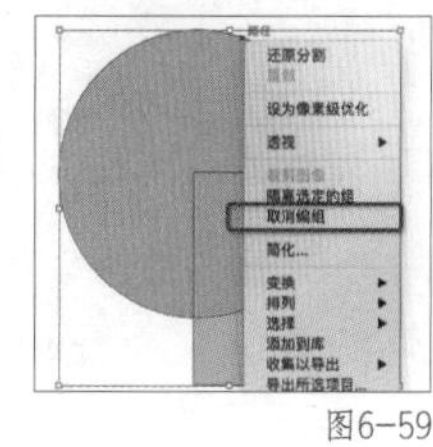
图6-59

本课练习题

1. 填空题

（1）Illustrator 2023 中的________快捷键可以隐藏对象，________快捷键可以显示对象。

（2）在Illustrator 2023中使用快捷键________，可以重复上一步操作。

（3）在Illustrator 2023中使用快捷键________，可以将选中的对象上移一层。

参考答案：（1）Ctrl+3、Ctrl+Alt+3；（2）Ctrl+D；（3）Ctrl+]。

2. 选择题

（1）将图像置入圆形中，使用的方法为（　　）。

A. 使用吸管工具　　B. 使用剪切蒙版

C. 使用网格渐变　　D. 使用复制粘贴操作

（2）在Illustrator 2023中，如果要调节键盘方向键移动的距离，需要执行（　　）命令进行设置。

A. "对象→变换"　　B. "对象→路径"

C. "选择→对象"　　D. "编辑→首选项"

（3）让图形B以图形A为基准进行对齐的方法为（　　）。

A. 同时选中A和B，在"对齐"面板中进行对齐

B. 先选A，再加选B，然后用"对齐"面板进行对齐

C. 全选A和B，再单击A，然后进行对齐

D. 以上都可以

（4）使用旋转工具旋转图形时，按住（　　）键并在画板中单击，可以弹出"旋转"对话框。

A. F2　　B. Ctrl　　C. Alt　　D. Enter

参考答案：（1）B；（2）D；（3）C；（4）C。

3. 操作题

请根据图6-60所示的效果排列图标。要求图标的垂直和水平间距为15mm，图标之间垂直居中对齐、水平居中对齐。

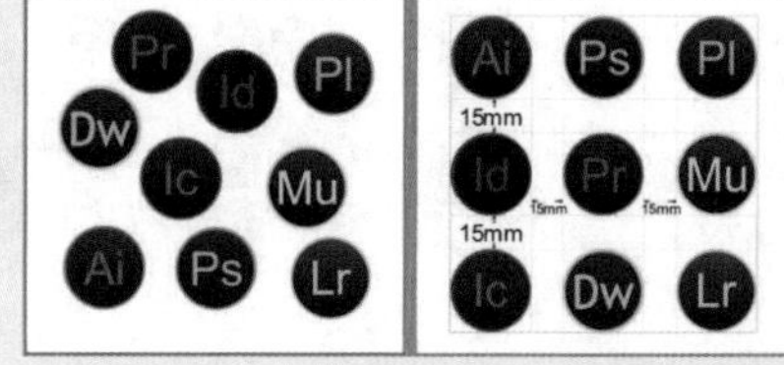

图6-60

操作题要点提示

在使用分布间距功能时，选择需要对齐的对象后，需要单击其中一个对象作为分布的基准对象，才可以激活"分布间距"文本框。

第 7 课

对象的高阶调节

在Illustrator 2023中还有很多高阶的绘图工具和功能，如混合工具、宽度工具、变形工具，以及图像描摹功能等，使用这些工具可以创建丰富的效果，制作出各种复杂的对象。通过对本课的学习，读者可以熟练掌握这些工具的使用技巧。

本课知识要点

- 混合工具的使用
- 宽度工具的使用
- 变形工具组的使用
- 图像描摹功能的使用

第1节 混合工具

使用混合工具可以在两个或多个选定对象之间自动创建过渡效果。通过混合工具可以在开放路径、闭合路径、颜色之间创建平滑的过渡效果。在设计作品时，可以使用混合工具绘制出很多酷炫的效果，如图7-1所示。

要想做出以上效果，首先需要掌握混合工具的使用方法，接下来学习混合工具的使用方法。

知识点 1 创建混合对象

在Illustrator 2023中创建混合对象的方法有两种：一是使用菜单栏中的“混合”命令，二是使用工具箱中的混合工具。

1. 使用“混合”命令创建混合对象

选择需要混合的两个及两个以上对象，执行“对象→混合→建立”命令，即可在对象之间创建混合过渡效果，如图7-2所示。

图7-1　　图7-2

2. 使用混合工具创建混合对象

在工具箱中选择混合工具，然后将鼠标指针移动到第一个对象上，鼠标指针呈白色方块状时单击对象，再次单击其他对象，即可在对象之间创建混合过渡效果，如图7-3所示。

> 提示 ①选择要混合的对象后，可以按快捷键Ctrl+Alt+B创建混合效果。
> ②混合后的对象叫混合对象。

知识点 2 编辑混合对象

有多种编辑混合对象的方法：双击混合工具，打开“混合选项”对话框；或执行“对象→混合→混合选项”命令，打开“混合选项”对话框，设置混合选项，如图7-4所示。

图7-3

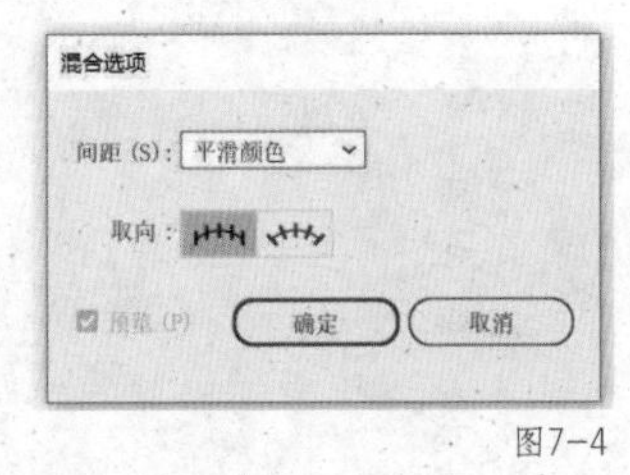

图7-4

在“混合选项”对话框的“间距”下拉列表中可以设置3种混合过渡方式，包括平滑颜色、指定的步数、指定的距离，如图7-5所示。

- 平滑颜色：自动计算混合的步数，让颜色达到最佳过渡效果。
- 指定的步数：可以设置具体的混合步数，控制从混合开始到混合结束的步数。

▌指定的距离：控制混合对象之间的距离。指定的距离是指一个对象的边缘到下一个对象相对应边缘之间的距离。

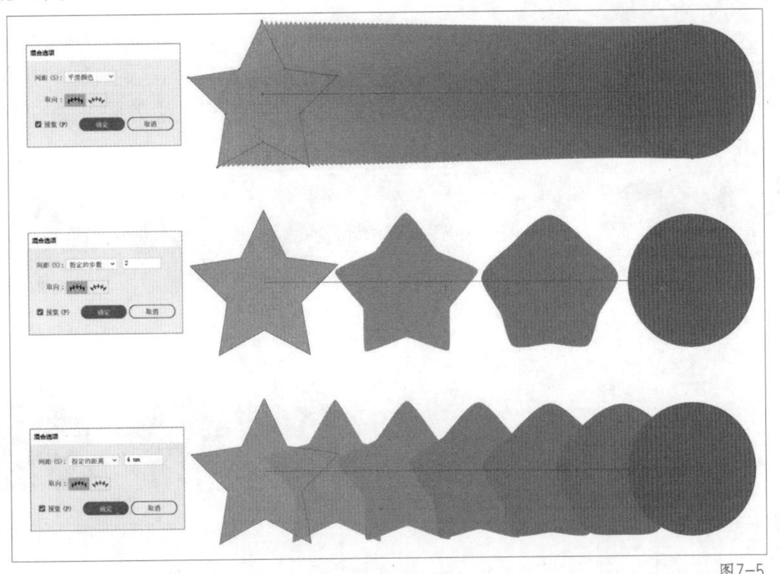

图7-5

“混合选项”对话框中的“取向”组用于控制混合对象的方向，如图7-6所示。

▌对齐页面：单击该按钮，可使混合对象垂直于页面的x轴。

▌对齐路径：单击该按钮，可使混合对象垂直于路径。

图7-6

知识点3 替换混合轴

混合轴是混合对象之间的一条路径。默认情况下，混合轴是一条直线段，如图7-7所示。

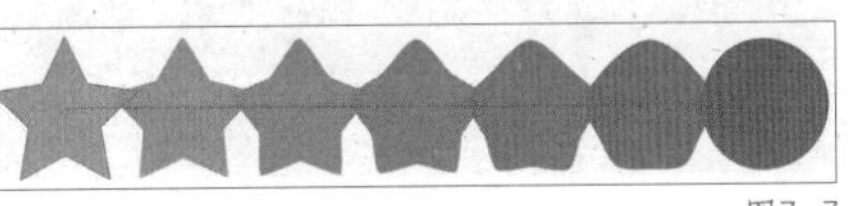

图7-7

如果要更换当前混合对象的混合轴，可以选择当前混合对象和新绘制的路径，执行“对象→ 混合→ 替换混合轴”命令，完成混合轴的替换，如图7-8所示。

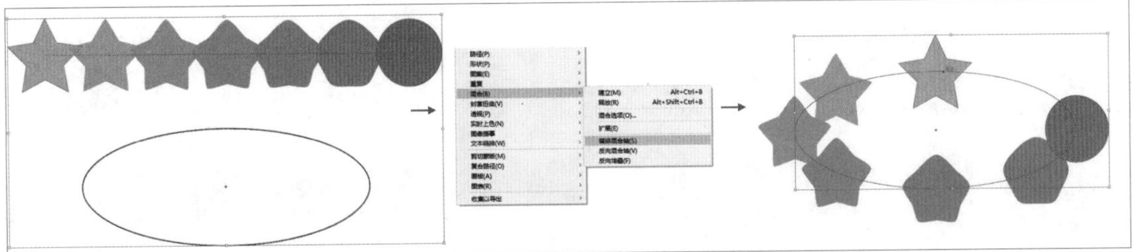

图7-8

知识点4 释放混合对象

选择混合对象，执行“对象→ 混合→ 释放”命令，即可将混合对象释放，只保留原有图形和一条混合路径，如图7-9所示。

知识点 5 扩展混合对象

混合对象中的过渡效果并非真实存在，若要将其单独分解出来，需要执行“扩展”命令。选择混合对象，执行“对象→混合→扩展”命令，可以使混合对象中的过渡效果成为独立的可编辑对象，如图7-10所示。

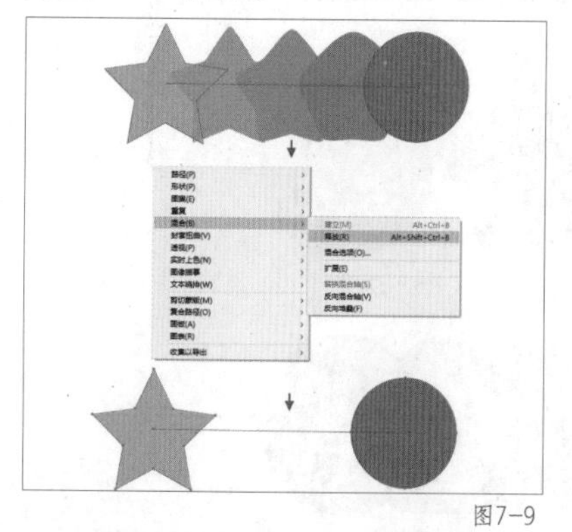

图7-9

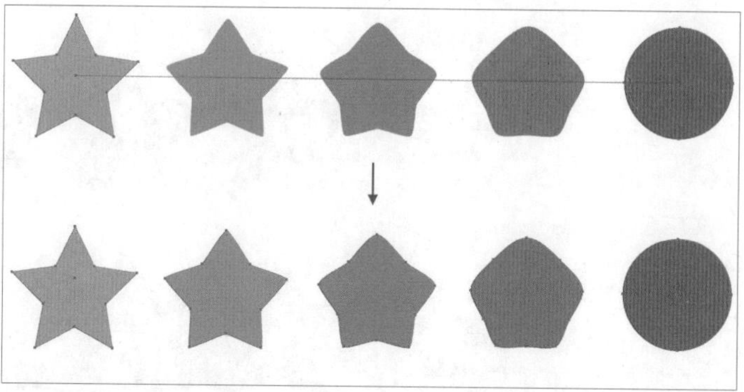

图7-10

知识点 6 混合工具的应用

使用混合工具可以制作出酷炫的效果，接下来使用混合工具快速制作渐变立体字，效果如图7-11所示。

操作步骤如下。

（1）打开素材包中提供的名为“混合工具.ai”的源文件，如图7-12所示。

图7-11

图7-12

（2）使用两组单色分别制作出渐变色，如图7-13所示。

（3）将制作出的两个渐变色分别复制一个，然后使用工具箱中的混合工具制作出混合效果，如图7-14所示。

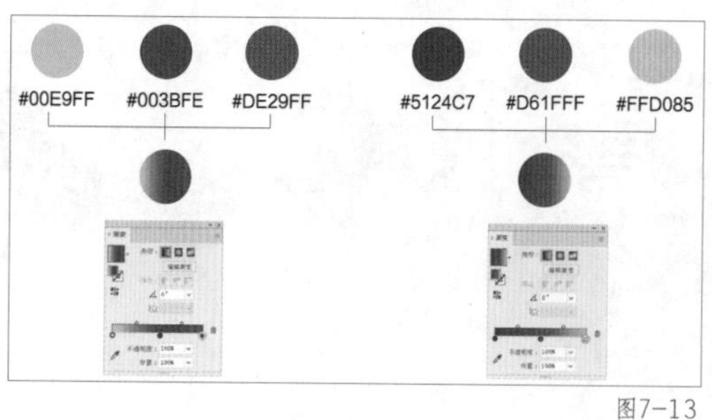

图7-13

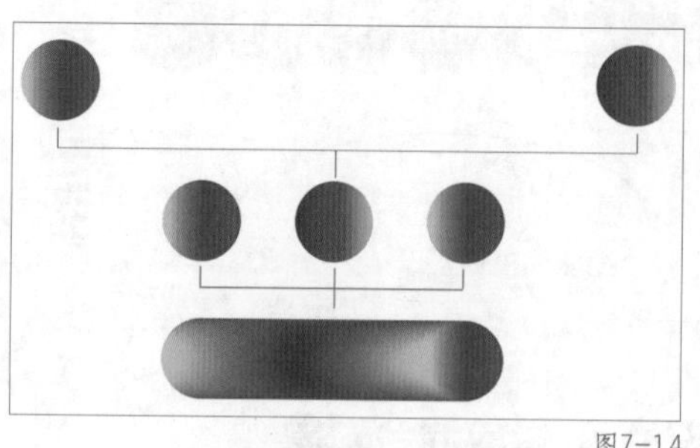

图7-14

（4）将制作好的混合效果复制一个，并选择字母M路径，执行“对象→混合→替换混合轴”命令，将混合效果转换到字母M路径上，如图7-15所示。

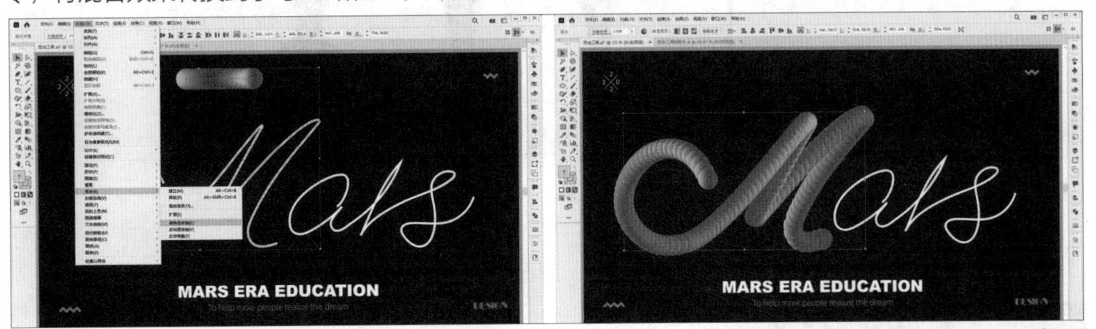

图7-15

（5）双击工具箱中的混合工具，打开“混合选项”对话框，设置“指定的步数”为900，如图7-16所示。

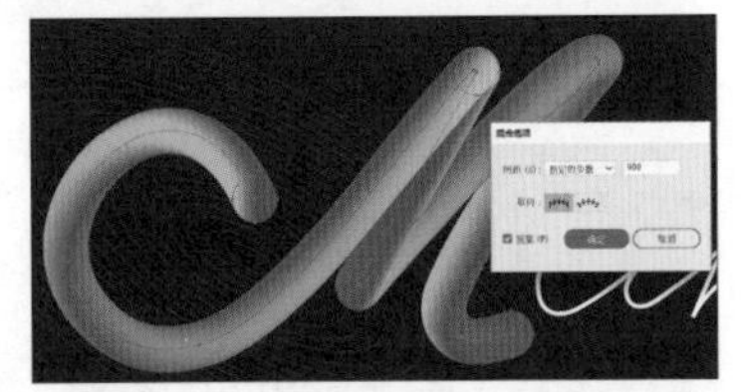
图7-16

（6）将制作好的混合效果复制一个，并选择字母ars路径，执行“对象→混合→替换混合轴”命令，将混合效果转换到字母ars路径上，如图7-17所示。

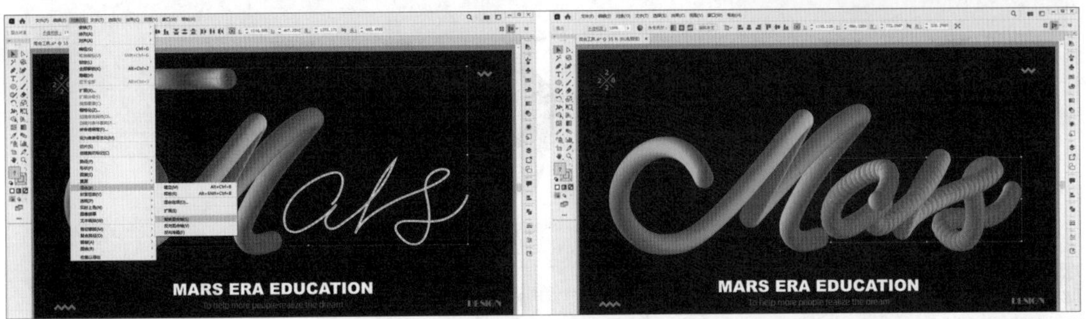

图7-17

（7）双击工具箱中的混合工具，打开“混合选项”对话框，设置“指定的步数”为900，如图7-18所示。

（8）混合渐变字的最终效果如图7-19所示。

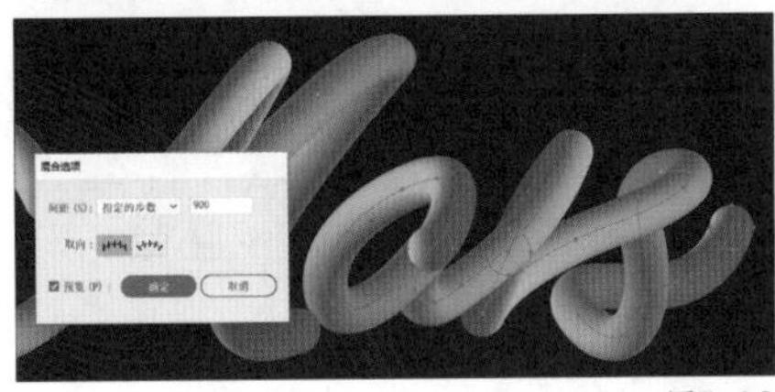
图7-18

图7-19

第2节 宽度工具

使用宽度工具可以轻松地变宽所绘制的路径，并将其调整为各种变形效果，还可以创建并保存自定义宽度配置文件，并将该文件重新应用于任何笔触，以便保持风格统一。

知识点1 创建可变宽度笔触

绘制单条路径，然后选择宽度工具，将鼠标指针放置在路径上，待处于添加状态后拖曳，即可调节路径的形态，创建好的形状会自动添加一个宽度锚点，如图7-20所示。

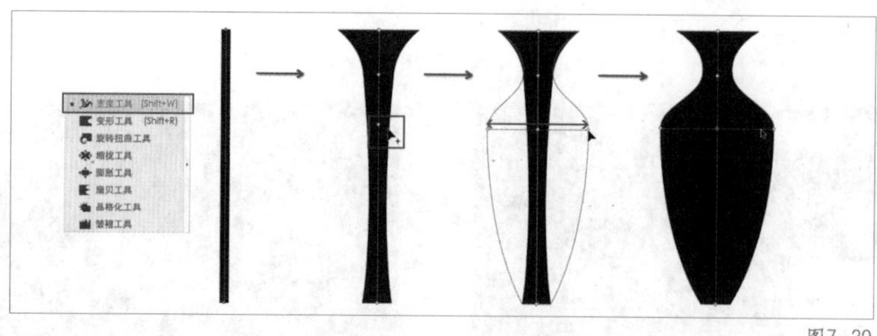

图7-20

知识点 2 编辑宽度锚点

1. 删除宽度锚点

选择需要编辑的形状路径，然后选择宽度工具，单击需要删除的宽度锚点，按Delete键即可将其删除，如图7-21所示。

2. 移动宽度锚点

选择需要编辑的形状路径，然后选择宽度工具，拖曳需要移动的宽度锚点，即可移动宽度锚点，如图7-22所示。

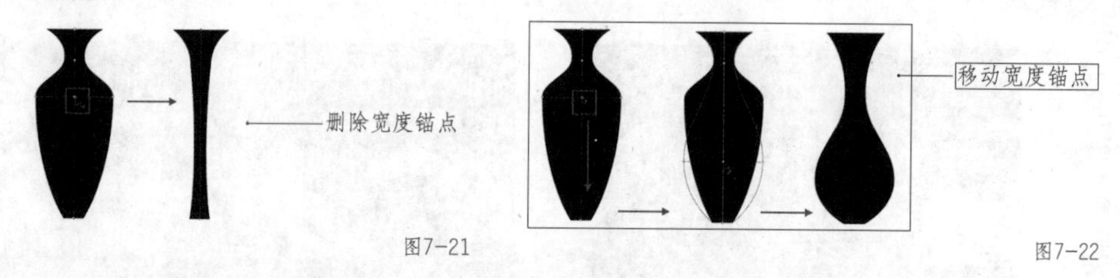

图7-21

图7-22

提示 ①在移动宽度锚点时，按住Alt键可以复制出新的宽度锚点。

②在调整路径的宽度时，按住Alt键可以编辑单侧的宽度效果，如图7-23所示。

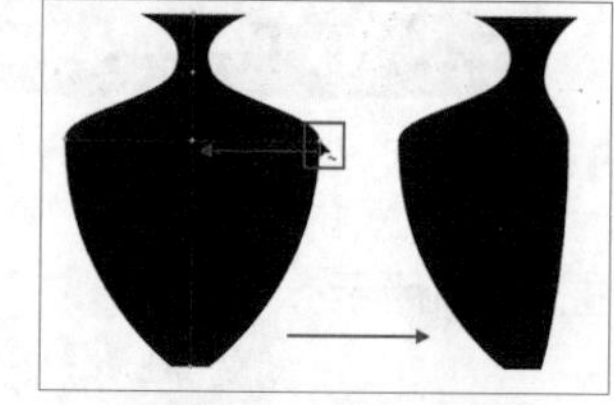

图7-23

知识点 3 变量宽度配置文件

使用变量宽度配置文件中的可变宽度笔触，可以让等宽的路径变形，得到新的路径效果。

执行“窗口→描边”命令，打开“描边”面板，单击“描边”面板底部的“配置文件”下拉按钮，可以打开“配置文件”下拉列表，默认情况下使用的是“等比”宽度配置文件，其中还预设了另外6种宽度配置文件，如图7-24所示。

使用宽度工具创建的笔触，可以将其添加到配置文件中。单击“添加到配置文件”按钮，打开“变量宽度配置文件”对话框，输入配置文件名称，单击“确定”按钮，即可创建自定义宽度笔触，如图7-25所示。

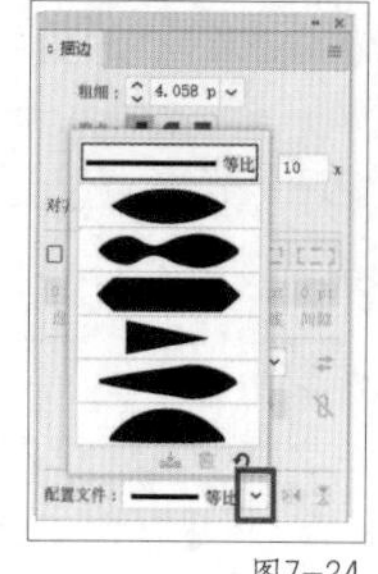

图7-24

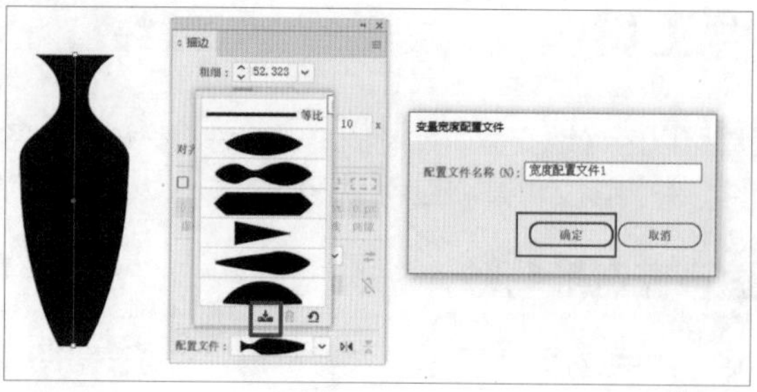

图7-25

第3节 变形工具组

在 Illustrator 2023中，使用变形工具组中的工具可以轻易地使对象产生特殊的变形效果。使用这些工具在对象上单击或拖曳，就可以快速地改变对象的形状。

变形工具组中有7种变形工具，包括变形工具、旋转扭曲工具、缩拢工具、膨胀工具、扇贝工具、晶格化工具、皱褶工具，如图7-26所示。

知识点 1 变形工具

使用变形工具在对象上拖曳，对象的形状将随着拖曳而发生变化，如图7-27所示。

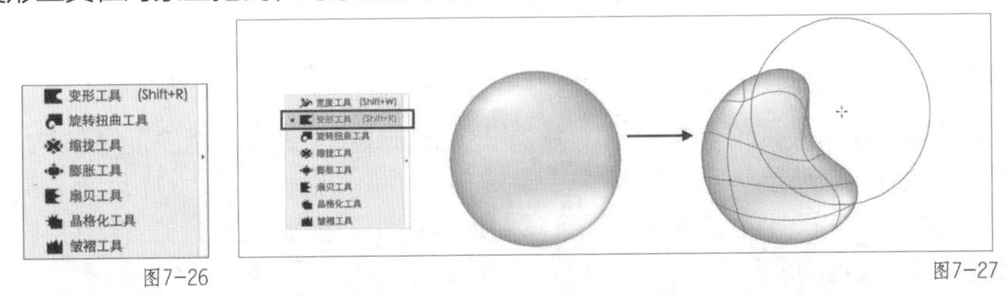

图7-26　图7-27

双击变形工具，可在打开的“变形工具选项”对话框中对变形工具的全局画笔尺寸和变形选项进行设置。可以直接在文本框中输入需要的数值，也可以单击其后的下拉按钮，在打开的下拉列表中选择相应的参数值，还可以通过微调按钮来进行调节，如图7-28所示。

“变形工具选项”对话框中各参数的含义如下。

- 宽度和高度：用于设置画笔的大小。
- 角度：用于设置画笔的使用角度。
- 强度：用于设置画笔变形的强度，其参数值越大，变形的强度越大。
- 细节：用于设置路径上各锚点间的距离，其参数值越大，各锚点之间的距离越小。
- 简化：可以在不影响整个图形外观的情况下，减少多余锚点的数量。
- 显示画笔大小：用于控制鼠标指针的显示状态。
- 重置：可以使对话框中的所有设置恢复到默认状态。

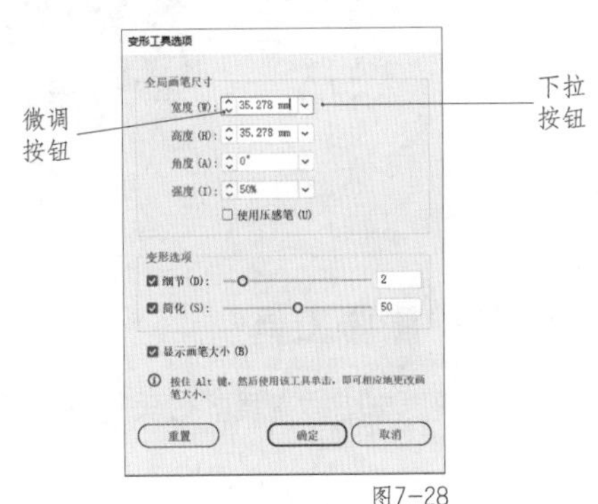

图7-28

知识点 2 旋转扭曲工具

使用旋转扭曲工具可以使对象产生旋转扭曲效果。选择旋转扭曲工具后，单击或按住鼠标左键进行拖曳，可以改变对象的形状，如图7-29所示。

双击旋转扭曲工具，可在打开的“旋转扭曲工具选项”对话框中设置旋转扭曲工具的详细参数。“旋转扭曲工具选项”对话框与“变形工具选项”对话框中有很多选项相同，只是前者多了一个“旋转扭曲速率”，如图7-30所示。

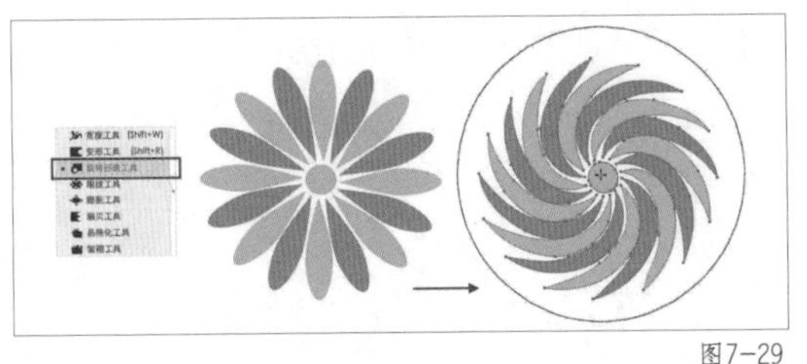

图7-29　图7-30

“旋转扭曲速率”用于设置图形旋转扭曲变形的速度，取值范围是-180° ~ 180° 。负值表示图形沿顺时针方向旋转变形，正值表示图形沿逆时针方向旋转变形，数值越大，变形越快，如图7-31所示。

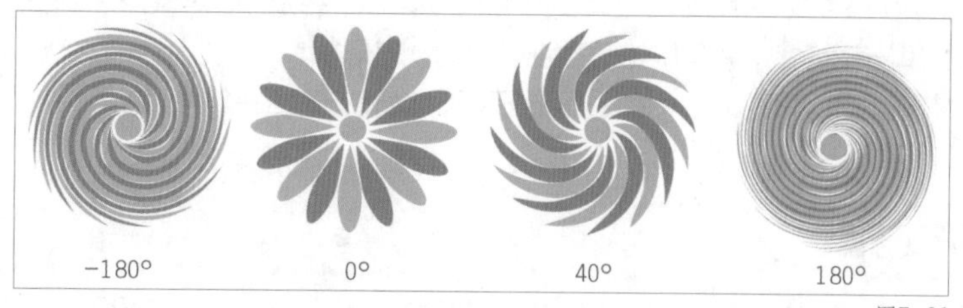

图7-31

知识点 3 缩拢工具

使用缩拢工具可以使对象向内收缩变形，从而产生折叠效果。直接使用该工具在对象上单击即可实现收缩效果，如图7-32所示。

双击缩拢工具，可在打开的“收缩工具选项”对话框中设置缩拢工具的详细参数。“收缩工具选项”对话框中的各个选项的设置方法与“变形工具选项”对话框相同，此处不再赘述，如图7-33所示。

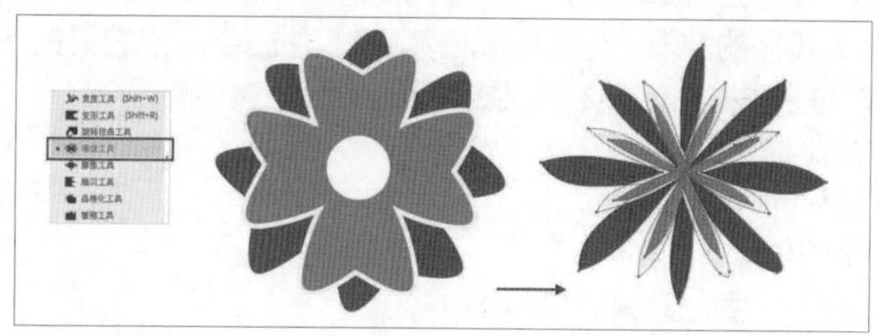
图7-32

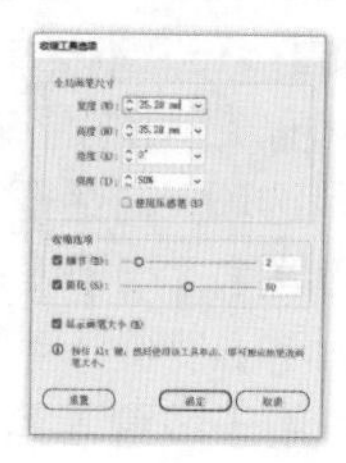
图7-33

知识点 4 膨胀工具

膨胀工具与缩拢工具的效果正好相反，使用膨胀工具可以使对象由内向外实现扩大效果。使用膨胀工具在对象的任意位置单击即可实现变形，如图7-34所示。

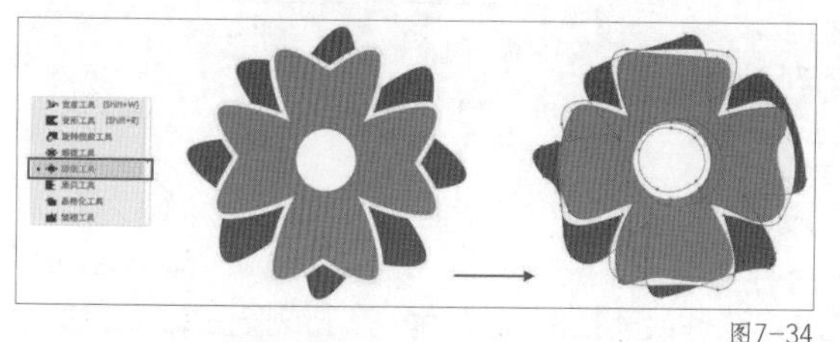
图7-34

双击膨胀工具，可在打开的“膨胀工具选项”对话框中设置膨胀工具的详细参数。“膨胀工具选项”对话框与“变形工具选项”对话框的使用方法相同，可以参照“变形工具选项”对话框的设置方法对该工具进行详细的设置。

知识点 5 扇贝工具

使用扇贝工具可以使对象的轮廓呈现“毛刺”效果。在对象的不同位置使用扇贝工具，会随机产生不一样的效果，如图7-35所示。

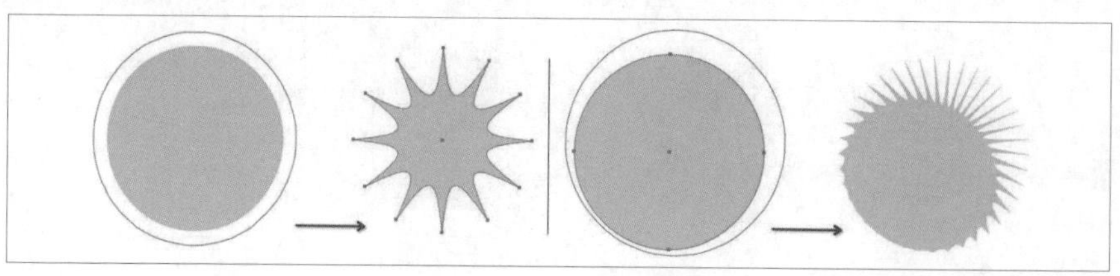
图7-35

双击扇贝工具，可在打开的“扇贝工具选项”对话框中设置扇贝工具的详细参数，如图7-36所示。

“扇贝工具选项”对话框中主要参数的含义如下。

▍复杂性：用于设置对象变形的复杂程度，可设置的范围为0~15，其参数值越大，形成的对象就越复杂。

▍画笔影响锚点、画笔影响内切线手柄和画笔影响外切线手柄选项：分别勾选这3个选项，可以改变画笔影响的对象范围，产生不同的对象变形效果。

图7-36

知识点 6 晶格化工具

使用晶格化工具与使用扇贝工具创建的效果相似，它们都可以在对象的边缘创建随机锯齿状效果。选择晶格化工具，直接在对象上单击即可实现变形效果，如图7-37所示。

双击晶格化工具，可在打开的“晶格化工具选项”对话框中设置晶格化工具的详细参数。“晶格化工具选项”对话框中的各个选项的设置方法与“扇贝工具选项”对话框相同，此处不再赘述，如图7-38所示。

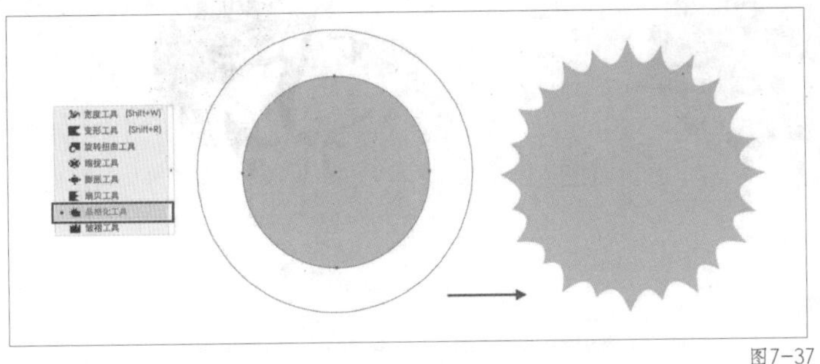

图7-37

图7-38

知识点 7 皱褶工具

使用皱褶工具可以在对象上创建不规则的皱褶效果。选择皱褶工具，在对象上单击或将对象向任意方向拖曳即可实现变形效果，如图7-39所示。

双击皱褶工具，可在打开的“皱褶工具选项”对话框中设置皱褶工具的详细参数。在“皱褶工具选项”对话框中，“水平”和“垂直”两个文本框用于控制对象变形的方向是水平方向还是垂直方向，效果如图7-40所示。

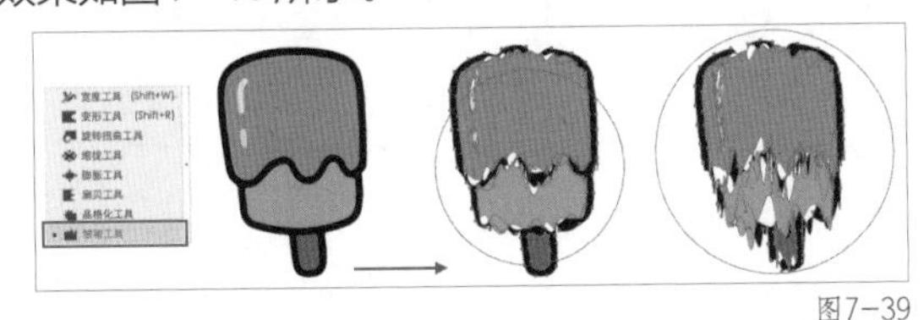

图7-39

图7-40

第4节 图像描摹

在绘制图稿时，运用图像描摹功能可以快速提取图像中的元素并将其转为矢量图。在使用图像描摹功能将图像转换成图形后，执行“扩展”命令可以编辑描摹结果。

知识点 1 创建图像描摹

可以使用“图像描摹”命令和“图像描摹”面板来创建图像描摹对象。

1. 使用“图像描摹”命令创建图像描摹

选择置入的图像，执行“对象→图像描摹→建立”命令，默认情况下，图像会转换成黑白描摹结果，如图7-41所示。

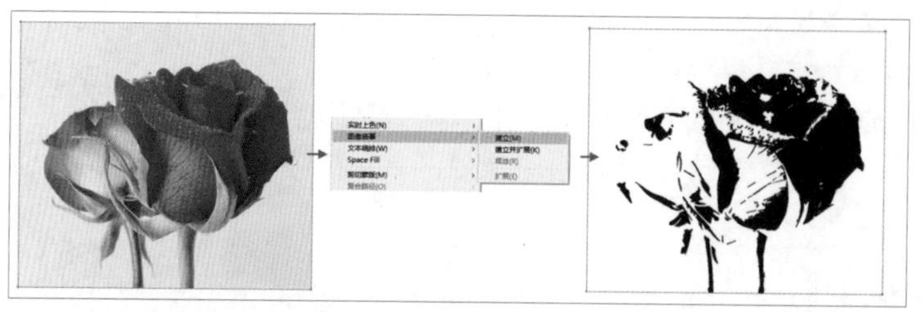

图7-41

2. 使用“图像描摹”面板创建图像描摹

选择置入的图像，执行“窗口→图像描摹”命令，打开“图像描摹”面板。勾选“预览”选项，即可看到描摹结果，如图7-42所示。

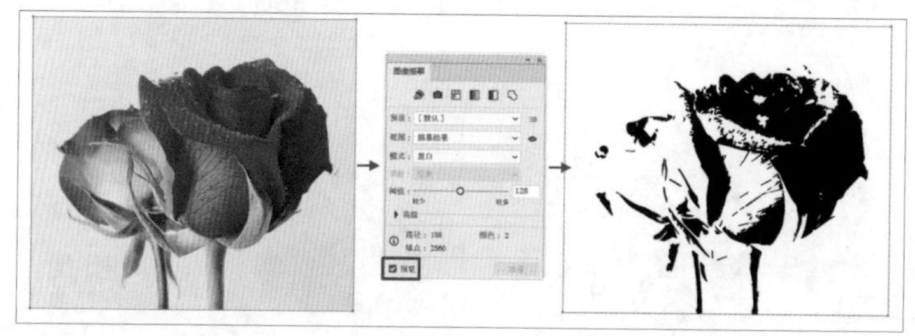

图7-42

知识点 2 编辑图像描摹

创建后的图像描摹结果可以通过“图像描摹”面板进行编辑。在控制栏中单击“图像描摹”按钮，打开“图像描摹”面板，如图7-43所示。

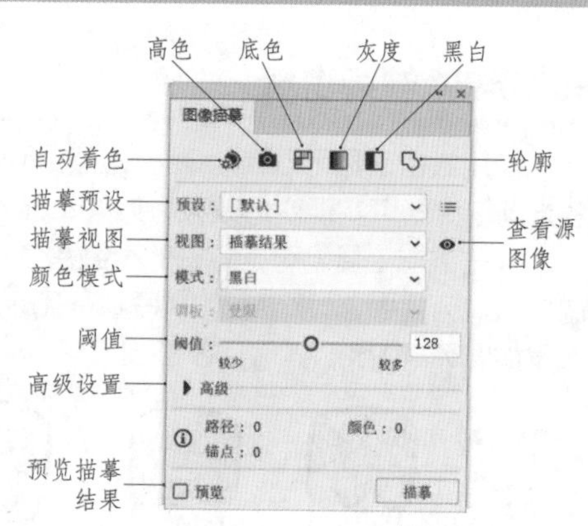

图7-43

“图像描摹”面板中各参数的含义如下。

在“预设”下拉列表中可以设置6种描摹效果，包括自动着色、高色、底色、灰度、黑白、轮廓，如图7-44所示。

- 自动着色：创建色调分离的图像。
- 高色：创建具有高保真度的真实感图像。
- 底色：创建简化的真实感图像。
- 灰度：将图像描摹到灰色背景中。
- 黑白：将图像简化为黑白图像。
- 轮廓：将图像简化为黑色轮廓。

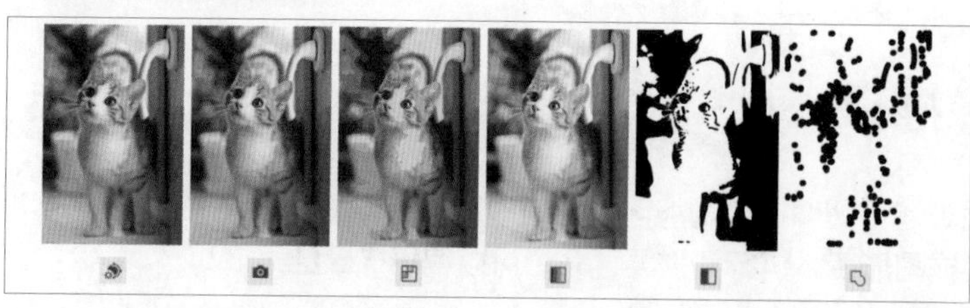

图7-44

在“视图”下拉列表中可以设置图像描摹结果的5种显示模式，包括描摹结果、描摹结果（带轮廓）、轮廓、轮廓（带源图像）、源图像，效果如图7-45所示。

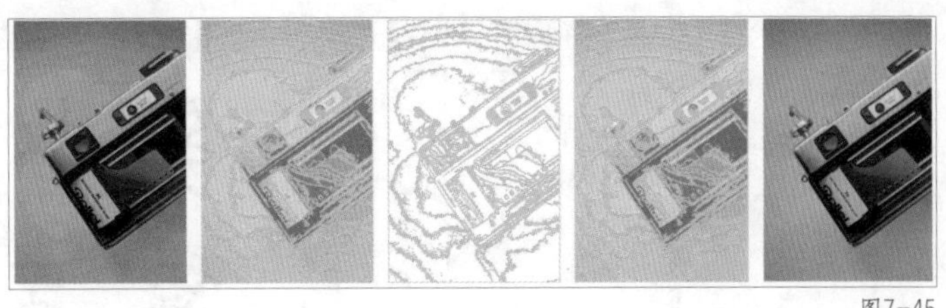

图7-45

在“模式”下拉列表中可以设置图形描摹结果的3种颜色模式，包括颜色、灰度、黑白。

- 颜色：描摹结果以彩色显示。
- 灰度：描摹结果以灰度图显示。
- 黑白：描摹结果以黑白显示。

在“高级”选项组中可以更细致地调节描摹结果，包括路径、边角、杂色、方法、填色、描边、将曲线与线条对齐、忽略白色。

- 路径：可以控制描摹结果中路径的疏密，数值越大路径越密。
- 边角：可以控制描摹结果中路径边角的弯曲度，数值越大边角越多。
- 杂色：通过忽略指定像素大小的区域来减少杂色，数值越大杂色越少。
- 方法：可以设置描摹方法，包含邻接和重叠两种方法。
- 填色：在描摹结果中创建填色区域。
- 描边：在描摹结果中创建描边路径。
- 将曲线与线条对齐：可以将稍微弯曲的线调整为直线段。
- 忽略白色：将描摹结果中的白色区域去除，只保留有图像信息的部分。

知识点 3 图像描摹的应用

图像描摹可以快速提取图像中的元素，并将其转换为可编辑矢量图。接下来使用图像描摹工具快速制作一枚印章，效果如图7-46所示。

操作步骤如下。

（1）准备一张印章图片，如图7-47所示，将其复制到Illustrator 2023画板中。

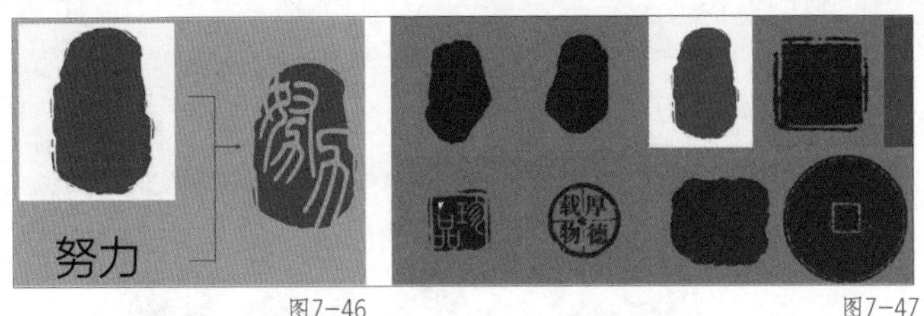

图7-46　　图7-47

（2）选择印章图像，执行“窗口→图像描摹”命令，打开“图像描摹”面板，勾选“预览”选项和“忽略白色”选项，并单击“扩展”按钮，如图7-48所示。

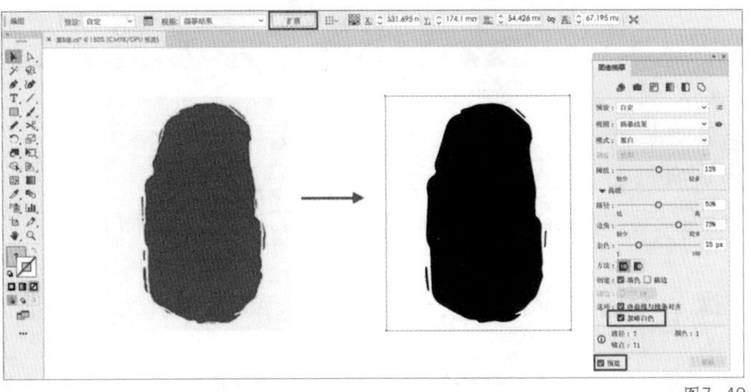

图7-48

（3）使用文本工具输入需要的文本，并将字体设置为篆书，如图7-49所示。

（4）将印章图形与文字进行组合排列，调整出想要的造型效果，并将印章图形的填充色设置成C为0%、M为95%、Y为90%、K为0%，效果如图7-50所示。

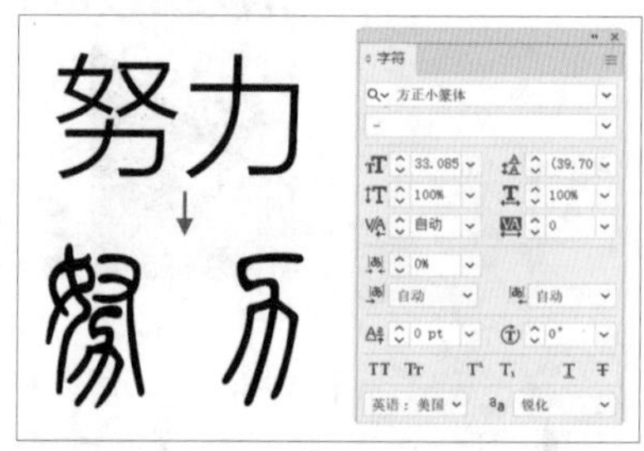

图7-49

提示 如果想单独编辑文字，需要执行“文字→创建轮廓”命令，或按快捷键Ctrl+Shift+O，将文本转为图形。

（5）选择组合好的印章，执行“窗口→路径查找器”命令，打开“路径查找器”面板，单击“减去顶层”按钮，将文字从图形中减去，创建的印章效果如图7-51所示。

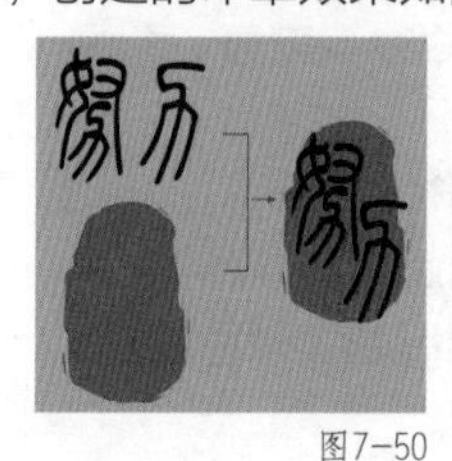
图7-50

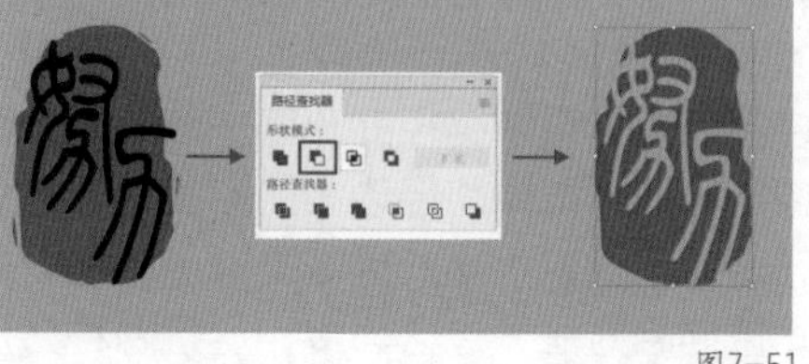
图7-51

第5节 综合应用

本例使用混合工具制作图7-52所示的卡通角色。

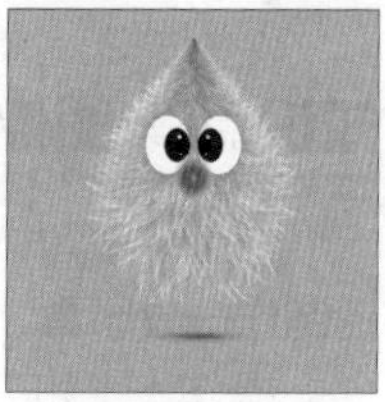

操作步骤如下。

（1）执行“文件→新建”命令，或按快捷键Ctrl+N，打开“新建文档”对话框，设置文件尺寸为1000px×1000px，选择画板1，将颜色模式设为RGB，分辨率设为72ppi，如图7-53所示。

图7-52

（2）使用矩形工具绘制一个1000px×1000px的矩形，并将其放置在画板中作为底色块。将矩形的填充色设置成R为255、G为190、B为40，如图7-54所示。

图7-53

图7-54

（3）使用星形工具绘制一个半径1为200px、半径2为100px、角点数为36的星形，并将其放置在画板的中间，颜色任意，如图7-55所示。

（4）选择绘制好的星形，为其添加从粉红色到白色的渐变，效果如图7-56所示。此处的粉色也可使用其他颜色。

（5）使用直接选择工具选择绘制好的星形，并调节边角为1.5px，制作圆角，效果如图7-57所示。

（6）选择绘制好的星形，按快捷键Ctrl+C进行复制，然后按快捷键Ctrl+F进行原位粘贴，并缩小复制的形状，效果如图7-58所示。

图7-55

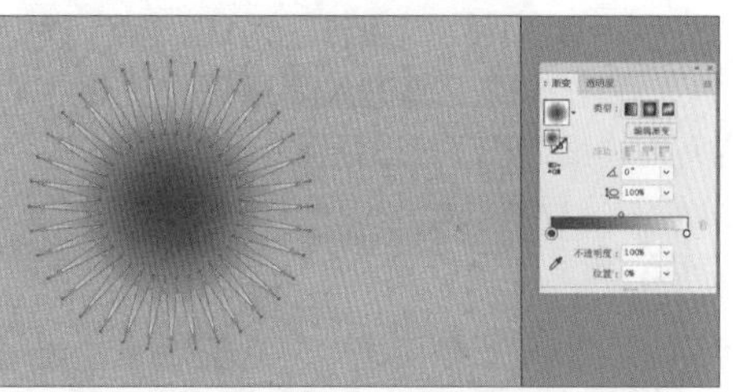

图7-56

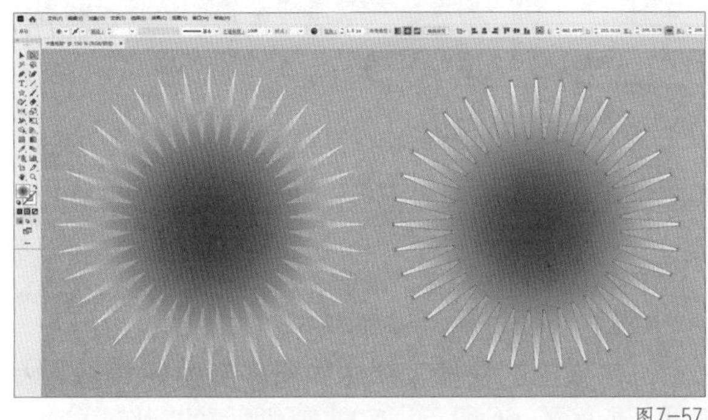

图7-57

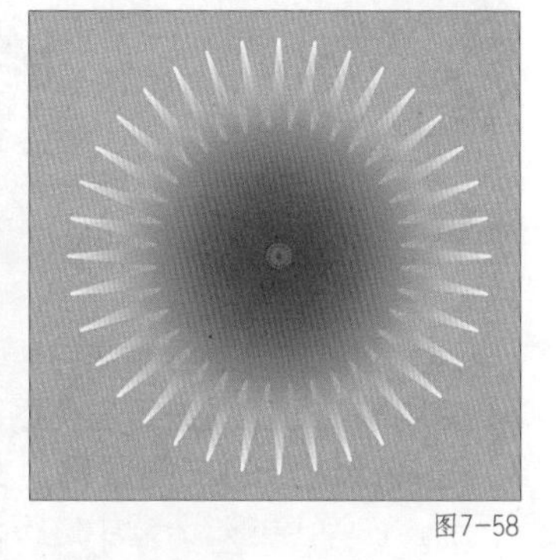

图7-58

（7）选中两个星形，执行“对象→混合→建立”命令，建立混合效果，如图7-59所示。

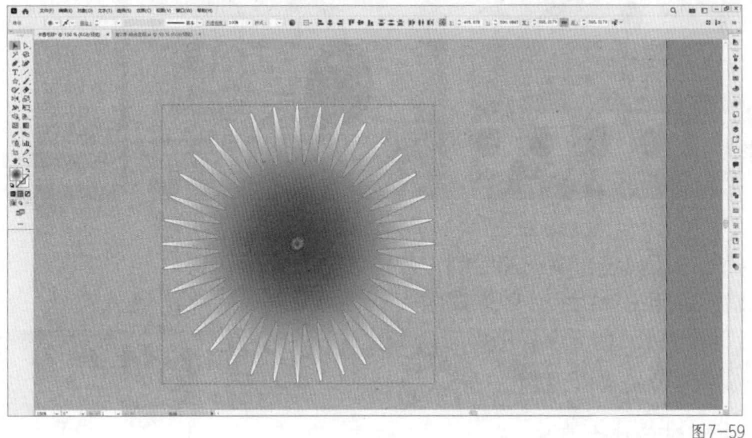

图7-59

（8）双击工具箱中的混合工具，在打开的“混合选项”对话框中设置“指定的步数”为100，如图7-60所示。

（9）选择星形，执行“效果→扭曲和变换→收缩和膨胀”命令，在打开的“收缩和膨胀”对话框中设置“收缩”为-50%，如图7-61所示。

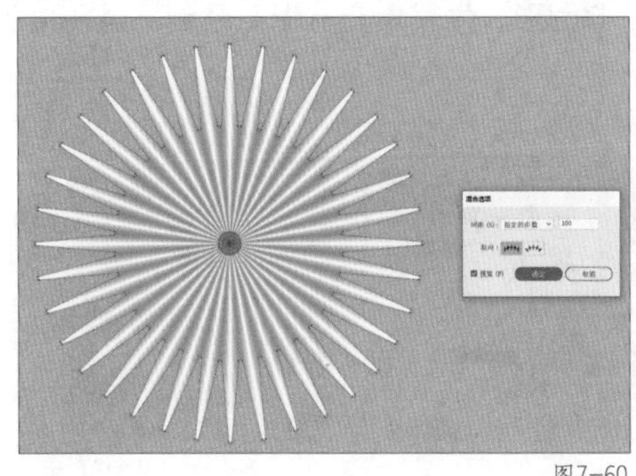

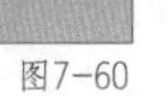

图7-60

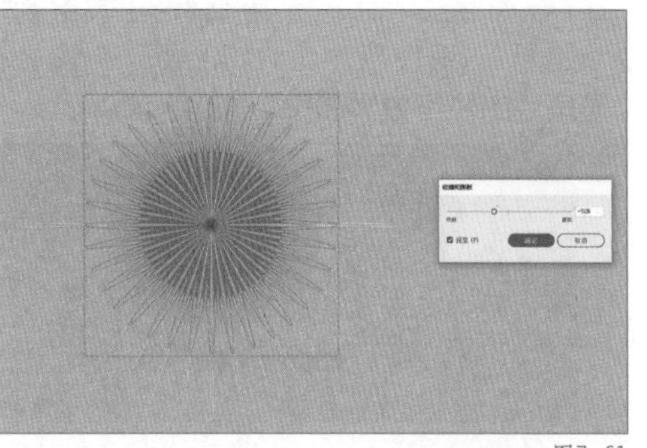

图7-61

（10）选择星形，执行“效果→扭曲和变换→粗糙化”命令，在打开的“粗糙化”对话框中设置“大小”为30%、“细节”为0、“点”为“平滑”，如图7-62所示。

（11）双击选择工具进入隔离模式，将中心的形状移动到顶部，如果中心的形状较大，可将其适当缩小，效果如图7-63所示。

图7-62

图7-63

至此卡通角色的主体部分制作完成，接下来单独制作眼睛、嘴等。

（12）使用椭圆形工具进行左侧眼睛的绘制，效果如图7-64所示。

（13）选择绘制好的左侧眼睛，右击，在弹出的快捷菜单中执行“变换→镜像”命令，如图7-65所示，在弹出的对话框中进行设置，如图7-66所示，完成右侧眼睛的制作。

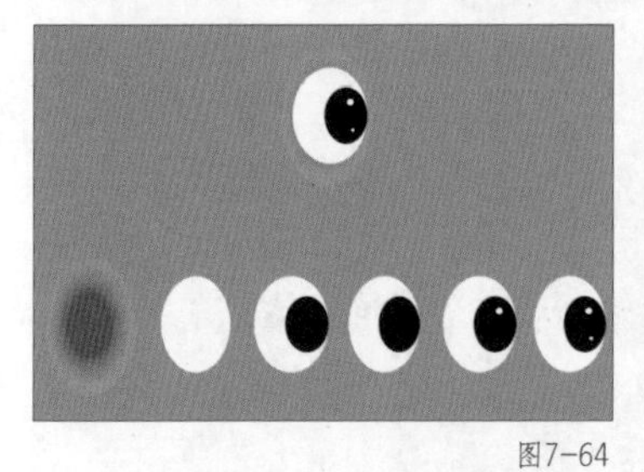

图7-64

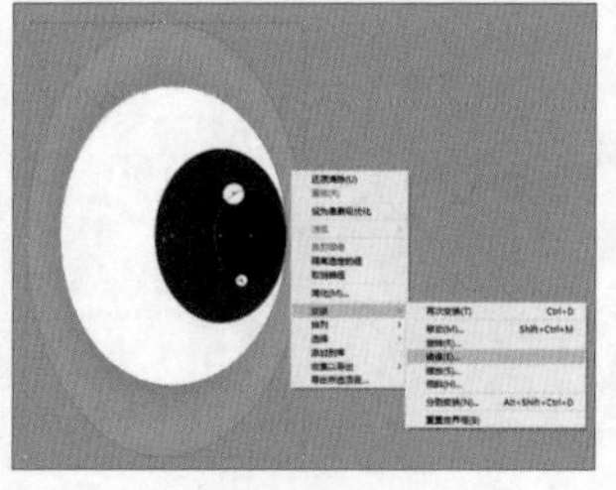

图7-65

图7-66

（14）使用椭圆形工具进行嘴巴的绘制，效果如图7-67所示。

（15）将眼睛和嘴与主体组合，效果如图7-68所示。

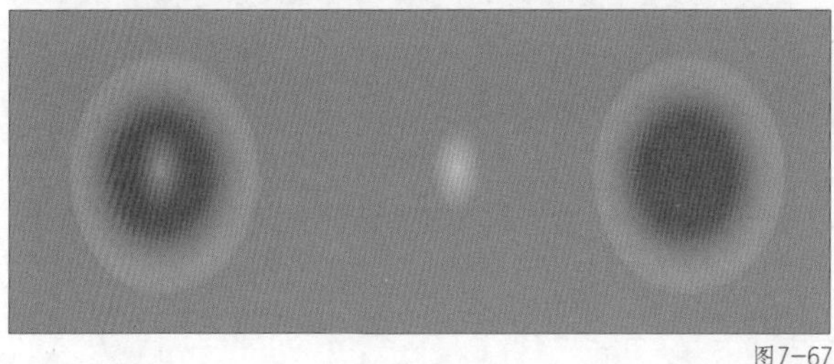

图7-67

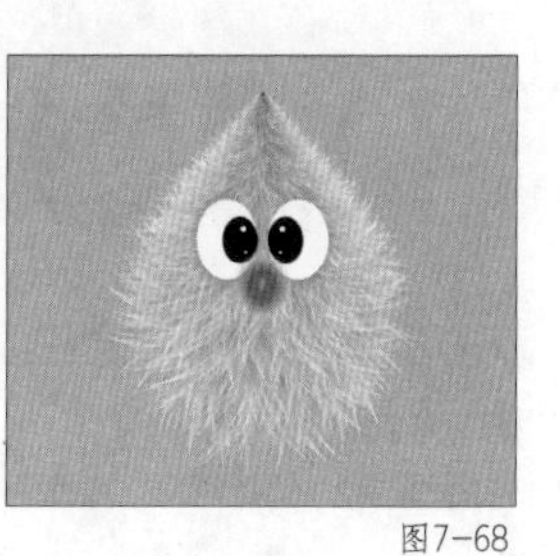

图7-68

（16）制作底部阴影，使用椭圆形工具绘制一个椭圆形，为其填充从深黄色到不透明度为0%的渐变，如图7-69所示。

卡通角色的最终效果如图7-70所示。

图7-69

图7-70

本课练习题

1. 填空题

（1）创建混合对象的快捷键是________。

（2）如果要将混合对象之间的过渡数量固定为具体数值，可以将间距模式设置成_______模式。

（3）使用________工具，可以将图像转换为矢量图。

参考答案：（1）Ctrl+Alt+B；（2）指定步数；（3）图像描摹。

2. 选择题

（1）使用（　　）命令，可以使混合对象只保留原有图形和一条混合路径。

A. “释放”　B. “扩展”　C. “编辑内容”　D. “建立混合”

（2）下列有关混合对象的描述不正确的是（　　）。

A. 建立混合对象后可以修改对象的大小、颜色等参数

B. 使用混合工具可以建立10个对象之间的混合效果

C. 如果需要单独编辑混合对象中的过渡效果，可以将混合对象释放

D. 使用混合工具可以将路径对象进行混合

（3）创建图像描摹时，描摹结果默认状态是（　　）颜色模式。

A. 灰度　B. 渐变　C. 颜色　D. 黑白

（4）如果想让创建的图像描摹去除描摹结果中的白色区域，可以勾选（　　）选项。

A. 忽略白色　B. 删除

C. 去掉白色　D. 镂空

参考答案：（1）A；（2）D；（3）D；（4）A。

3. 操作题

结合本课所学的混合工具的用法，制作出图7-71所示的效果。

图7-71

操作题要点提示

① 使用星形工具绘制12角星，并为其添加渐变效果，如图7-72所示。

② 将绘制的12角星进行复制，并选中其中的两个，使用混合工具创建混合效果，如图7-73所示。

③ 使用钢笔工具绘制想要的路径，并更换混合对象的混合轴，创建新的效果，如图7-74所示。

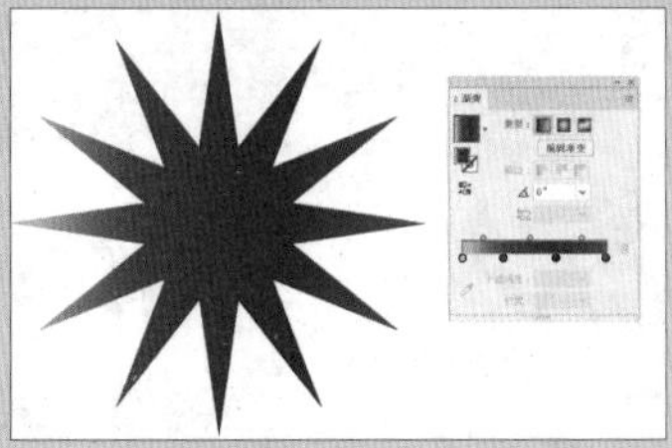
图7-72

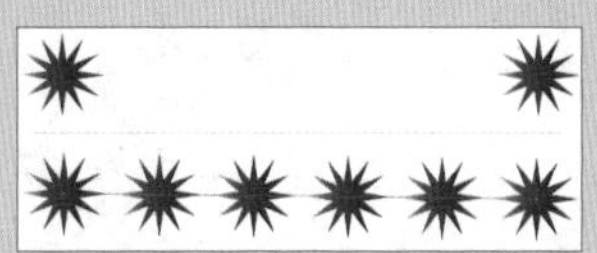
图7-73

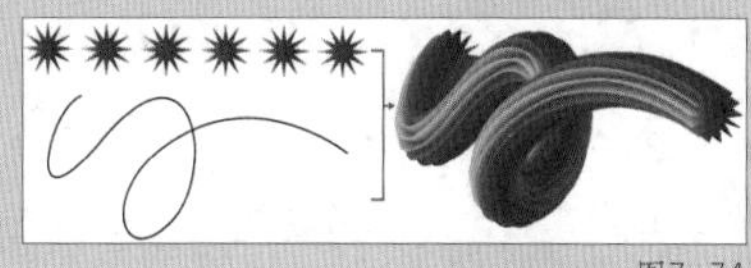
图7-74

④ 使用剪切蒙版工具保留想要的部分，并添加装饰元素。

第 8 课

效果与外观

Illustrator 2023中包含了各种效果，如3D效果、扭曲和变换效果、风格化效果等。使用这些效果可以更改对象的外观，使对象效果更加丰富；还可以在“外观”面板中修改滤镜和效果参数。滤镜和效果的区别是，滤镜可以永久修改对象，而效果及其属性可以随时被修改。通过对本课的学习，读者可以掌握使用常用滤镜与效果的相关命令。

本课知识要点

- “效果”菜单
- “外观”面板
- 3D效果
- 扭曲和变换效果
- 风格化效果

第1节 “效果”菜单

在对象上应用效果可以使用效果的相关命令来实现。打开“效果”菜单，可以选择其中的效果应用于对象，如图8-1所示。

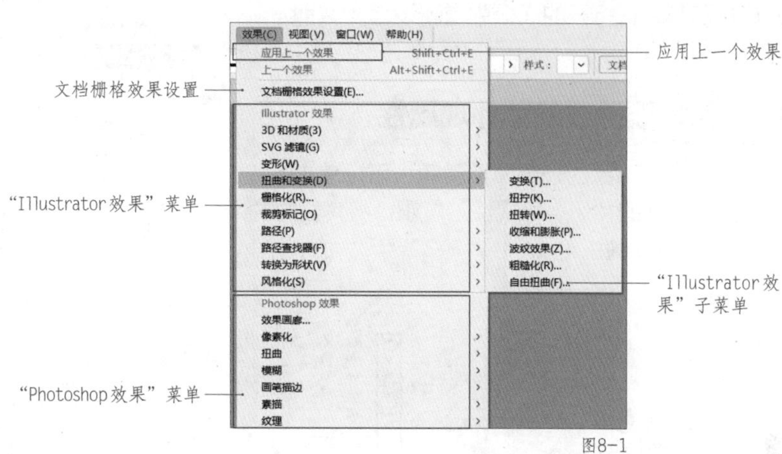

图8-1

“效果”菜单可分成4个区域，下面分别介绍其用途。

▌应用上一个效果。

执行“应用上一个效果”命令可以重复应用上一个效果。

执行“上一个效果”命令可以打开上次应用效果的“效果”对话框进行修改。

▌文档栅格效果设置。

执行“文档栅格效果设置”命令可以对一个文件中的所有栅格效果进行设置，栅格化矢量对象时也可以进行相应设置。

▌“Illustrator效果”菜单。

“Illustrator效果”菜单主要针对矢量图，使用时可以从子菜单中选择具体的效果。

▌“Photoshop效果”菜单。

“Photoshop效果”菜单中的效果可以应用于位图，也可以应用于矢量图。在执行这些效果命令时，将按照“文档栅格效果设置”对话框中设置的参数为对象应用效果。

第2节 “外观”面板

修改对象的外观属性主要在“外观”面板中进行。“外观”面板中存放着已经应用于对象的外观属性，例如填色、描边、不透明度、3D、投影、羽化或应用到对象上的其他效果等，通过“外观”面板可以很方便地编辑这些外观属性。

知识点1 认识“外观”面板

执行“窗口→外观”命令，打开“外观”面板。“外观”面板中包含当前所选对象的所有外观属性，如图8-2所示。

图8-2

知识点 2 编辑对象外观

使用“外观”面板可以对选中对象的属性进行更改。在“外观”面板中单击需要更改的属性名称，在打开的面板中重新设置参数即可，如图8-3所示。

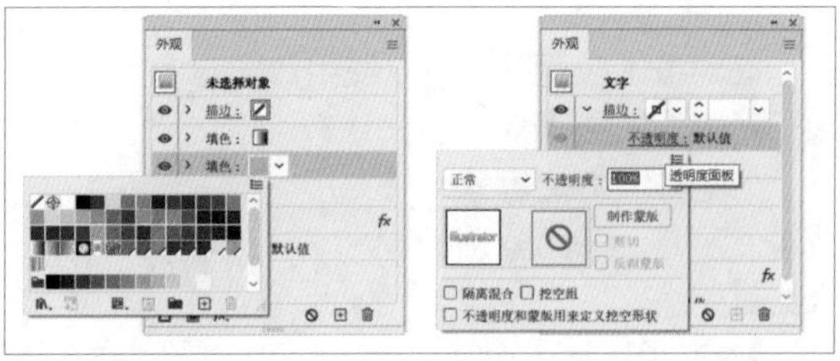

图8-3

知识点 3 删除或隐藏外观属性

如果要将对象的外观属性隐藏，可以单击对应属性前面的“切换可视性”按钮，将其暂时关闭，如图8-4所示。再次单击“切换可视性”按钮可以显示外观属性。

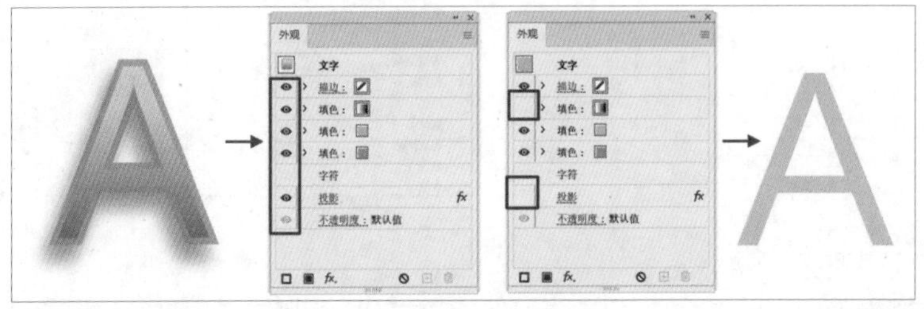

图8-4

如果要删除对象的外观属性，可以选中想要删除的属性后，单击底部“删除所选项目”按钮，也可以将该属性拖曳至面板底部“删除所选项目”按钮上进行删除。

选择图形后，如果只想要保留图形的填色与描边，并删除其余效果，可以在面板菜单中执行“简化至基本外观”命令，如图8-5所示。

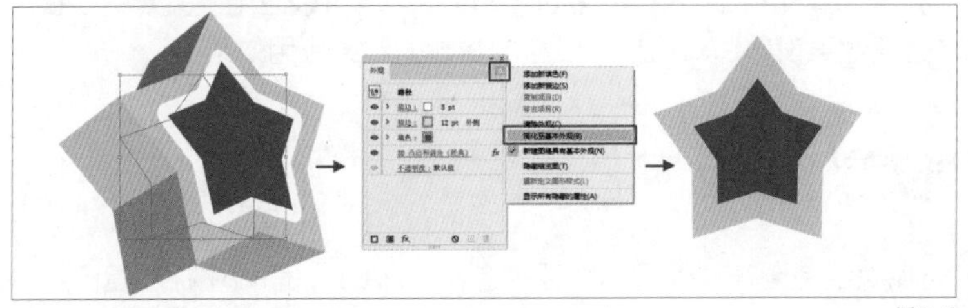

图8-5

选择对象后，在面板菜单中执行“清除外观”命令，将出现两种状态，分别为将图像还原为初始状态、将图形还原为路径状态，如图8-6所示。

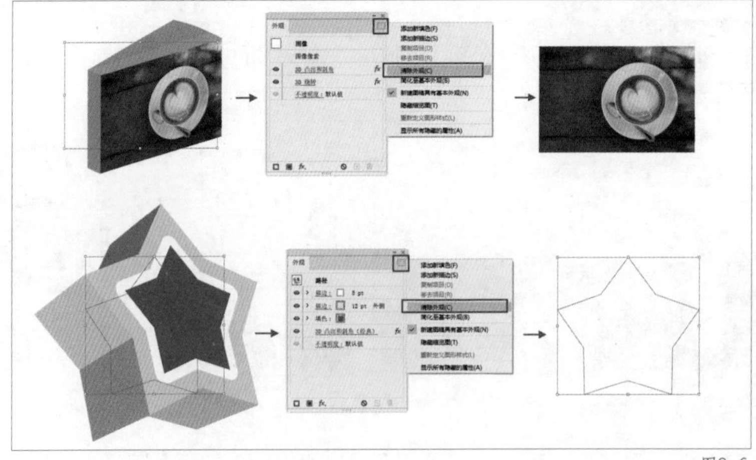

图8-6

第3节 3D效果

Illustrator 2023中升级了3D效果，除了有之前的凸出和斜角、绕转、旋转3种选项之外，还加入了膨胀、材质、光照等选项，如图8-7所示。通过这些选项设计师可以制作出丰富的3D效果。

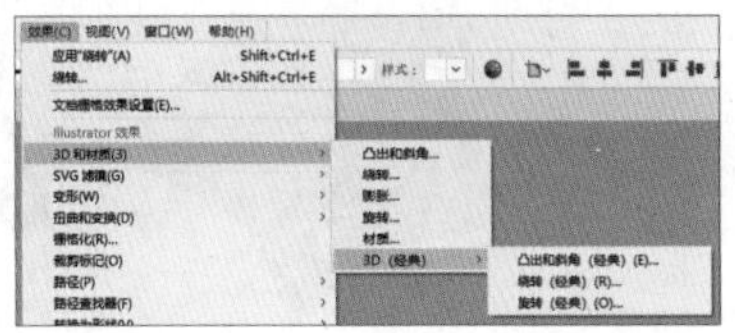

图8-7

知识点1 凸出和斜角效果（经典）

使用凸出和斜角效果可以为二维对象创建立体效果，具体实现方式为沿着该二维对象的z轴创建3D效果，也就是为二维对象增加厚度，如图8-8所示。

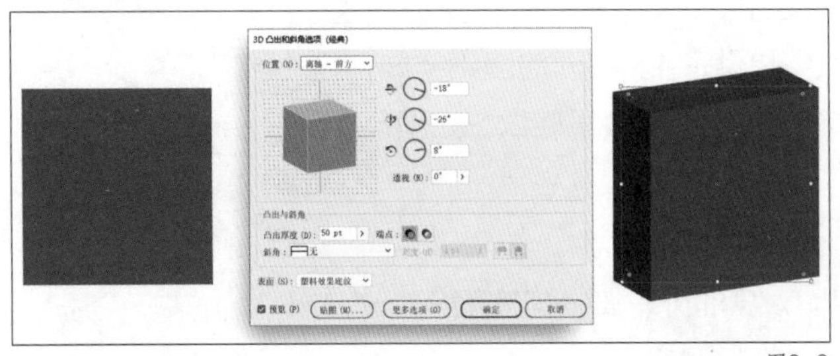

图8-8

1."位置"选项组

"位置"选项组用来控制对象的不同视图位置，其下拉列表中预设了16种位置，也可以在对应的文本框中自定义对象的旋转角度，如图8-9所示。

提示 "透视"下拉列表中是用来调整对象的透视角度，可以使对象的立体感更加真实，如图8-10所示。

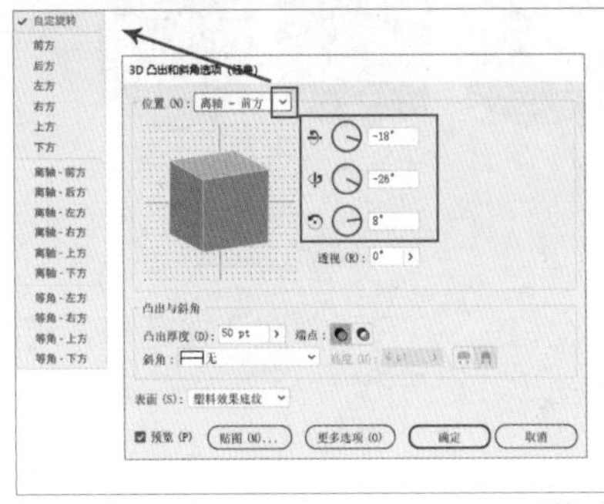

图8-9

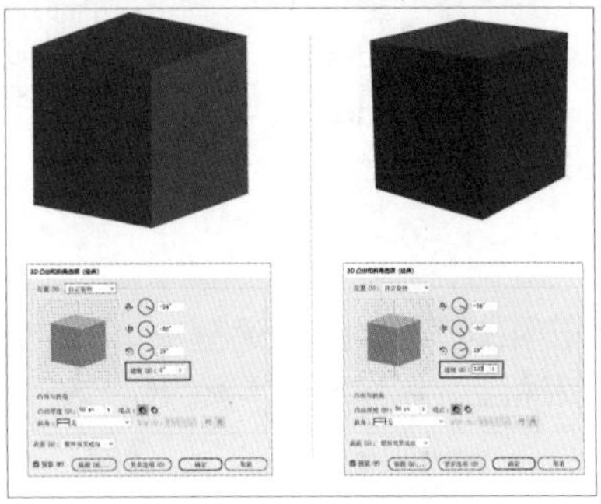

图8-10

2."凸出与斜角"选项组

"凸出与斜角"选项组用于设置对象的凸出深度和斜角变化等，如图8-11所示，以创建更为复杂的立体效果。

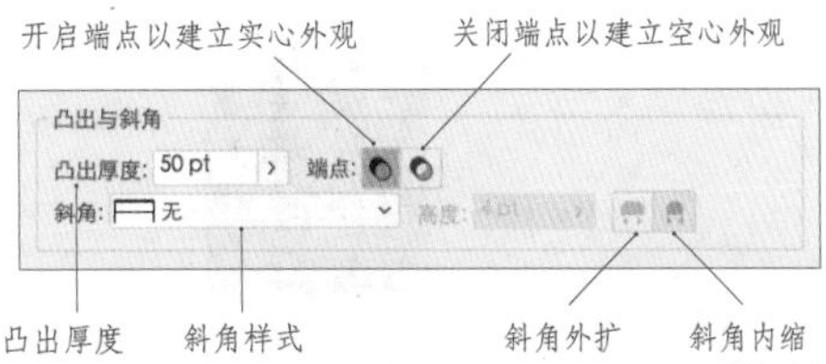

开启端点以建立实心外观　关闭端点以建立空心外观

凸出与斜角
凸出厚度: 50 pt　端点:
斜角: 无　高度: 4 pt

凸出厚度　斜角样式　斜角外扩　斜角内缩

图8-11

该选项组中各参数的含义如下。

▌凸出厚度：设置对象的凸出厚度，其取值范围为0~2000pt。

▌端点：可以建立实心或空心外观，如图8-12所示。

▌斜角可以为3D对象的边缘添加斜角效果，如图8-13所示。"高度"参数可以控制斜角的高度。单击"斜角外扩"按钮，可以将斜角添加至对象的原始形状；单击"斜角内缩"按钮，可以从对象的原始形状中去除斜角。

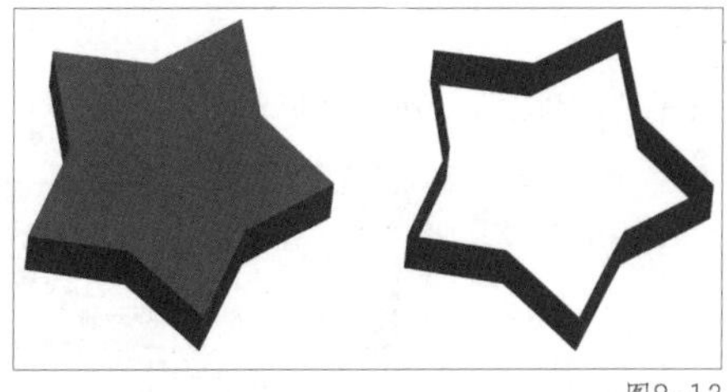
图8-12

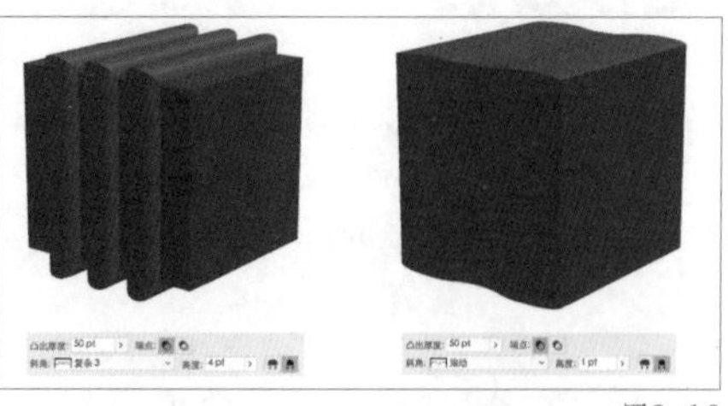
图8-13

3. “表面”选项组

在“3D凸出和斜角选项”对话框中单击“更多选项”按钮，可以展开“表面”选项组，如图8-14所示，并可以对立体效果和表面显示效果进行详细的设置。

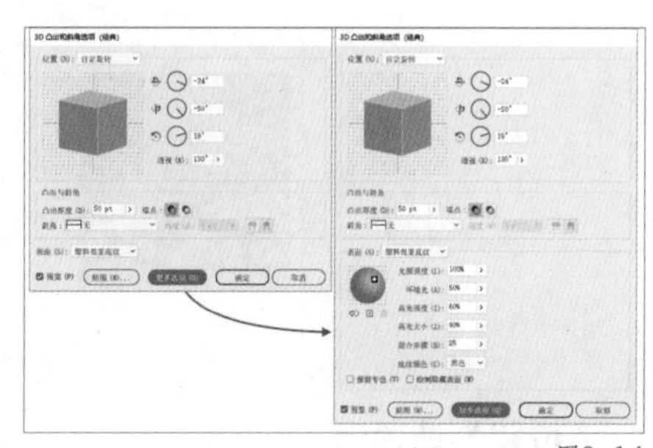
图8-14

“表面”下拉列表中提供了4种不同的渲染样式，包括线框、无底纹、扩散底纹、塑料效果底纹，如图8-15所示。

- 线框：以轮廓线的模式显示对象。
- 无底纹：只保留对象的外轮廓，但表面无明暗变化，看起来像平面效果。
- 扩散底纹：对象表面有柔和的明暗变化，但不强烈，可以看出立体效果。
- 塑料效果底纹：对象表面有强烈的明暗变化。

4种表面渲染样式的效果如图8-16所示。

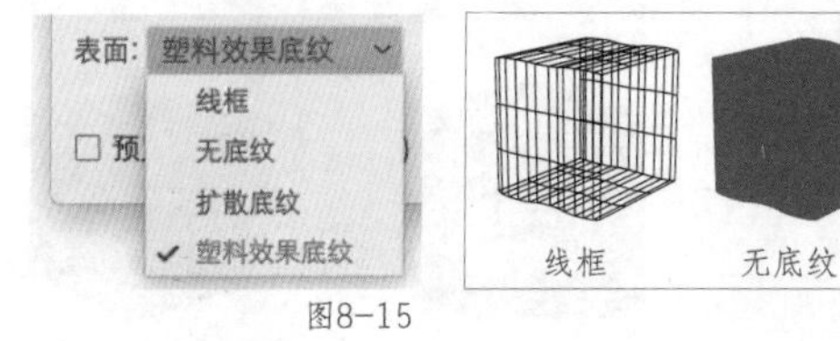

图8-15

图8-16

4. 贴图

在“3D凸出和斜角选项”对话框中单击“贴图”按钮，打开“贴图”对话框，可以将符号贴到3D对象的每个表面上，制作出更丰富的3D效果，如图8-17所示。

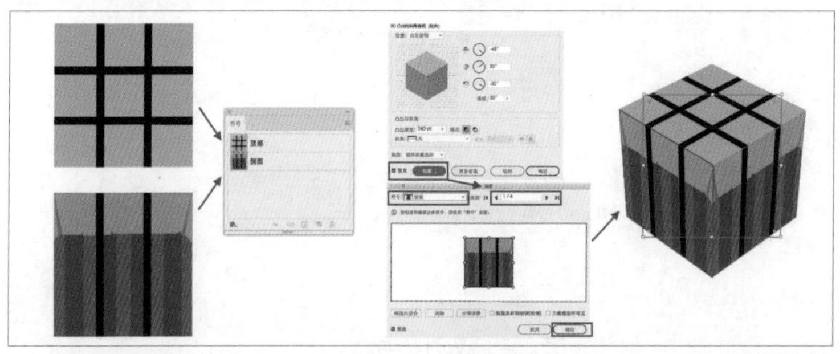
图8-17

知识点 2 绕转效果和旋转效果（经典）

使用绕转效果和旋转效果可以对对象的外形、位置等属性进行调整。绕转效果与凸出和斜角效果相似，都可以为平面对象创建立体效果，而旋转效果可以让平面对象产生带有透视的扭曲效果。

1. 绕转效果

绕转效果可以使一条路径或一个剖面围绕全局y轴旋转，使其做圆周运动，从而创建立体效果，也能创建贴图效果，如图8-18所示。

2. 旋转效果

旋转效果可以将对象在模拟的3D空间中旋转，以制作出3D空间效果，如图8-19所示。

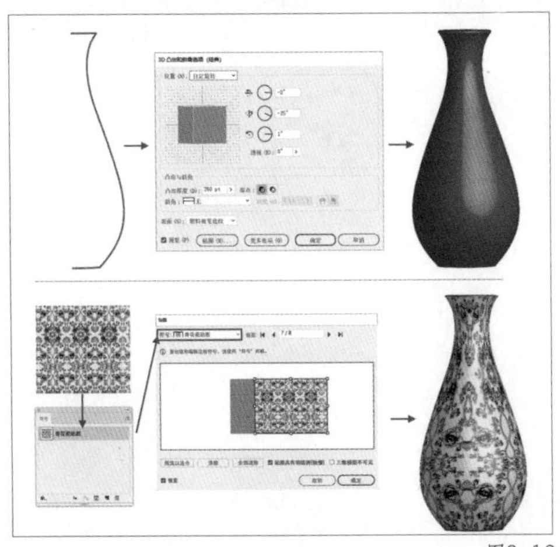

图8-18

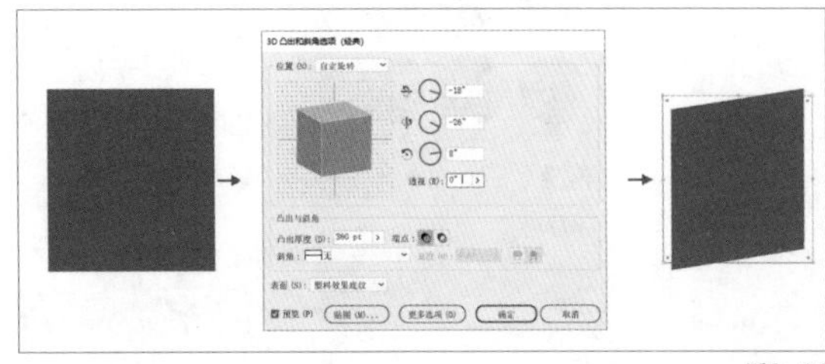

图8-19

知识点3 3D和材质效果

全新的3D和材质效果中提供了对象、材质、光照三大功能，如图8-20所示。这些功能可以针对2D对象进行3D效果的转换，同时可以为对象添加不同材质及光影效果。

图8-20

1. 对象功能

对象功能主要进行3D类型的设置，包含平面、凸出、绕转、膨胀4种类型，调节对应的参数可以建立不同效果的模型，具体参数介绍如图8-21所示。

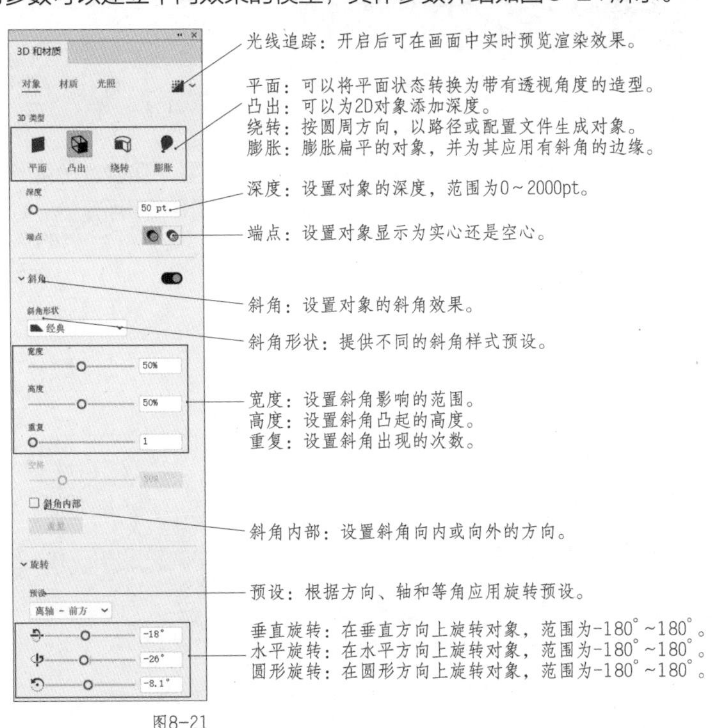

图8-21

图8-22所示是平面、凸出、绕转、膨胀4种3D类型的效果。

图8-22

2. 材质功能

材质功能主要进行材质贴图的设置，其中包含两大功能，即材质选择和材质属性的调节，如图8-23所示。通过这些功能可以更好地让3D对象有不同的材质表现。

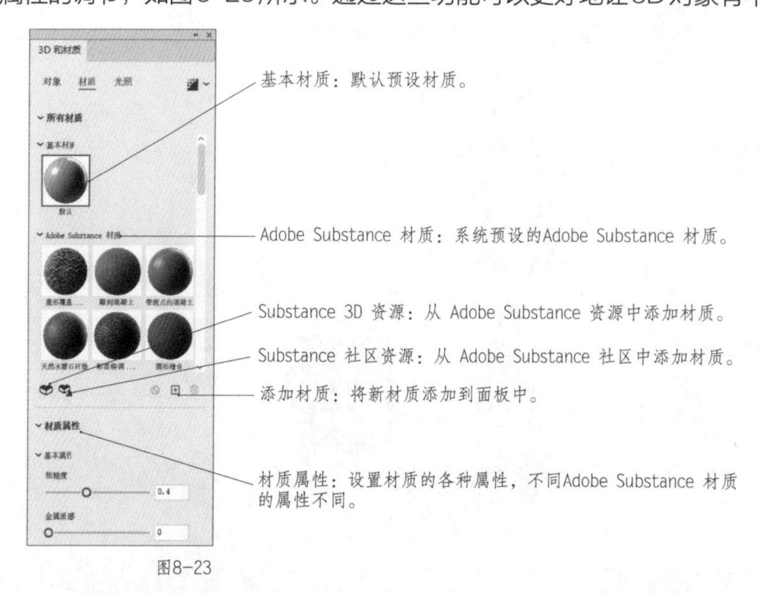

图8-23

图8-24所示是不同的材质效果。

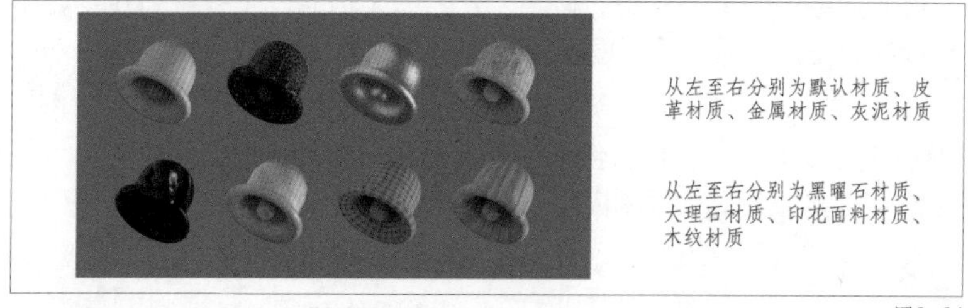

图8-24

3. 光照功能

光照功能主要进行材质光照与阴影效果的设置，可以对光的类型、强度、角度、软化度，阴影与对象的距离、范围等参数进行调节，让3D对象的效果更真实，如图8-25所示。

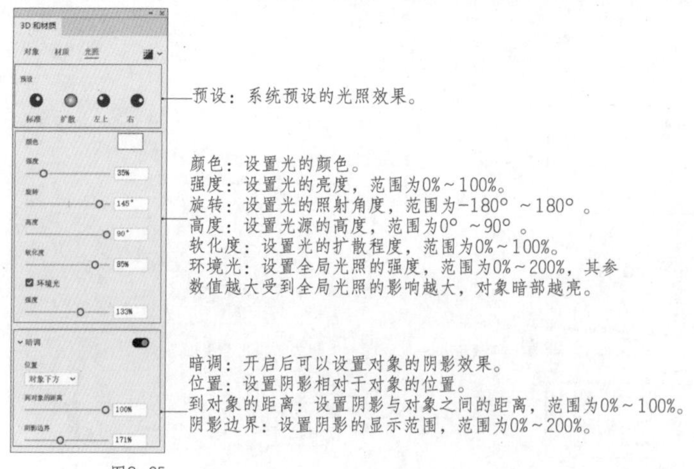

图8-25

知识点 4 3D 和材质效果的应用

本例使用3D和材质效果制作出图8-26所示的效果。

操作步骤如下。

（1）打开素材包中提供的名为“3D功能.ai”的源文件，如图8-27所示。

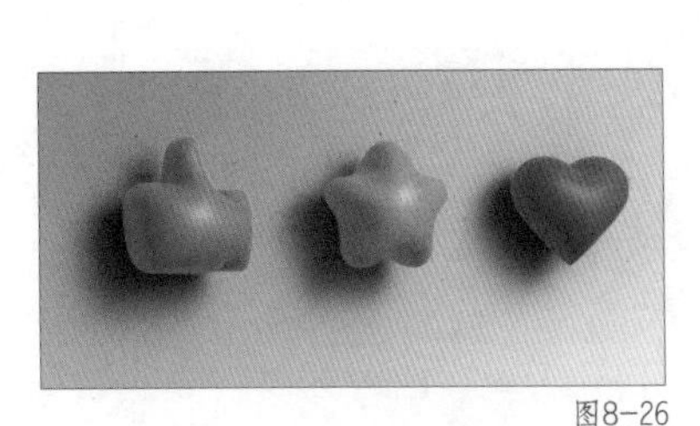

图8-26

图8-27

（2）使用选择工具选择蓝色图形，执行“效果→3D和材质→凸出和斜角”命令，如图8-28所示。

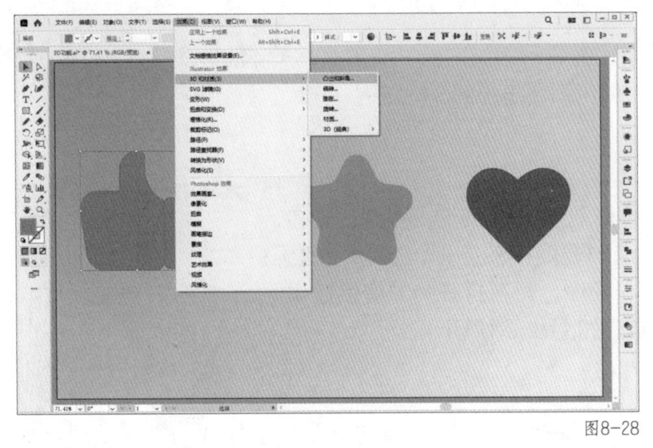

图8-28

（3）在打开的“3D和材质”面板中单击“膨胀”按钮，勾选“两侧膨胀”选项，让其正反都出现膨胀效果，设置“深度”为10px、“音量”为100%、“水平旋转”为-28°，并开启光线追踪进行实时预览，如图8-29所示。

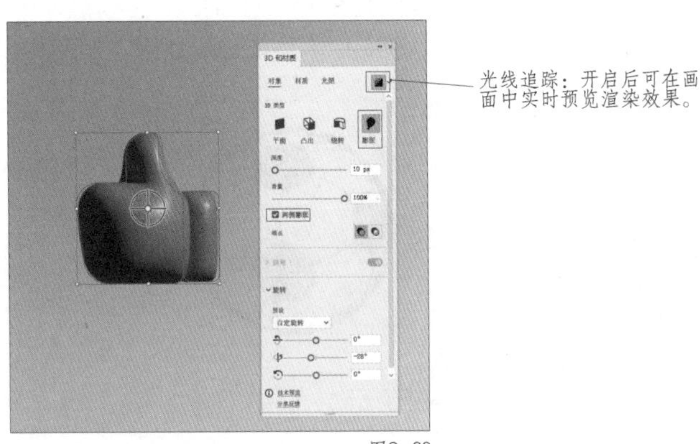

图8-29

（4）为图形添加材质效果。选择材质功能，设置基本材质球的“粗糙度”为0.4，“金属质感”为0.1，如图8-30所示。

（5）选择光照功能，为图形添加光照效果，设置“强度”为70%、“旋转”为145°、“高度”为60°、“软化度”为80%、“环境光”的强度为100%，开启“暗调”，设置“到对象的距离”为0%，设置“阴影边界”为400%，如图8-31所示。

至此蓝色图形的3D效果制作完成，剩余的红色图形和黄色图形的3D效果可重复步骤（2）~（5）完成制作，效果如图8-32所示。

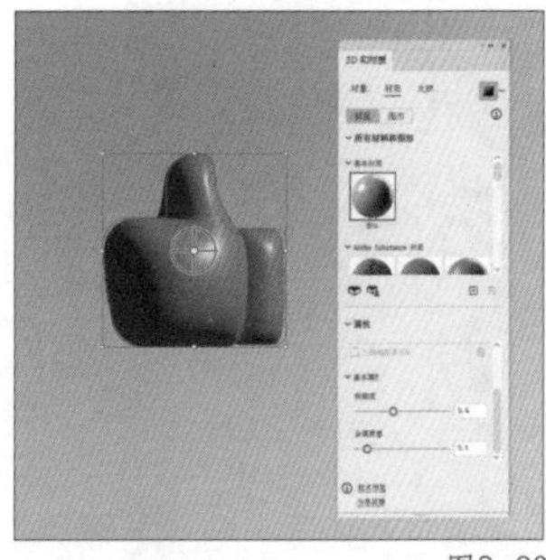

图8-30

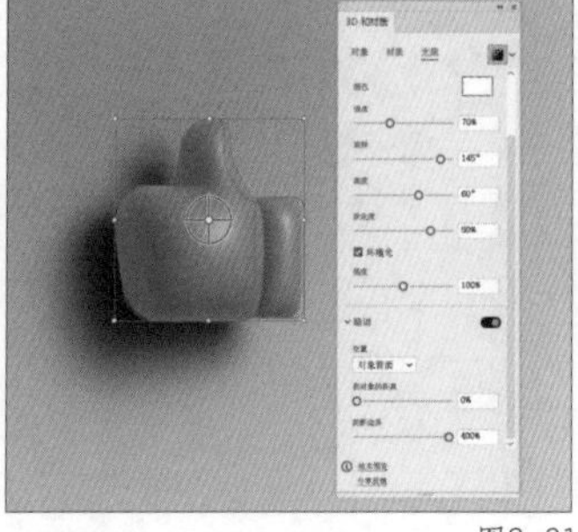

图8-31

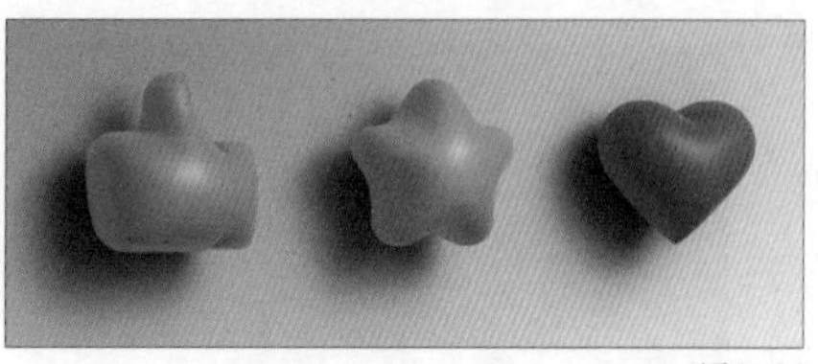

图8-32

第4节 扭曲和变换效果

扭曲和变换是最常用的变形效果之一，主要用来修改图形对象的外观，包括变换、扭拧、扭转、收缩和膨胀、波纹、粗糙化和自由扭曲7种效果。

知识点 1 变换

变换效果可以对图形对象进行缩放、移动、旋转、镜像和复制等操作。选中要变换的图形，执行“效果→扭曲和变换→变换”命令，可在打开的“变换效果”对话框中设置变换参数，如图8-33所示。

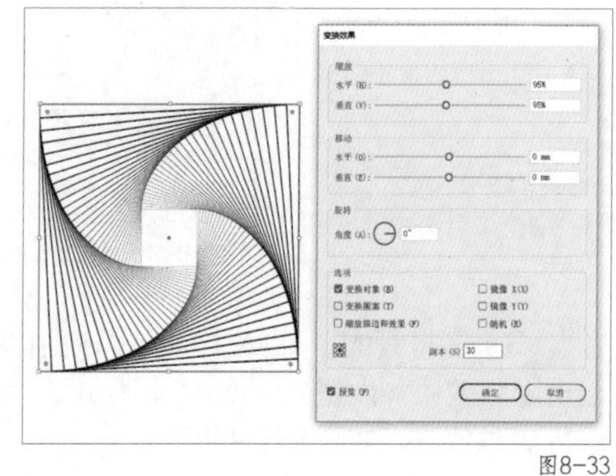

图8-33

知识点 2 扭拧

扭拧效果可以将图形对象随机地扭曲变化。选中要变换的图形，执行“效果→扭曲和变换→扭拧”命令，可以在打开的“扭拧”对话框中使用绝对量或相对量设置垂直和水平扭拧效果，也可指定是否修改锚点、是否“导入”控制点、是否“导出”控制点来实现扭拧效果，如图8-34所示。

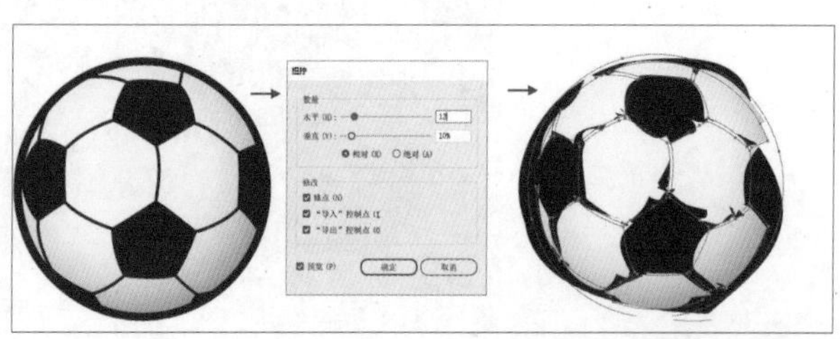

图8-34

知识点 3 扭转

扭转效果可以沿着图形的中心点旋转对象，中心的旋转程度比边缘的旋转程度大。执行“效果→扭曲和变换→扭转”命令，打开“扭转”对话框，在“角度”文本框中输入正值将沿顺时针方向扭转图形，输入负值将沿逆时针方向扭转图形，如图8-35所示。

知识点 4 收缩和膨胀

收缩效果可以在线段向内收缩时，向外拉出锚点；膨胀可以在将线段向外膨胀时，向内拉入锚点。这两个效果都可以相对于对象的中心点拉动锚点。执行“效果→ 扭曲和变换→ 收缩和膨胀”命令，打开“收缩和膨胀”对话框，输入正值对象将膨胀，输入负值对象将收缩，如图8-36所示。

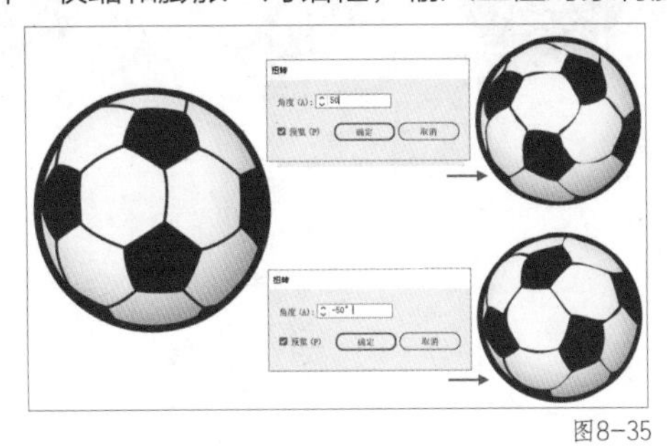

图8-35

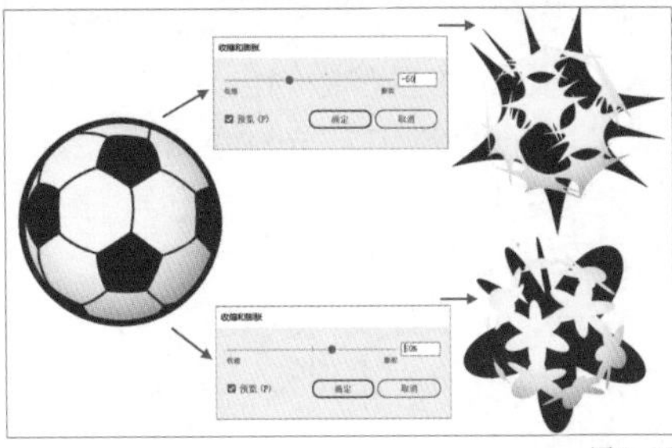

图8-36

知识点 5 波纹

波纹效果可以将对象的路径变换为规则的锯齿波纹效果。执行“效果→ 扭曲和变换→ 波纹效果”命令，可在打开的“波纹效果”对话框中设置路径隆起大小、数量，选择路径是平滑顶点还是尖锐顶点，如图8-37所示。

知识点 6 粗糙化

粗糙化效果与波纹效果相似，但是粗糙化效果会将对象的路径变为不规则的锯齿效果。执行“效果→ 扭曲和变换→ 粗糙化”命令，可在打开的“粗糙化”对话框中设置路径隆起大小、数量，选择路径是平滑顶点还是尖锐顶点，如图8-38所示。

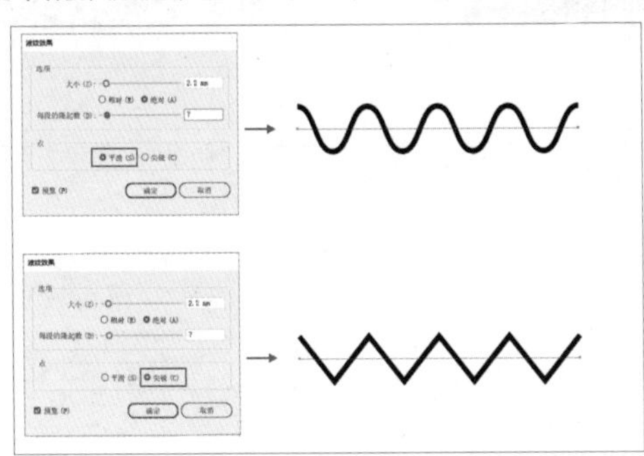

图8-37

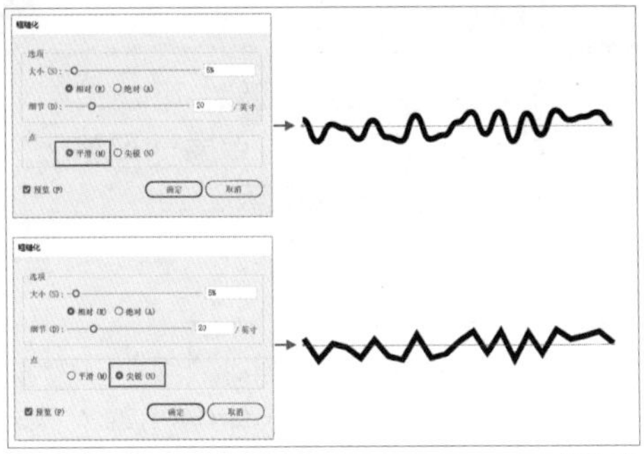

图8-38

知识点 7 自由扭曲

自由扭曲效果可以对图形进行自由的扭曲变形。执行“效果→ 扭曲和变换→ 自由扭曲”命令，在打开的“自由扭曲”对话框中，拖曳控制框上的4个控制点可以改变图形的形状，如图8-39所示。

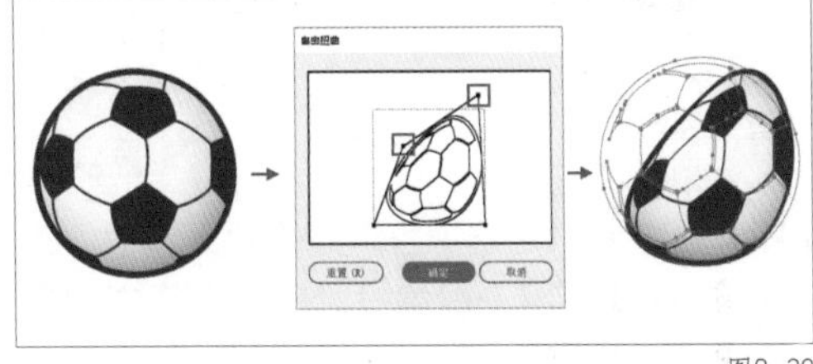

图8-39

第5节 风格化效果

风格化效果可以为对象添加内发光、圆角、外发光、投影、涂抹、羽化等效果，以增强对象的外观效果。

知识点 1 内发光

内发光效果可以在对象内部创建发光效果。执行“效果→ 风格化→ 内发光”命令，可在打开的“内发光”对话框中设置内发光的参数，如图8-40所示。

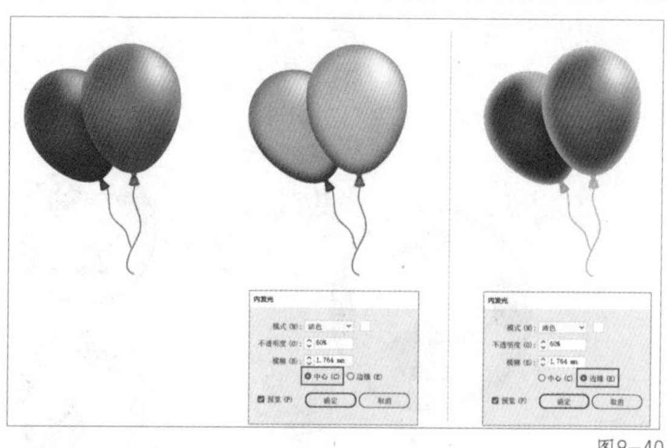

图8-40

“内发光”对话框中各参数的含义如下。

▌模式：用于设置内发光颜色的混合模式，常用的为滤色模式。单击色块打开“拾色器”对话框，可以设置内发光的颜色。

▌不透明度：用于控制内发光颜色的不透明度，取值范围为0%～100%，值越小，内发光的颜色越透明。

▌模糊：用于设置发光的模糊范围。

▌中心和边缘：用于控制内发光的发光位置。选择“中心”，发光的位置在图形的中心；选择“边缘”，发光的位置在图形内部边缘。

知识点 2 圆角

圆角效果可以将图形的角控制点转换为平滑的曲线，使尖角变成圆角效果。执行“效果→ 风格化→ 圆角”命令，可在打开的“圆角”对话框中设置圆角的参数，如图8-41所示。

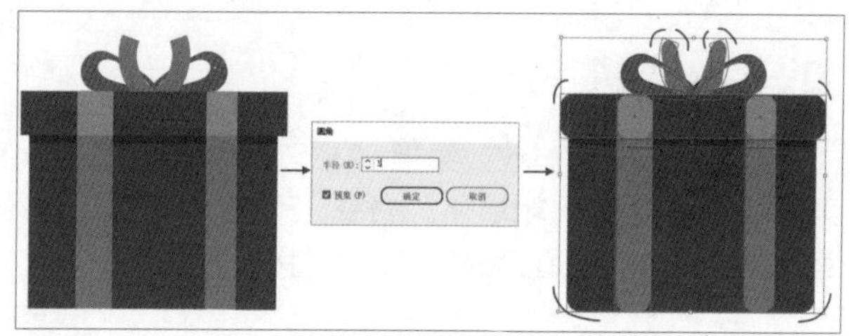

图8-41

知识点 3 外发光

外发光效果与内发光效果相似，可以在对象边缘创建发光效果。执行“效果→ 风格化→ 外发光”命令，可在打开的“外发光”对话框中设置外发光的参数，如图8-42所示。

知识点 4 投影

投影效果可以为对象添加阴影效果，以增强对象的立体效果。执行“效果→ 风格化→ 投影”命令，可在打开的“投影”对话框中设置投影的参数，如图8-43所示。

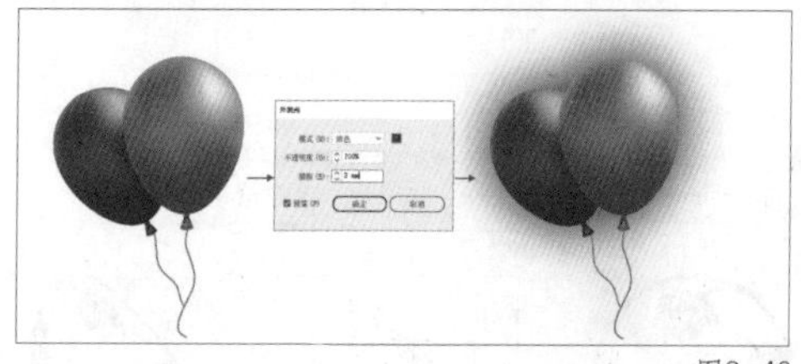

图8-42

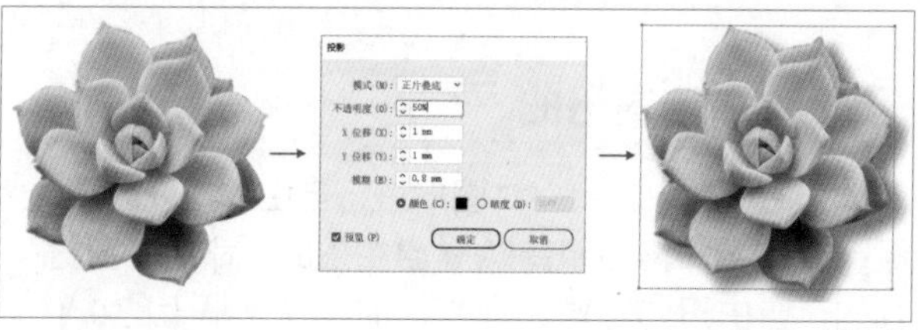

图8-43

“投影”对话框中各参数的含义如下。

▌模式：用于设置投影的混合模式。

▌不透明度：用于控制投影的不透明度，取值范围为0%～100%，值越小，内发光的颜色越透明。

▌X位移和Y位移：用于指定投影偏离对象的距离。

▌模糊：用于设置所需投影的模糊范围。

▌颜色：用于设置投影的颜色，单击色块打开“拾色器”对话框设置颜色。

▌暗度：用于设置投影添加的黑色深度的百分比。

知识点 5 涂抹

涂抹效果可以将描边或填色转换成类似手绘的效果。执行“效果→ 风格化→ 涂抹”命令，可在打开的“涂抹选项”对话框中设置涂抹的参数，如图8-44所示。

“涂抹”对话框中各参数的含义如下。

▌角度：用于设置涂抹线条的方向。

▌路径重叠：用于设置涂抹线条在图形内侧、中央或外侧。

▌描边宽度：用于设置涂抹线条的粗细。

▌曲度：用于设置涂抹线条的弯曲程度。如果要改变涂抹线条之间的曲度差异，可以修改“变化”参数。

▌间距：用于设置涂抹线条之间的距离。如果要改变涂抹线条之间的折叠间距差异，可以修改“变化”参数。

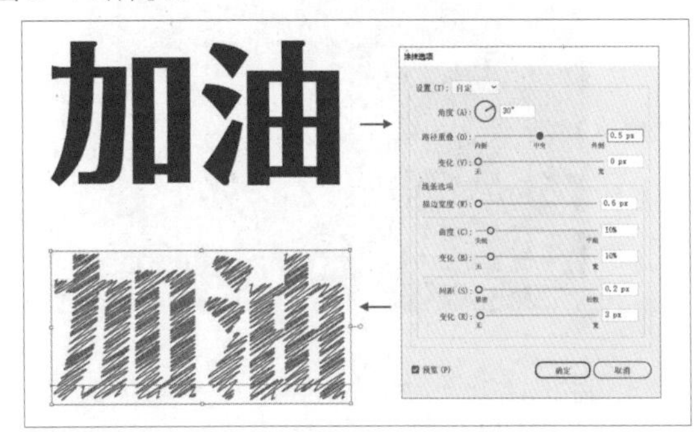

图8-44

知识点 6 羽化

羽化效果可以创建出柔和的边缘效果。执行“效果→ 风格化→ 羽化”命令，可在打开的“羽化”对话框中设置羽化的参数，如图8-45所示。

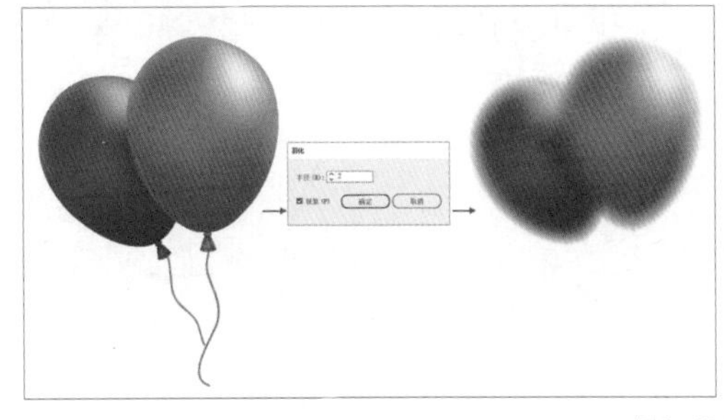

图8-45

第6节 综合应用

本例使用3D绕转功能制作图8-46所示的海报。

操作步骤如下。

（1）执行“文件→ 新建”命令，或按快捷键Ctrl+N，打开“新建文档”对话框，设置文件尺寸为1024px × 1280px，选择画板1，将颜色模式设为RGB，分辨率设为72ppi，如图8-47所示。

（2）使用矩形工具绘制一个1024px × 1280px的矩形，将其放置在画板中作为底色块，并将矩形的填充色设置成R为210、G为50、B为65，如图8-48所示。

图8-46

图8-47

图8-48

（3）使用矩形工具绘制一个750px × 1000px的矩形，将其放置在画板的中间。执行“效果→ 风格化→ 投影”命令，在打开的“投影”对话框中设置投影的参数，如图8-49所示。

（4）使用文本工具制作周围的装饰文字，效果如图8-50所示。

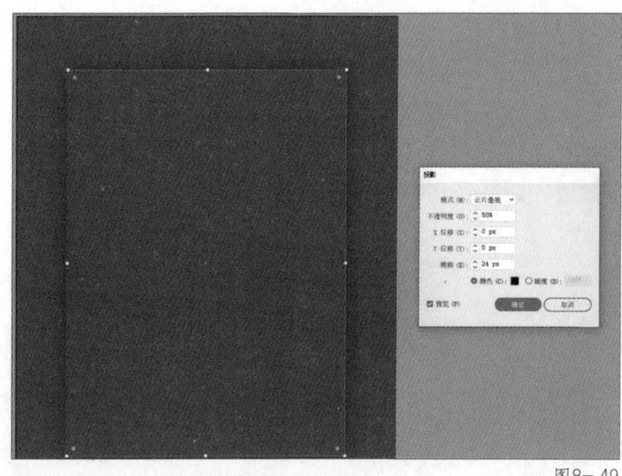
图8-49

图8-50

文字的详细设置如下。

“DESIGN”字体为Arial Bold，字号为54pt。

“Illustrator”字体为方正兰亭黑，字号为30pt。

“3D绕转功能”字体为方正兰亭黑，字号为30pt。

（5）使用椭圆工具绘制一个640px×640px的圆形，并删除圆形左侧的锚点，使其成为半圆，如图8-51所示。

（6）使用矩形工具绘制一个640px×28px的矩形条，并进行复制，效果如图8-52所示。

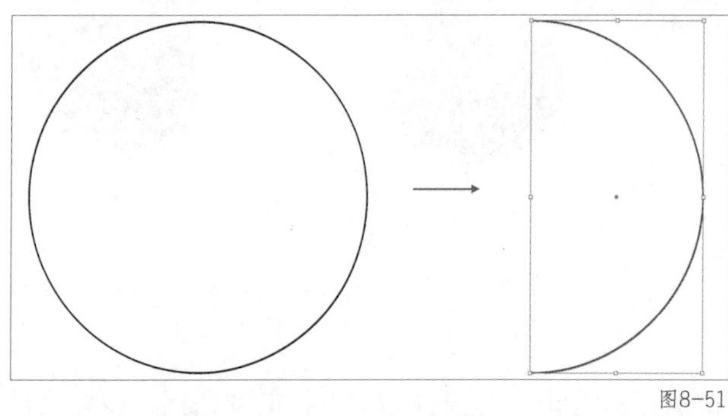
图8-51

图8-52

（7）选择全部矩形条，执行“窗口→符号”命令，打开“符号”面板，然后将矩形条拖入“符号”面板中。在弹出的对话框中选择“静态符号”，单击“确定”按钮，如图8-53所示。

（8）选择半圆，执行“效果→3D→绕转”命令，在打开的“3D绕转选项”对话框中设置旋转参数，如图8-54所示。

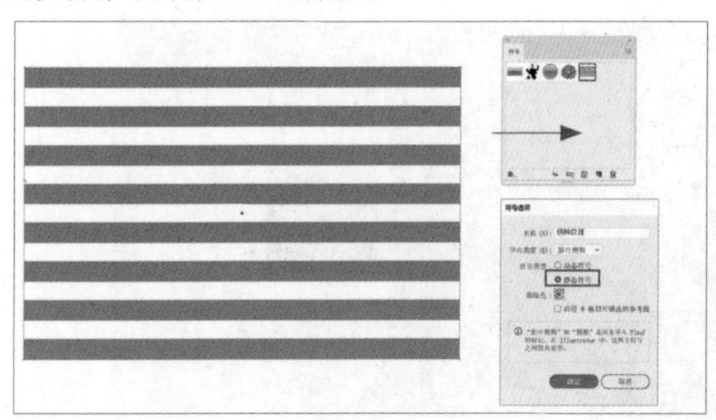
图8-53

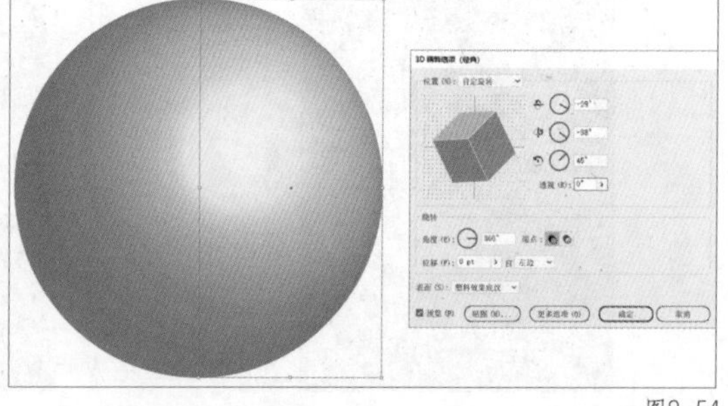
图8-54

（9）单击“贴图”按钮，打开“贴图”对话框，在“符号”下拉列表中选择“绕转纹理”，然后单击“缩放以适合”按钮，同时勾选“三维模型不可见”选项，如图8-55所示。

（10）选择制作好的旋转效果，执行“对象→扩展外观”命令，将旋转效果扩展为可编辑的路径，如图8-56所示。

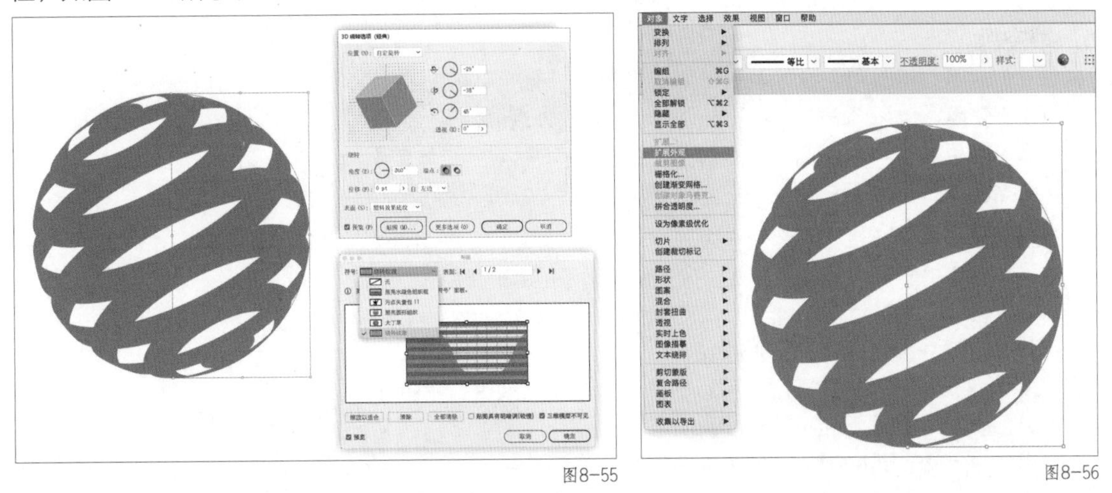

图8-55　　图8-56

（11）选择扩展后的路径，右击，在弹出的快捷菜单中执行“取消编组”命令。此操作需重复执行两次，如图8-57所示。

（12）选择形状，右击，在弹出的快捷菜单中执行“释放剪切蒙版”命令，这样球体正面和背面就独立出来了，如图8-58所示。

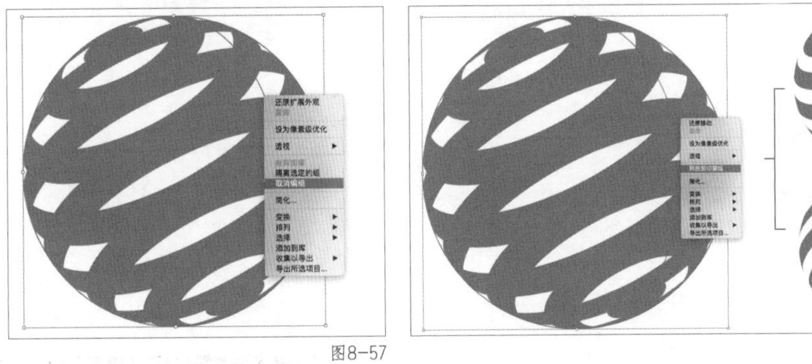

图8-57　　图8-58

（13）将正面形状的填充色设置成R为140、G为255、B为95，将背面形状的填充色设置成R为170、G为180、B为85，如图8-59所示。

（14）将制作好的形状放置在画板中，效果如图8-60所示。

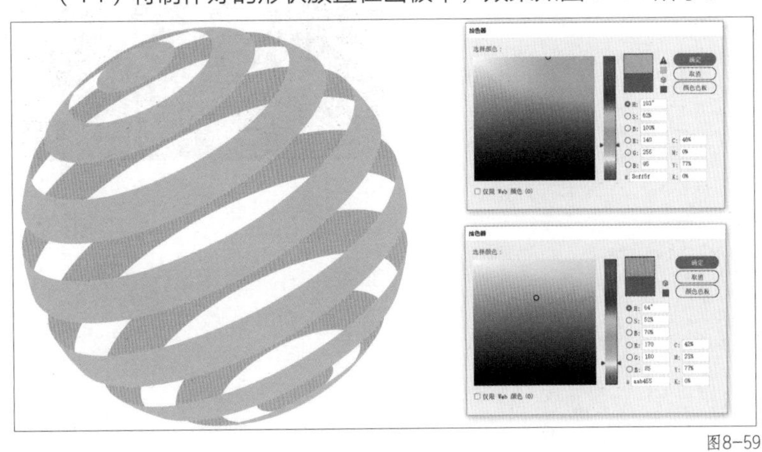

图8-59

图8-60

本课练习题

1. 填空题

（1）使用“扭曲和变换”中的________命令，可以编辑对象的斜切效果。

（2）使用________命令，可以快速删除对象的外观属性。

（3）使用________命令，可以使对象沿*y*轴旋转后得到立体效果。

参考答案:（1）“自由扭曲”;（2）“清除外观”;（3）“绕转”。

2. 选择题

（1）下列关于外观属性、样式、效果的描述不正确的是（　　）。

A. 外观属性包括填充、描边、不透明度和其他效果

B. 样式是一系列外观属性的集合

C. 为对象添加3D效果后，可以在外观属性中再次进行编辑

D. 效果不是外观属性的一种形式

（2）下列关于删除外观属性的方法描述正确的是（　　）。

A. 在“外观”面板中选择属性，单击“删除所选项目”按钮

B. 执行“清除外观”命令

C. 直接将外观属性拖曳到“删除所选项目”按钮上

D. 以上都可以

（3）执行“应用上次使用滤镜”命令的快捷键是（　　）。

A. Ctrl+E　　B. Ctrl+Alt+E

C. Ctrl+Shift+E　　D. Ctrl+Alt+F

（4）3D功能中的（　　）效果不能为对象添加贴图效果。

A. 旋转　　B. 绕转

C. 凸出和斜角　　D. 以上全都可以

参考答案:（1）D;（2）D;（3）B;（4）A。

3. 操作题

请根据图8-61所示的效果，完成图形立体效果的制作。

操作题要点提示

① 使用3D凸出与斜角功能制作立方体。

② 利用贴图功能，制作出立方体每个面的镂空效果。

③ 贴图时，需要勾选“三维模型不可见”选项。

④ 独立编辑立方体的每个面时，需要执行“对象→扩展外观”命令。

图8-61

第 9 课

拓展技能

本课主要介绍透视网格工具、符号工具的功能。透视网格工具可以辅助绘制带有空间透视关系的图形。符号工具可以快速生成大量相同的对象，节省工作时间的同时还能显著减少文件占用的存储空间。

本课知识要点

- 透视网格工具组
- 符号工具组

第1节 透视网格工具组

透视网格工具组中包含透视网格工具和透视区工具。

知识点 1 透视网格工具

在工具箱中选择透视网格工具，或按快捷键Shift+P即可打开透视网格功能，如图9-1所示。默认状态下透视网格以“两点透视”呈现。如果要更改透视关系，可以在“视图”菜单中执行“透视网格→一点透视”命令更改透视类型为“一点透视”，如图9-2所示，同理也可切换为“三点透视”类型。

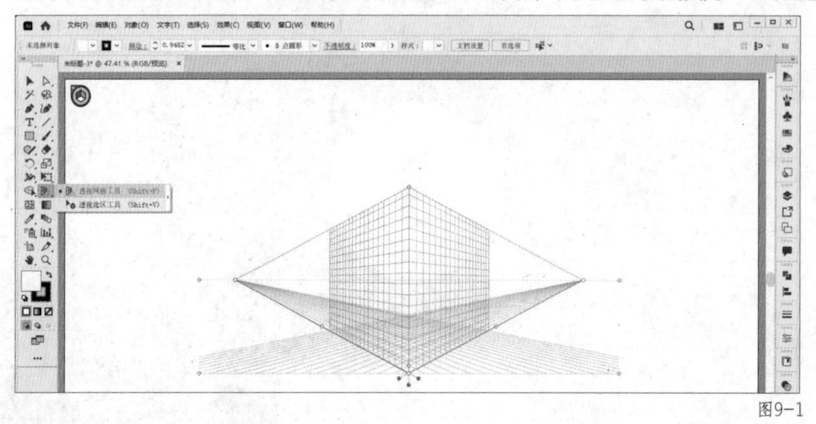

图9-1

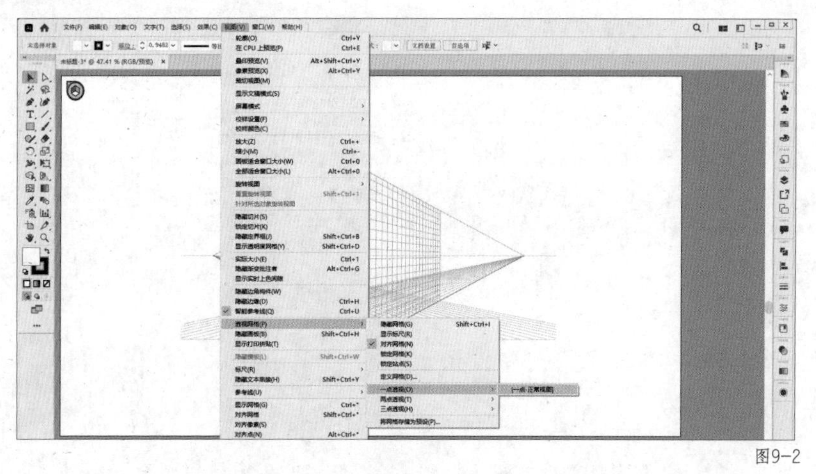

图9-2

一点透视和三点透视的效果分别如图9-3和图9-4所示。

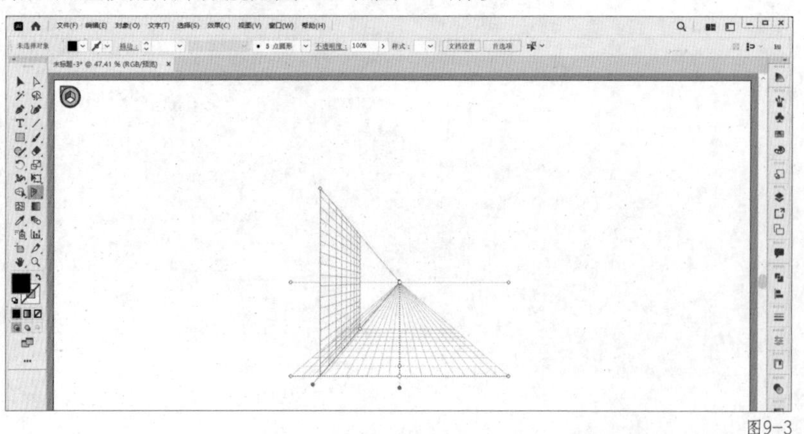

图9-3

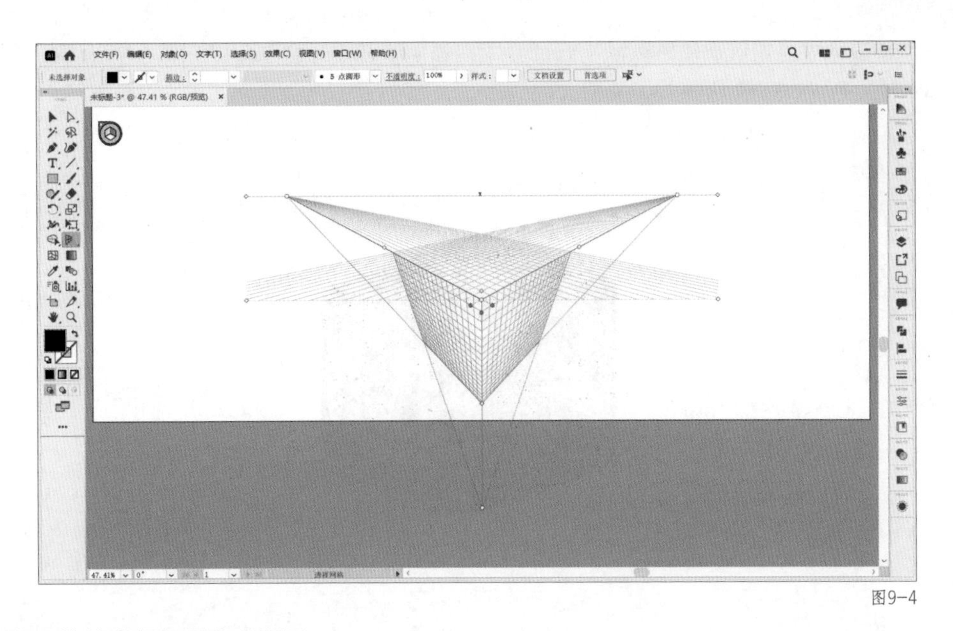

图9-4

透视网格的介绍如图9-5所示。

在执行“透视网格”命令后，还会出现平面切换构件，可以使用此构件选择活动网格平面。在透视网格中，活动平面是指在其上绘制对象的平面，以投射观察者在场景中该部分的视野，如图9-6所示。

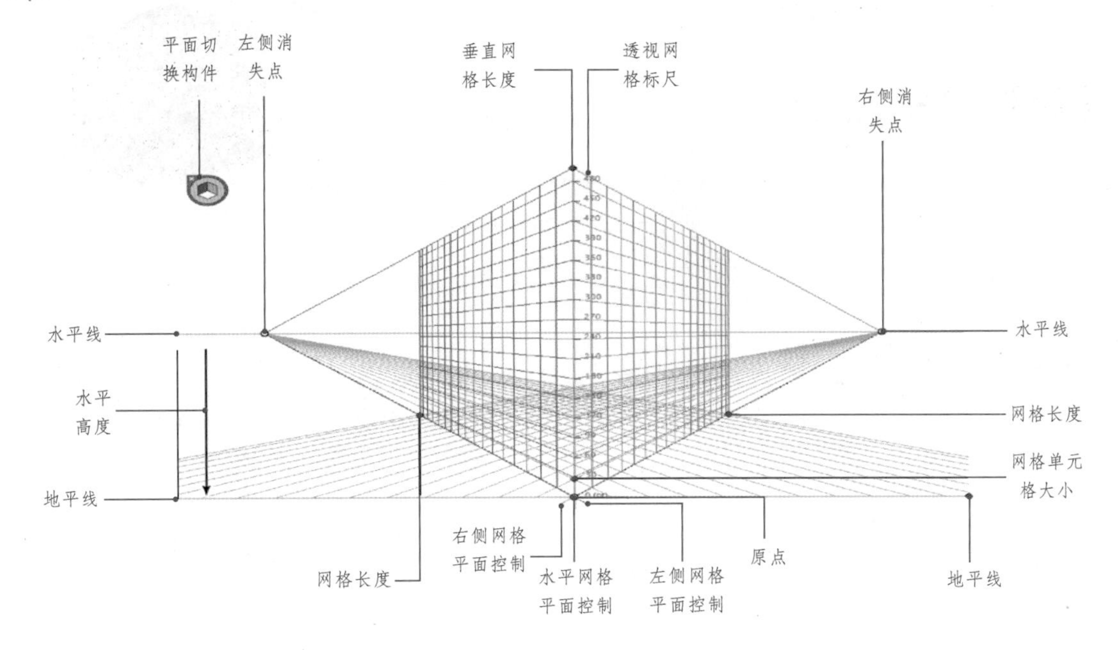

图9-5

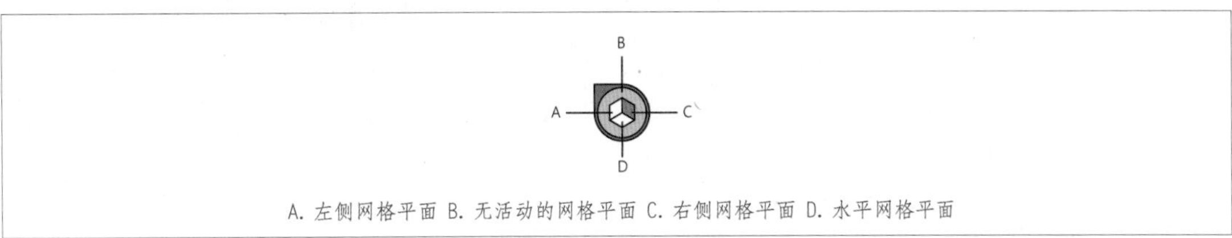

A. 左侧网格平面 B. 无活动的网格平面 C. 右侧网格平面 D. 水平网格平面

图9-6

使用透视网格工具可以让绘制出的形状或文字具有透视效果，如图9-7所示。

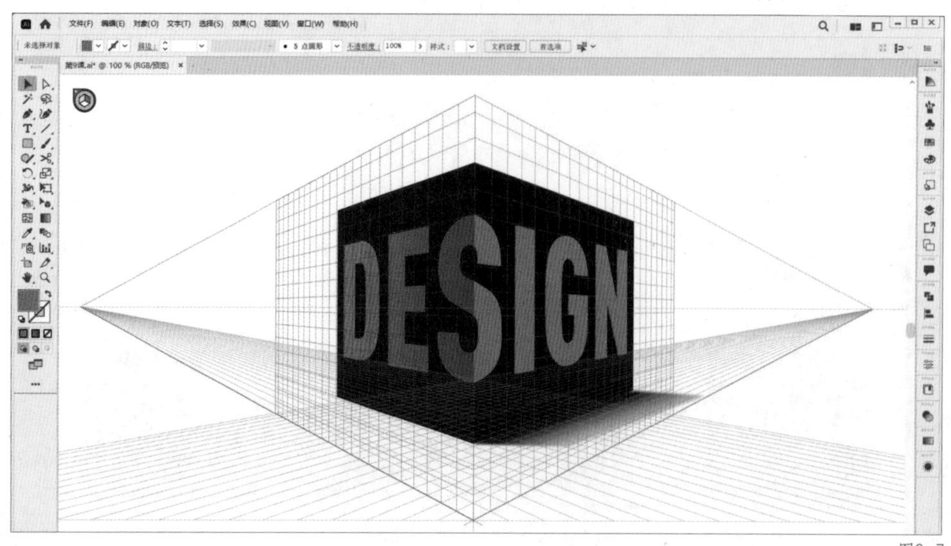

图9-7

知识点 2 透视选区工具

使用透视选区工具可以对透视变形的形状进行移动、缩放等，且该形状依然保持透视效果，如图9-8所示。

图9-8

第2节 符号工具组

符号工具是Illustrator 2023中绘制重复图案时比较常用的工具，它最大的特点就是可以方便、快捷地生成大量重复的图形，如花草、纹样、气泡等。符号工具组中包含8个符号工具，如图9-9所示。

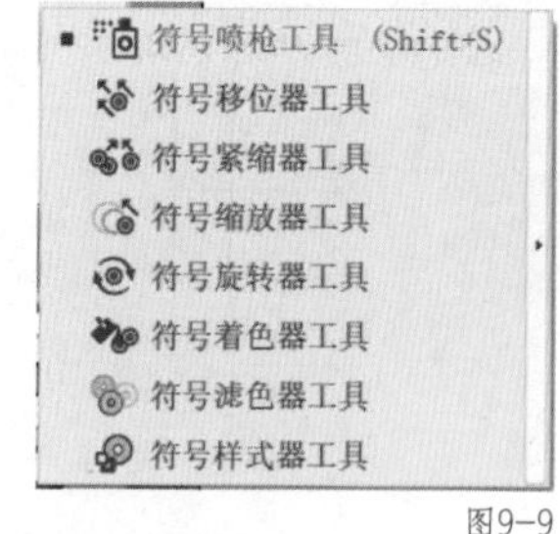

图9-9

知识点 1 “符号”面板

执行“窗口→符号”命令可以打开“符号”面板，如图9-10所示。在“符号”面板中可以管理和编辑符号，如进行创建、复制、删除和编辑等操作。

“符号”面板中各参数的含义如下。

▌新建符号：选择需要创建符号的对象，然后单击该按钮，可将该对象定义为符号。

- 导出类型：有“影视剪辑”和“图形”两个选项，默认选择“影视剪辑”选项。
- 符号类型：有“静态符号”和“动态符号”两个选项，默认选择“动态符号”选项。静态符号指不允许符号保留其配色。动态符号指允许符号保留其配色。

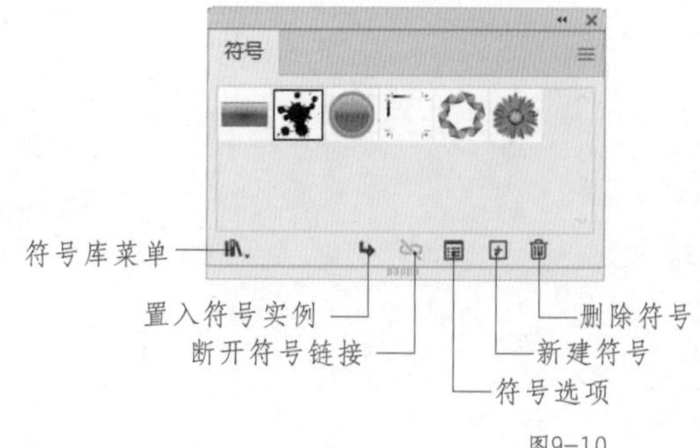

图9-10

◆ 套版色：指定符号锚点的位置。锚点的位置将影响符号在屏幕中的位置。

◆ 启用9格切片缩放的参考线：用于控制编辑符号时是否采取9格切片的方式。其效果为当符号缩放时，位于四角区域的部分将不会缩放，只能通过拉伸其他区域来完成缩放。

▌符号选项：单击该按钮可以打开“符号选项设置”对话框。

▌删除符号：选择面板中的符号，单击该按钮即可删除符号。

▌置入符号实例：选择一个符号，单击该按钮，可以在画板中创建一个实例；还可以直接从“符号”面板中拖曳一个符号到画板中，完成实例的置入。

▌断开符号链接：选择画板中的实例，单击该按钮，可以断开目标符号与“符号”面板中的符号的链接，实现该目标符号的单独编辑。

▌符号库菜单：系统预设的符号库，可以保存当前选中的符号，或选择其他预设的符号。

知识点 2 符号工具选项

在工具箱中双击任意的符号工具，可以打开“符号选项”对话框，如图9-11所示。

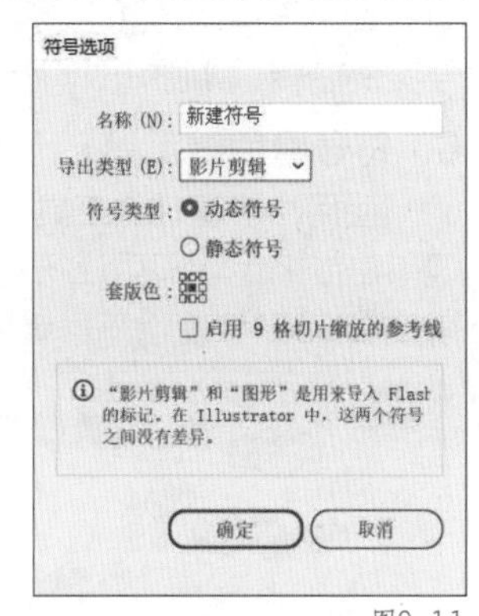

图9-11

“符号工具选项”对话框中主要参数的详细含义如下。

▌直径：用来调节符号工具的笔刷大小。

▌强度：用来控制符号工具在绘制时的强度，数值越大绘制时的变化速度越快。

▌符号组密度：用来设置符号组的密度，数值越大，符号产生的数量越多，密度越大。

▌显示画笔大小和强度：勾选后，可以在绘制时显示符号工具的大小和强度。鼠标指针在画板中变为一个圆圈，圆圈的直径代表大小，圆圈的颜色深浅代表强度（颜色越深，强度越大）。

知识点 3 符号工具的使用

1．符号喷枪工具

使用符号喷枪工具可以进行符号的绘制。选择符号喷枪工具，并在“符号”面板中选择一个符号，单击即可实现喷绘效果的制作，如图9-12所示。

2．符号移位器工具

使用符号移位器工具可以对符号进行位置的调整。选择符号移位器工具，在符号对象上拖曳，即可对所绘制的符号实例进行位置的调整，如图9-13所示。

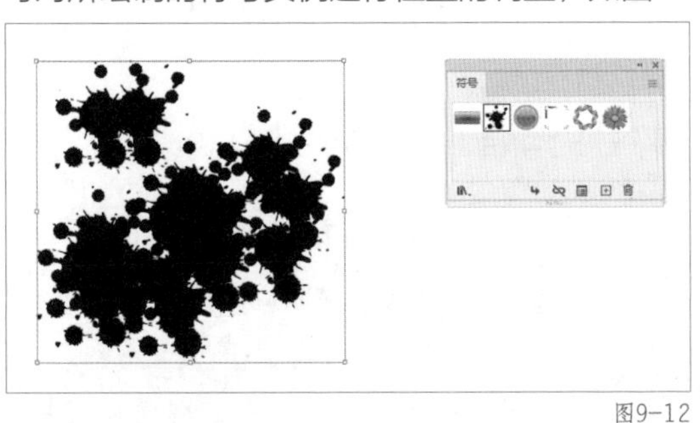

图9-12

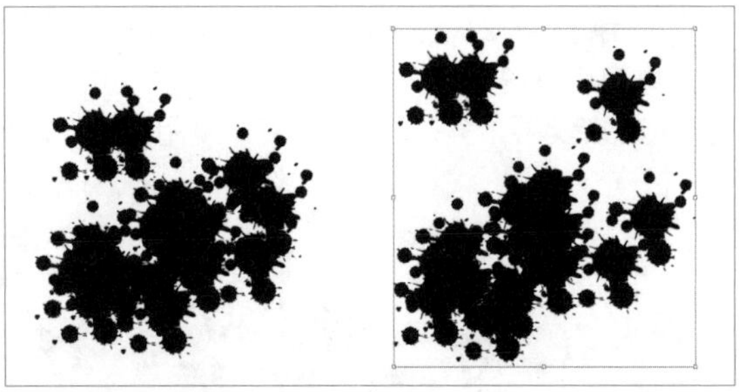

图9-13

3．符号紧缩器工具

使用符号紧缩器工具可以改变符号之间的堆叠或离散状态。选择符号紧缩器工具，在符号对象上按住鼠标左键单击或拖曳，即可让符号实例之间的距离变小，如图9-14所示。如果要扩散这些符号，可以按住Alt键，使用符号紧缩工具在符号对象上按住鼠标左键单击或拖曳。

4. 符号缩放器工具

使用符号缩放器工具可以实现符号的放大与缩小。选择符号缩放器工具，在符号对象上按住鼠标左键单击或拖曳，即可让符号实例放大，如图9-15所示。如果要缩小这些符号，可以按住Alt键，使用符号缩放器工具在符号对象上按住鼠标左键单击或拖曳。

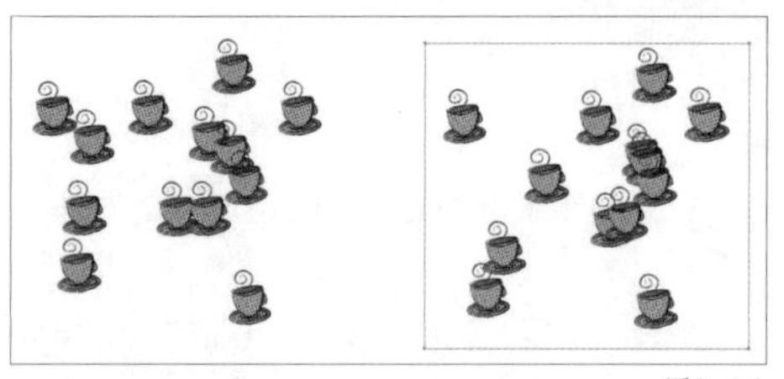

图9-14

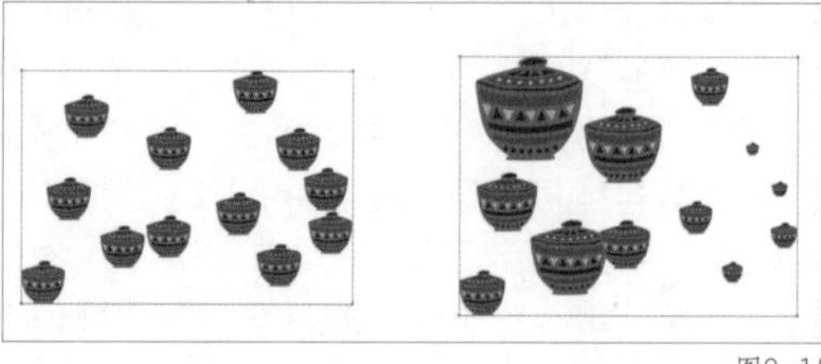

图9-15

5. 符号旋转器工具

使用符号旋转器工具可以实现符号的旋转。选择符号旋转器工具，在符号对象上拖曳，即可让符号实例旋转，如图9-16所示。

6. 符号着色器工具

使用符号着色器工具可以实现符号的颜色调整。选择符号着色器工具，在符号对象上按住鼠标左键单击或拖曳，即可让符号实例的颜色更改为当前填色，如图9-17所示。如果要还原符号颜色，可以按住Alt键，使用符号着色器工具在符号对象上按住鼠标左键单击或拖曳。

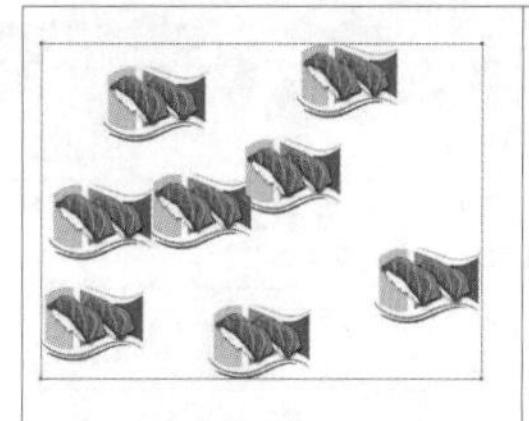

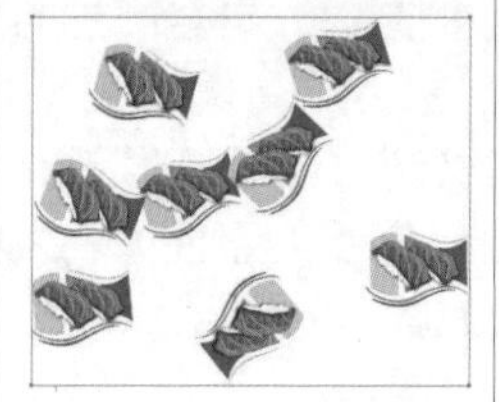

图9-16

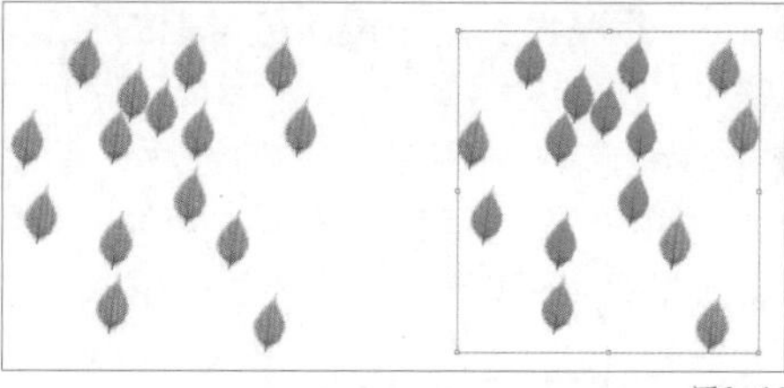

图9-17

7. 符号滤色器工具

使用符号滤色器工具可以实现符号不透明度的调整。选择符号滤色器工具，在符号对象上按住鼠标左键单击或拖曳，即可让符号实例的不透明度降低，如图9-18所示。如果要提高符号的不透明度，可以按住Alt键，使用符号滤色器工具在符号对象上按住鼠标左键单击或拖曳。

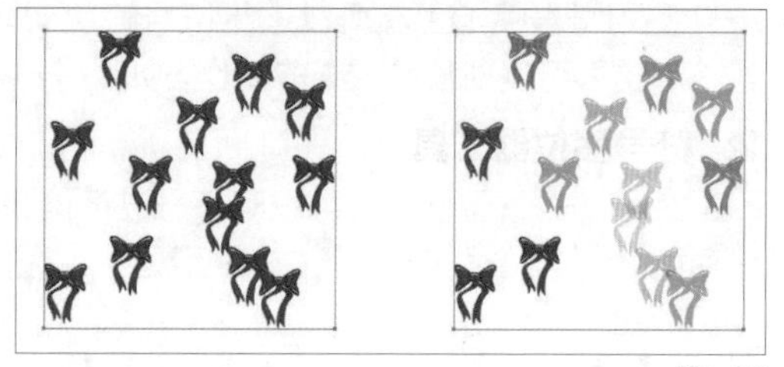

图9-18

8. 符号样式器工具

使用符号样式器工具可以将“图形样式”面板中的效果应用到符号中，如图9-19所示。如果要还原符号的初始效果，可以按住Alt键，使用符号样式器工具在符号集合上按住鼠标左键单击或拖曳。

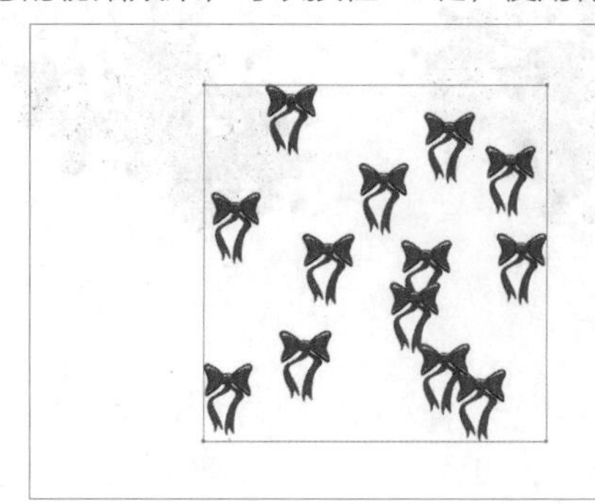

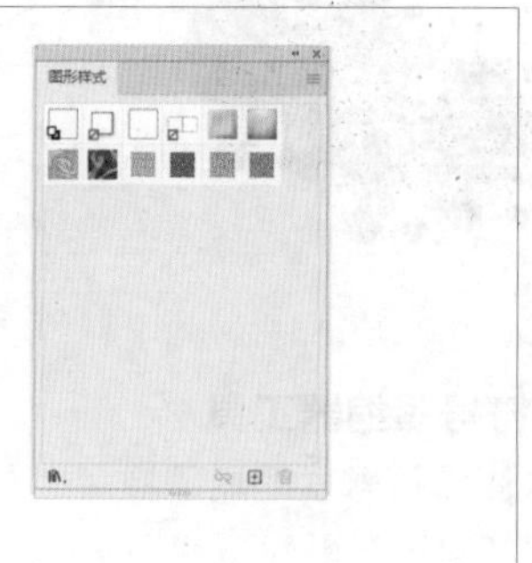

图9-19

本课练习题

1. 填空题

（1）使用符号工具组中的________工具，可以编辑符号的大小。

（2）使用符号工具组中的________工具，可以编辑符号之间的距离。

（3）使用________工具，可以让绘制的图形具有透视效果。

参考答案：（1）符号缩放器；（2）符号紧缩器；（3）透视网格。

2. 选择题

（1）下列关于透视网格，描述正确的是（　　）。

A. 使用透视网格工具，只能绘制两点透视的效果

B. 使用透视选区工具，可以调整绘制的形状的位置和大小

C. 使用透视网格工具，可以将形状裁切成等分网格

D. 以上说法都不对

（2）下列关于符号工具组的描述正确的是（　　）。

A. 在工具箱中选择符号位移器工具，可以绘制符号

B. 使用符号滤色器工具可以对符号的颜色进行更换

C. 使用符号旋转器工具可以对符号进行旋转

D. 使用符号紧缩器工具可以对符号进行大小的调整

（3）执行“透视网格工具”命令的快捷键是（　　）。

A. Shift+E　　B. Shift+Alt+E

C. Shift+P　　D. Ctrl+Alt+P

参考答案：（1）B；（2）C；（3）C。

3. 操作题

请根据图9-20所示的效果，完成图形的绘制与符号的定义。

图9-20

操作题要点提示

使用符号工具调整符号的大小、位置、旋转角度等。

第 10 课

打印与输出

在Illustrator 2023中，我们设计的作品需要通过物质载体才能完美地呈现给受众。除了借助电子设备，还可以通过印刷制品展现作品，好的印刷工艺可以让作品具有极强的视觉冲击力，展现作品的魅力。通过对本课的学习，读者可以了解印刷的相关知识和印前的准备与检查流程。

本课知识要点

- 印刷方式
- 印刷纸张
- 印刷工艺
- 印前准备与检查
- 打印设置

第1节 印刷方式

在印刷输出时，根据作品的实际用途、数量、成本需求，可以选择不同的方式进行打印输出。

知识点 1 常规打印机打印

使用常规打印机可以很方便地打印图稿小样用于检查，适合印量少或快速预览时使用。对于质量要求高、印量多的打印作业，此方法就不适用了。常规打印机如图 10-1 所示。

知识点 2 数码印刷

数码印刷是利用印前系统将图文信息通过网络传输到数码印刷机上印刷出彩色印品的印刷技术。其最大的特点就是无须胶片，印刷机可以直接按需印刷，并且数据可变，可及时更正印刷错误。数码印刷一张起印、立等可取，一般适合印量为50~3000份的印刷作业。数码印刷机如图 10-2 所示。

知识点 3 传统印刷

传统印刷一般指有版印刷，包括平版印刷、凹版印刷、凸版印刷和孔版印刷4种，这是根据印版的结构特征进行分类的。传统印刷机如图 10-3 所示。

传统印刷可分为3个阶段，即印前、印中、印后，包括原稿的选择与设计、原版制作、印版晒制、印刷、印后加工等过程。传统印刷的要求严格，周期相对较长，成本较高，印刷成品的质量非常高。常见的书籍、报刊就是用传统印刷方式印制的，一般适合印量在3000份以上的印刷作业。

图10-1

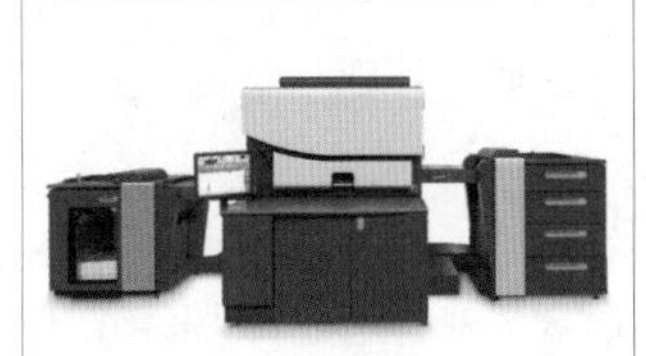

图10-2

图10-3

第2节 印刷纸张

纸张有很多种类，一般分为涂布纸、非涂布纸两种。涂布纸一般包括铜版纸(常称“光铜”)和哑粉纸(无光铜版纸，常称“无光铜”)等，多用于彩色印刷；非涂布纸一般包括胶版纸、新闻纸等，多用于信纸、信封和报纸的印刷。以下介绍一些常用的纸。

知识点 1 铜版纸

铜版纸是印刷中最常用的纸张之一。它的表面经过涂布上光处理，因此平滑有光泽、白度高、着墨性能好，可以获得较好的印刷效果。铜版纸还可分为单铜纸、双铜纸、亚光铜纸等，双铜纸如图 10-4 所示。

铜版纸主要用于印刷高档画册、高档杂志封面、明信片、精美的产品包装等高档彩色印刷品。

铜版纸的常见克重有105g、128g、157g、200g、250g、300g等。

知识点 2 胶版纸

胶版纸又称“道林纸”，如图 10-5 所示。它有较高的强度和较好的适印性能，伸缩性小，对油墨的吸收较均匀，平滑度好，质地紧密不透明，抗水性能好。

胶版纸主要用于印制单色或多色的书籍、画册、杂志插页、画报、地图、宣传画、信封等印刷品。

胶版纸的常见克重有70g、80g、90g、120g、150g等。

知识点3 白卡纸

白卡纸是一种用优质木浆制成的较厚实、坚挺的白色卡纸，如图10-6所示，经压光或压纹处理，有较高的挺度、耐破度和平滑度，纸面平整、油墨吸收性佳、光泽度好。

白卡纸主要用于印刷名片、证书、请柬、封皮、台历、明信片等印刷品。

白卡纸的常见克重有180g、200g、250g、300g、350g等。

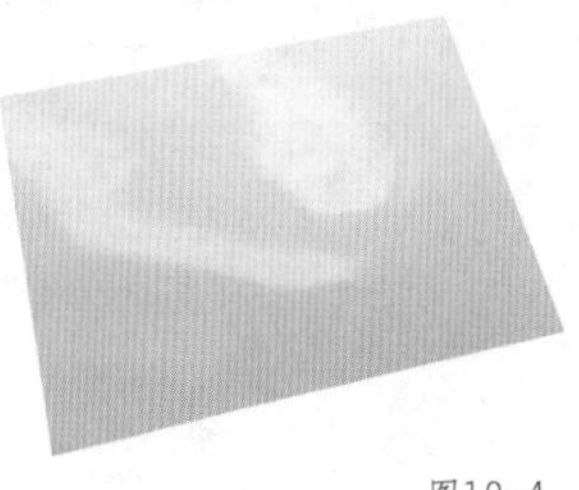

图10-4

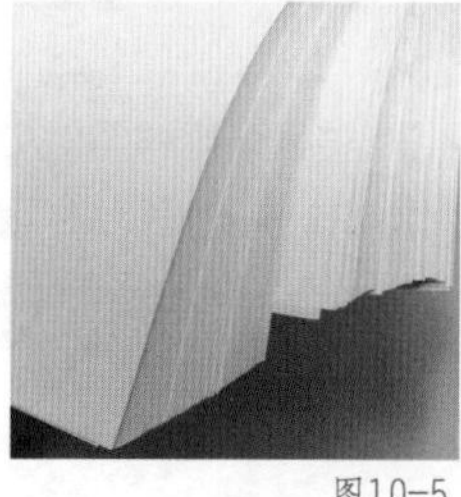

图10-5

图10-6

知识点4 牛皮纸

牛皮纸用针叶木硫酸盐本色浆制成，通常呈棕黄色，如图10-7所示。其质地坚韧且防水，能承受较大拉力和压力而不易破裂。

牛皮纸主要用于印刷包装袋、文件袋、信封、名片、吊牌等印刷品。

牛皮纸的常见克重有80g、100g、120g、150g、250g、300g、350g。

知识点5 珠光纸

珠光纸由底层纤维、填料和表面涂层3个部分组成，表面可以看到明显的光泽，如图10-8所示。

珠光纸主要用于印刷高档画册、贺卡、吊牌、个性相册、书刊、台历、精美包装等印刷品。

珠光纸的常见克重有120g、250g、280g等。

知识点6 硫酸纸

硫酸纸是一种半透明纸，如图10-9所示，纸质纯净、强度高、耐晒、耐高温、抗老化，可以对其应用上蜡、涂布、压花、起皱等工艺。

硫酸纸主要用于印刷高档画册衬纸、包装衬纸、书籍扉页等印刷品。

硫酸纸的常见克重有63g、73g、83g、90g等。

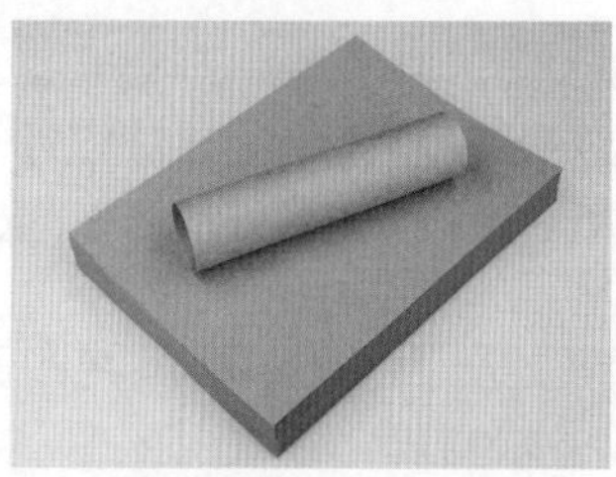

图10-7

图10-8

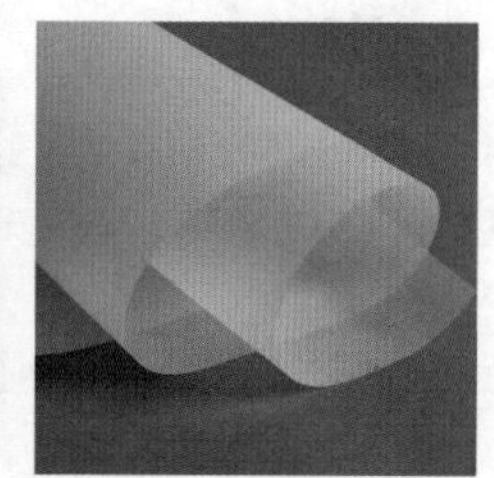

图10-9

知识点7 瓦楞纸

瓦楞纸是商品包装领域中应用最为广泛的原材料之一。其质量轻，有较高的强度、较好的弹性和延展性，能够起到一定的防冲减震作用。瓦楞纸板如图10-10所示。

第3节 印刷工艺

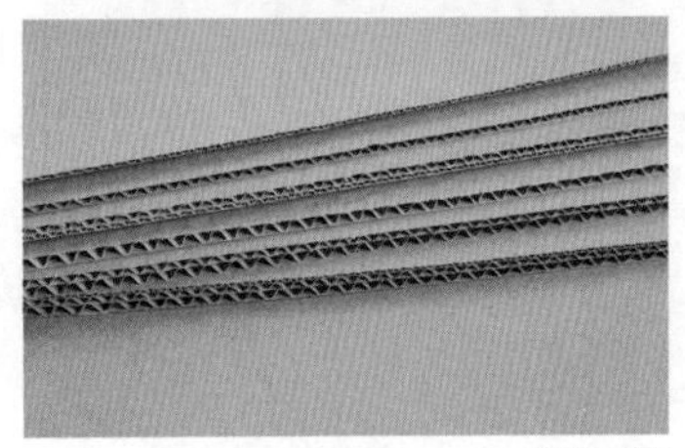

图10-10

印刷工艺属于印后阶段的工艺，泛指印刷品的后期加工，常用的印刷工艺包括烫金/烫银、起凸/压凹、UV、模切、覆膜等。

知识点 1 烫金 / 烫银工艺

烫金/烫银工艺是指借助一定的压力和温度将金属箔烫印到印刷品上的方法，效果如图10-11所示。

知识点 2 起凸 / 压凹工艺

起凸/压凹工艺指靠压力使承印物体产生局部变化并形成图案的工艺。

- 起凸：在印刷品表面压印具有立体感的图案，效果如图10-12所示。
- 压凹：在印刷品表面压印具有凹陷感的图案，效果如图10-13所示。

知识点 3 UV 工艺

UV工艺指通过紫外线的照射将光胶满版或局部固化在印刷品表面的特殊工艺。该工艺能够使印刷品表面呈现出多种艺术效果，令印刷品显得更精美，效果如图10-14所示。

图10-11

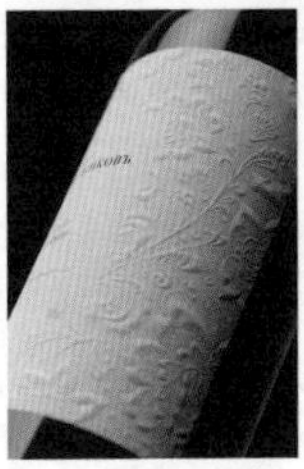

图10-12

图10-13

图10-14

知识点 4 模切工艺

模切工艺指利用钢刀、钢线制成模具，在压力的作用下用模具将印刷品加工成所要求形状的工艺，效果如图10-15所示。

知识点 5 覆膜工艺

覆膜指在印好的纸张上叠压一层透明的塑料胶膜，有光膜、亚光膜、触感膜等，可以起到保护和提升质感的作用，效果如图10-16所示。

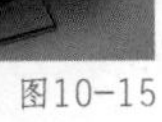

图10-15

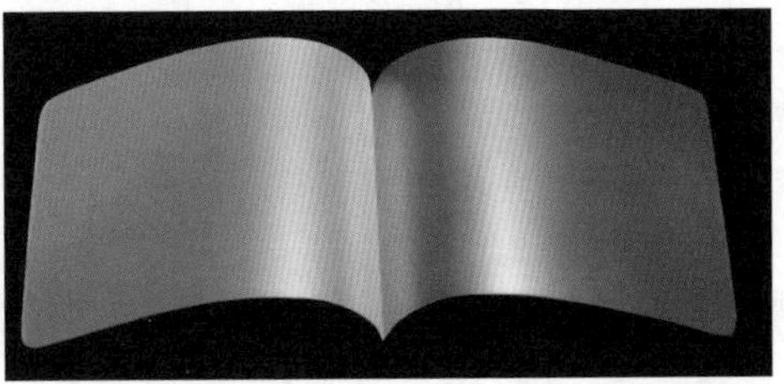

图10-16

第4节 印前准备与检查

在印刷前，需要反复、认真地检查设计稿，避免在印刷后出现内容错误等印刷事故。在印刷前先对文档进行检查是一件非常重要的事情。

知识点 1 检查文档

检查文档时应注意文字字体是否正确，区域文字是否显示完整；检查图像是否显示正常，有无丢失或者超出画板区域的内容。

知识点 2 拼写检查

Illustrator 2023可以对英文的拼写进行检查，并对拼写错误的英文单词给予提示。在印刷前可以执行“编辑→拼写检查→拼写检查”命令，打开“拼写检查”对话框，单击“开始”按钮，软件会自动对文档中的英文进行检查，发现错误拼写后，会自动定位到该单词的位置。如果单词实际并无问题，可以单击“忽略”按钮。如果有问题，可以在“建议单词”列表框中选择正确的单词，单击“更改”按钮完成替换，如图10-17所示。

知识点 3 清理不可见对象

在绘图的过程中，可能会创建一些不可见对象，例如空文本路径、游离点、未上色对象等，这些都会占用文档内存。可以执行“对象→路径→清理”命令，打开“清理”对话框，勾选需要清理的选项，单击“确定”按钮进行清理，如图10-18所示。

知识点 4 拼合透明度

在绘图过程中，有时需要对对象进行不透明度的设置，使对象不能达到100%的不透明度。如果需要对文档进行印刷输出，就需要对这类对象进行拼合透明度设置，以保证印刷颜色不偏色。

选择需要设置的对象，执行“对象→拼合透明度”命令，打开“拼合透明度”对话框，如图10-19所示。该对话框中预设了4种模式，包括高分辨率、中分辨率、低分辨率、用于复杂图稿。

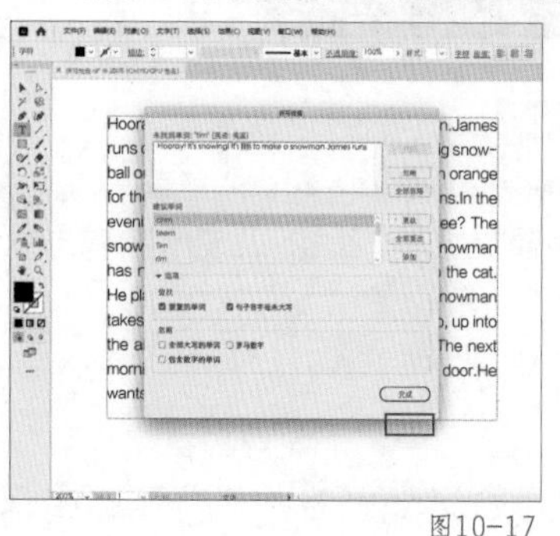

图10-17

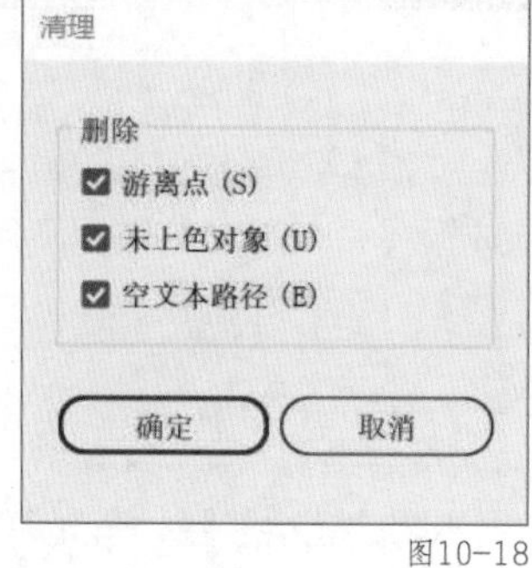

图10-18

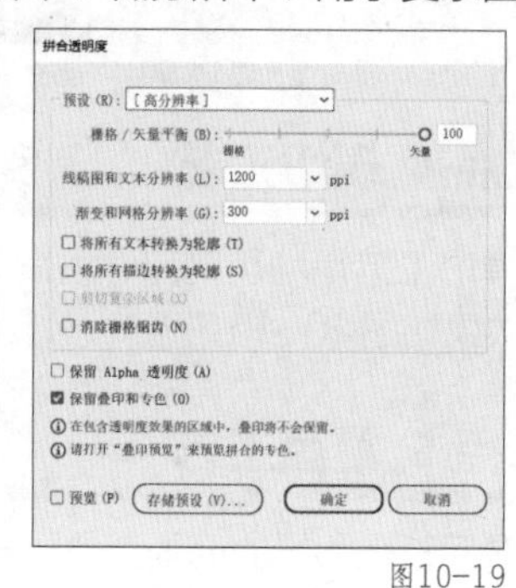

图10-19

“拼合透明度”对话框中各参数的含义如下。

- 高分辨率：用于最终印刷输出和要求高质量的校样。
- 中分辨率：用于要在 PostScript 彩色打印机上打印的文档。
- 低分辨率：用于要在桌面型黑白打印机上打印的快速校样，以及要在网页中发布的文档或要导出为 SVG 格式的文档。
- 用于复杂图稿：针对复杂图稿的简化型透明度拼合选项。
- 栅格/矢量平衡：指的是矢量数据的保留量，更高的设置将保留更多的矢量对象，更低的设置将栅格化更多的矢量对象。
- 线稿图和文本分辨率：将所有对象（包括图像、矢量作品、文本和渐变等）栅格到指定的像素。更高的像素值将得到更高品质的栅格化图像。线稿图和文本分辨率一般设置为600~1200ppi，以提供较高质量的栅格化效果，特别是带有衬线的字体或小号字体。

▌渐变和网格分辨率：为拼合而栅格化的渐变和 Illustrator 网格对象指定分辨率，更高的像素值将得到更高品质的栅格化图像。渐变和网格分辨率一般设置为150~300ppi，这是因为较高的分辨率并不会提高渐变、投影和羽化的品质，但会增加打印时间和文件大小。

▌将所有文本转换为轮廓：将所有的文本转换为轮廓后，文本将变成矢量图，不可以再编辑文本与段落格式等。

▌将所有描边转换为轮廓：将所有的描边转换为填充状态，作用类似于“扩展”命令。

▌剪切复杂区域：确保矢量作品和栅格化作品间的边界按照对象的路径延伸。当对象的一部分被栅格化而另一部分保留矢量格式时，勾选此选项会减少拼缝问题；但是，勾选此选项可能会导致路径过于复杂，使打印机难以处理。

▌消除栅格锯齿：可以对对象在栅格过程中产生的边缘锯齿进行平滑处理。

▌保留Alpha透明度：保留拼合对象的整体不透明度。勾选此选项，对象的混合模式和叠印都会丢失，但会在处理后的图稿中保留它们的外观和 Alpha 透明度级别。该选项可以用在SWF或 SVG 格式的文档中。

▌保留叠印和专色：保留不涉及透明度对象的叠印和专色。

知识点 5 查看文档信息

执行“窗口→ 文档信息”命令，可以打开“文档信息”面板，在该面板中可以查看当前文档的信息，以确定文档中的各项设置是否正确，如图10-20所示。如需更改颜色模式，可以执行“文件→ 文档颜色模式”命令进行更改；如需更改其他参数，可以执行“文件→ 文档设置”命令，在打开的“文档设置”对话框中进行更改，如图10-21所示。

文档信息
文档:
名称: 文档打印.ai
颜色模式: CMYK 颜色
颜色配置文件: Japan Color 2001 Coated
标尺单位: 毫米
画板尺寸: 210 mm x 297 mm
以轮廓模式显示图像: 关闭
突出显示替代的字体: 关闭
突出显示替代的字形: 关闭
保留文本可编辑性
模拟彩纸: 关闭

图10-20

第5节 打印设置

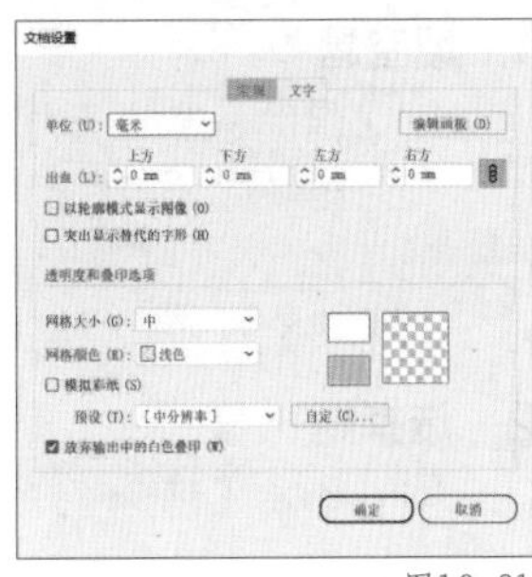

图10-21

图稿设计完成且检查无误后，便可以连接打印机进行打印输出。打印前可以对文档的打印参数进行设置。

知识点 1 “打印”对话框

执行“文件→ 打印”命令，可在打开的“打印”对话框中选择打印机、设置纸张大小和方向，以及设置其他选项，如图10-22所示。

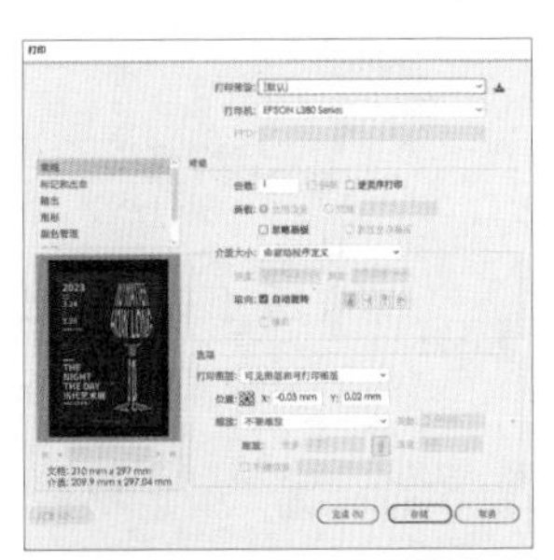

图10-22

“打印”对话框中主要参数的含义如下。

▌常规：设置页面大小和方向，指定要打印的份数、缩放效果和选择要打印的图层。

▌标记和出血：选择印刷标记与进行出血设置。

▌输出：创建分色。

▌图形：设置路径、字体、PostScript 文件、渐变、网格和混合等打印选项。

▌颜色管理：选择打印颜色配置文件和渲染方法。

▌高级：控制打印时矢量文件的拼合。

▌小结：查看和存储打印设置小结。

知识点 2 印刷标记和出血

为了方便打印文件，在打印前可以为文档添加印刷标记和进行出血设置。在“打印”对话框中选择“标记和出血”选项，可以在“标记和出血”面板中设置裁切标记、颜色条和其他标记，如图10-23所示。

“标记和出血”面板中主要参数的含义如下。

- 裁切标记：可以在水平和垂直方向为图稿添加裁切位置标记。
- 套准标记：在多色印刷时，用于对齐每一版分色片，防止因位置偏差而出现错位叠印。
- 颜色条：以彩色小方块呈现，用于标识CMYK油墨和色调灰度。
- 页面信息：在图像的上方标记文件名、输出时间和日期。
- 使用文档出血设置：设置出血是印刷业的一个专业术语，指让印刷画面超出版心范围，覆盖到出血线，可以避免图稿裁切误差与漏白边等问题。

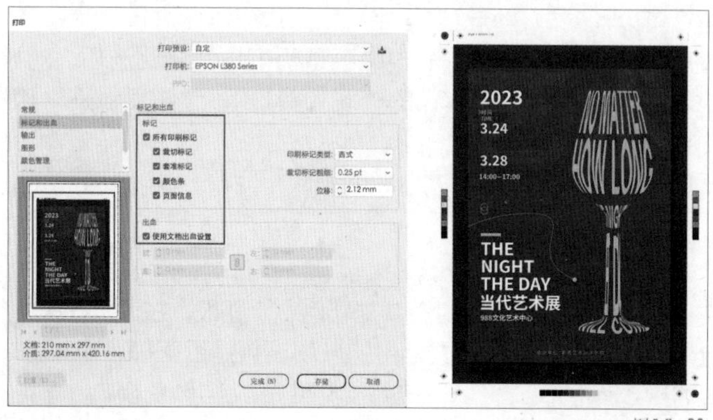

图10-23

本课练习题

1. 填空题

（1）借助一定的压力和温度将金属箔烫印到印刷品上的工艺是________。

（2）传统印刷可分为3个阶段，分别是________、________、________。

（3）________工艺可以使平整纸张表面具有立体效果。

参考答案：（1）烫金/烫银工艺；（2）印前、印中、印后；（3）起凸。

2. 选择题

（1）印刷工艺有哪些？（　　）

A. 烫金　　B. 压凹　　C. UV　　D. 模切

（2）数码印刷又称为（　　）。

A. 短板印刷　　B. 平版印刷　　C. 传统印刷　　D. 有版印刷

（3）“拼写检查”命令对下列（　　）语种有效。

A. 中文　　B. 英文　　C. 日文　　D. 韩文

参考答案：（1）A、B、C、D；（2）A；（3）B。

第 11 课

综合案例

本课将视觉设计中最常见的5种设计类型作为案例进行讲解，帮助读者了解图标设计、字体设计、名片设计、宣传单设计、折页设计，并让读者掌握Illustrator 2023在设计领域的巧妙应用。

本课知识要点

◆ 图标设计
◆ 字体设计
◆ 名片设计
◆ 宣传单设计
◆ 折页设计

第1节 图标设计

图标在日常生活中随处可见，如一个品牌的标识、道路上的交通标识、网页中的图形符号、应用程序中的标识等。图标相对于文字来说，可以更直观地传递信息，便于记忆，同时可以大大提升观者的视觉体验。

知识点 1 初识图标

图标是指带有意义的标识性图形符号。如果按用途分类，图标可分为应用图标和功能图标两种。

应用图标是指应用程序标识，类似于品牌标识（Logo），是用户对应用程序的第一印象，用户通过点击它来打开应用程序，如图11-1所示。

功能图标是指应用程序界面中描述功能含义的图标，用户通过功能图标的引导可以完成相关任务，如图11-2所示。

图11-1

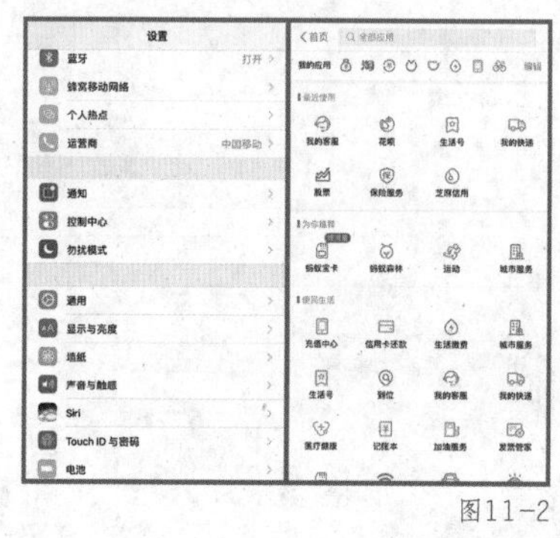

图11-2

知识点 2 图标的风格

按风格分类，常见的图标类型有扁平化图标、微质感图标、线性图标、面性图标、立体图标、拟真图标等。

1. 扁平化图标

这类图标常将纯色或同色系的渐变色作为底色，去除烦琐的装饰效果，让主体信息更加突出，如图11-3所示。

2. 微质感图标

这类图标整体有立体效果，以突出图标质感，如图11-4所示。

3. 线性图标

这类图标是通过线条勾勒成形的图标，整体比较简约，如图11-5所示。为了便于识别，图标线条不要太细。

图11-3

图11-4

图11-5

4. 面性图标

这类图标通常整体填充颜色，在界面中会占据更多空间，具有力量感和厚重感，给人的视觉感受会更突出，如图11-6所示。

5. 立体图标

这类图标整体呈现立体效果，且具有一定的透视感，如图11-7所示。

图11-6

图11-7

6. 拟真图标

这类图标模拟真实物体，高度还原物体的材质和质感，如图11-8所示。

图11-8

知识点3 图标的设计规范

在设计图标时需要注意图标的易识别性、一致性、兼容性等特征，只有简洁、易用、高效、精美的图标才会起到画龙点睛的作用，才能更好地传递信息。

1. 易识别性

图标的造型要能准确表达相应的含义。换言之，当人们看到一个图标时，就能够明白其所代表的含义，这是图标设计的灵魂，也是图标设计最基础的规范，如果过度追求设计而忽视了图标的易识别性，那图标就失去了意义，如图11-9所示。

2. 一致性

一套图标的视觉设计效果需要协调、统一，这会使图标在具有自己的风格的同时，看上去更美观、更专业。如果图标没有相互匹配，就会导致其视觉效果差，给人一种不专业的感觉，如图11-10所示。

易识别

不易识别

图11-9

风格一致

风格杂乱

图11-10

3. 兼容性

同一图标可能会应用在不同设备或系统中，这时就需要对图标进行适配，使其可以兼容不同的设备或系统，如图11-11所示。

图11-11

知识点4 图标的设计案例

下面通过制作一枚轻质感图标来讲解图标的设计方法，主要包括文件的创建、造型的设计、渐变色的添加、投影效果的应用等，帮助读者掌握图标设计的方法和技巧。图11-12所示为图标的最终效果。

图11-12

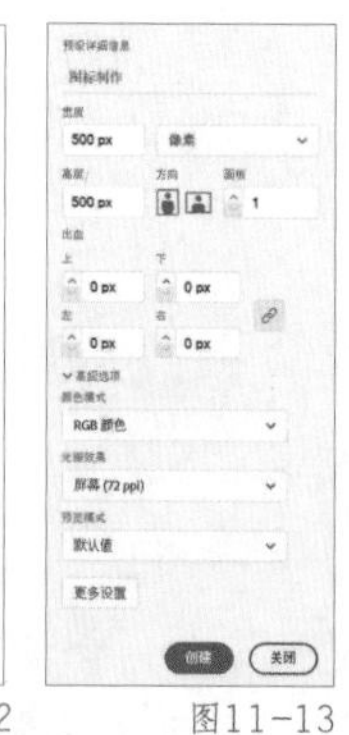

图11-13

操作步骤如下。

（1）执行“文件→ 新建”命令，或按快捷键Ctrl+N，打开“新建文档”对话框，设置文件尺寸为500px×500px，选择画板1，将颜色模式设为RGB，分辨率设为72ppi，如图11-13所示。

（2）使用圆角矩形工具绘制一个360px × 360px、圆角半径为80px的圆角矩形，如图11-14所示，将其放置在画板中心作为图标的底色块。

（3）制作云朵造型。选择椭圆形工具，在圆角矩形上层绘制多个大小不一的圆形，用于制作云朵造型，效果如图11-15所示。

（4）使用钢笔工具沿着圆形的内部依次绘制穿过圆形的形状，效果如图11-16所示。

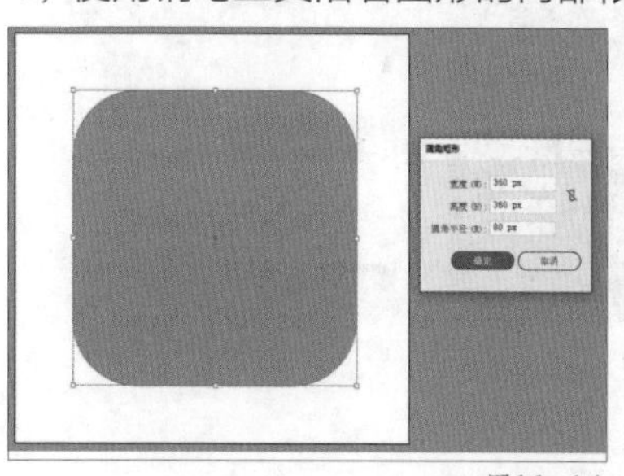

图11-14

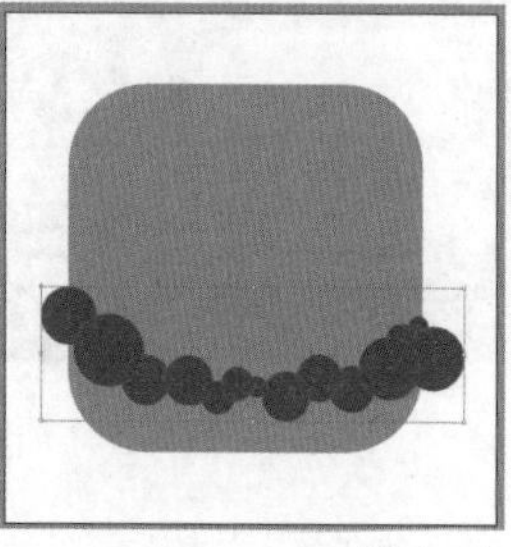

图11-15

图11-16

（5）选择前面绘制的所有圆形和穿过圆形的形状，执行“窗口→ 路径查找”命令，在打开的“路径查找”对话框中单击“联集”按钮，如图11-17所示。

（6）选择圆角矩形，按快捷键Ctrl+C进行复制，按快捷键Ctrl+F进行原位粘贴。然后选中复制的圆角矩形与制作的云朵造型，执行“窗口→ 路径查找”命令，在打开的对话框中单击“交集”按钮，去除云朵周围多余的部分，如图11-18所示。

（7）复制云朵图层，形成云层效果，效果如图11-19所示。复制数量可根据想要的效果进行调整；复制的云层可以适当变形，以形成前后不同的层次感。但注意拉伸变形后，需要再次使用“路径查找”对话框中的“交集”按钮对边缘超出部分进行修饰。

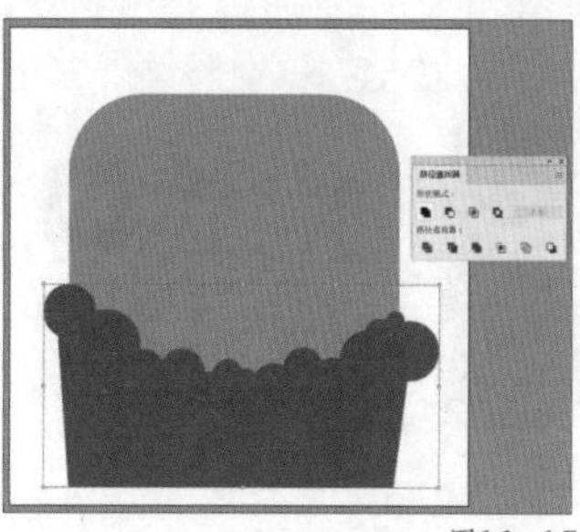

图11-17

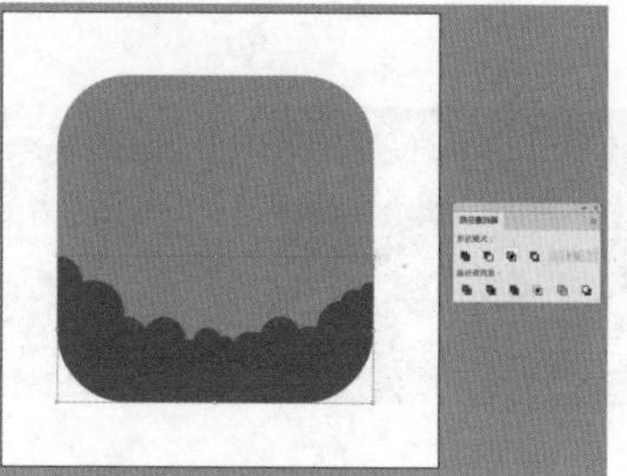

图11-18

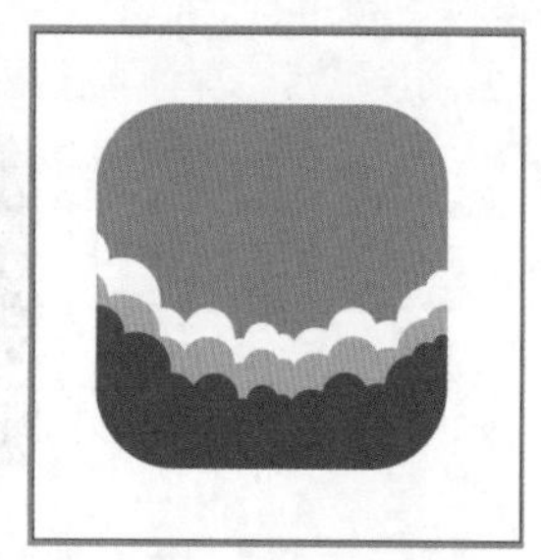

图11-19

（8）使用矩形工具绘制圆角矩形，制作出流星效果，如图11-20所示。

（9）使用椭圆形工具绘制圆形，并将其拖入“符号”面板，将其定义为符号，如图11-21所示。

（10）在工具箱中选择“符号喷枪工具”，使用前面定义的符号绘制星点效果，在绘制后对其进行移位、缩放、滤色等调整，效果如图11-22所示。

（11）使用椭圆形工具绘制星球，效果如图11-23所示。叠压环绕效果可以采用复制两层球体进行遮挡来制作，如图11-24所示。

图11-20

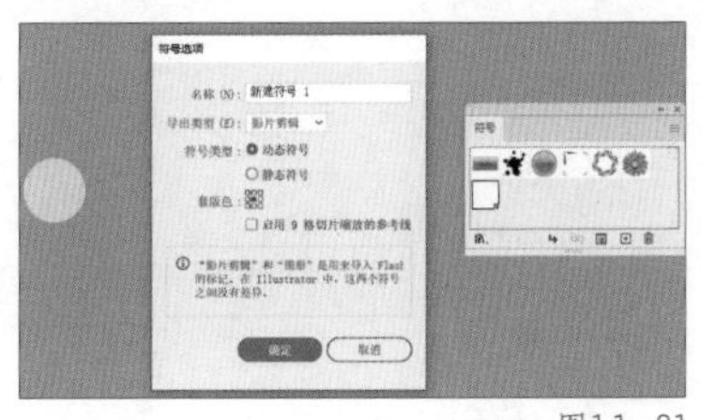

图11-21

图11-22

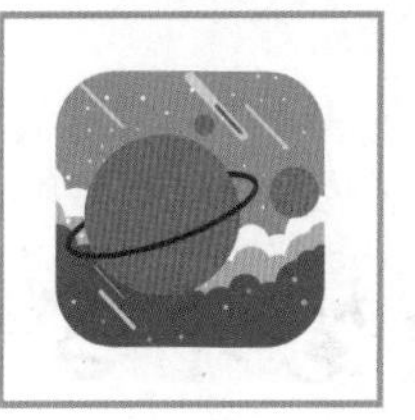

图11-23

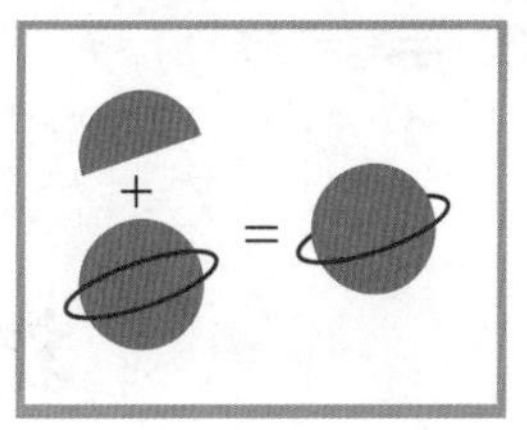

图11-24

（12）使用椭圆形工具绘制光环，如图11-25所示。

（13）选择渐变工具，分别设置不同的渐变色，为图形填充渐变色，此处的渐变色可根据想要的效果自行设置，本例使用的渐变色如图11-26所示。

（14）选择底层的圆角矩形，执行“效果→风格化→投影”命令，在打开的“投影”对话框中设置投影参数，为其添加投影效果，如图11-27所示。

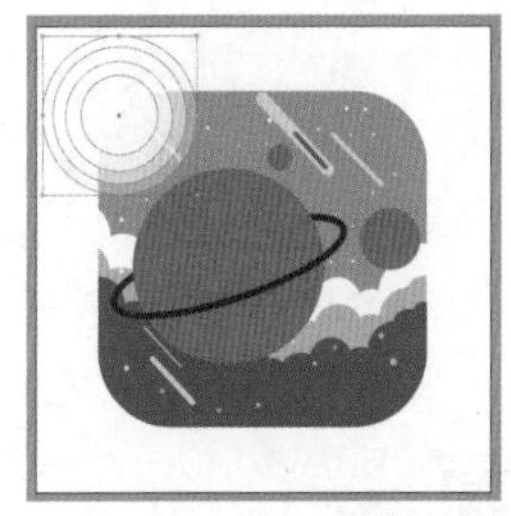

图11-25

图11-26

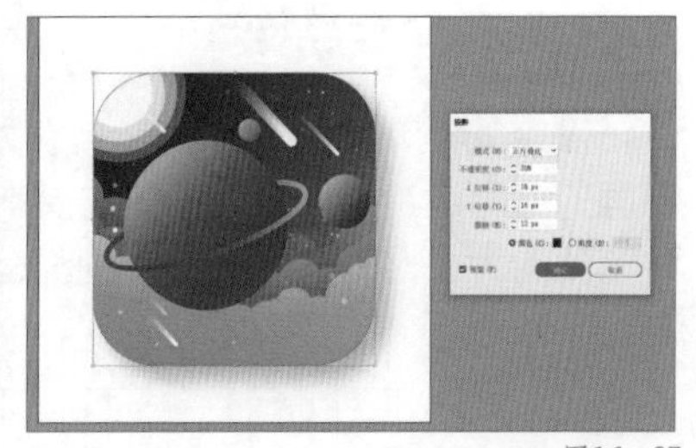

图11-27

图标的最终效果如图11-28所示。

图11-28

第2节 字体设计

字体设计是设计中的一个重要环节，其应用领域非常广泛，不管是品牌标识设计还是广告设计，都需要根据文字在页面中的不同用途，进行不同的字体变形设计，并运用图像处理和其他艺术字加工手段，对文字进行艺术处理和编排，使其能够有效传播信息。

知识点 1 初识字体

文字是交流信息的重要工具，其可读性、易读性至关重要。了解不同字体的特点，可以在设计时事半功倍。字体可分为有衬线字体、无衬线字体、手写字体等类型，如图11-29所示。

1. 有衬线字体

有衬线字体在文字笔画开始和结束的地方有额外的装饰，且笔画的粗细有所不同，如图11-30所示。

2. 无衬线字体

无衬线字体在文字笔画开始、结束的地方没有额外的装饰，笔画的粗细基本相同，线条十分笔直，如图11-31所示。

图11-29

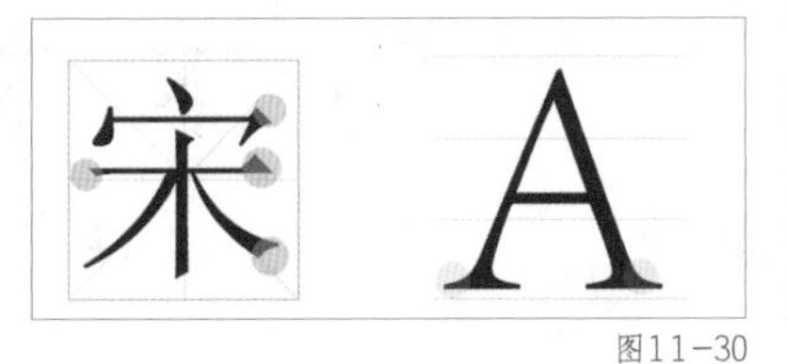

图11-30

图11-31

3. 手写字体

手写字体的文字类似使用硬笔或者软笔写出的文字。

除了传统手写字体外，还有一些可爱的卡通手写字体，如图11-32所示。

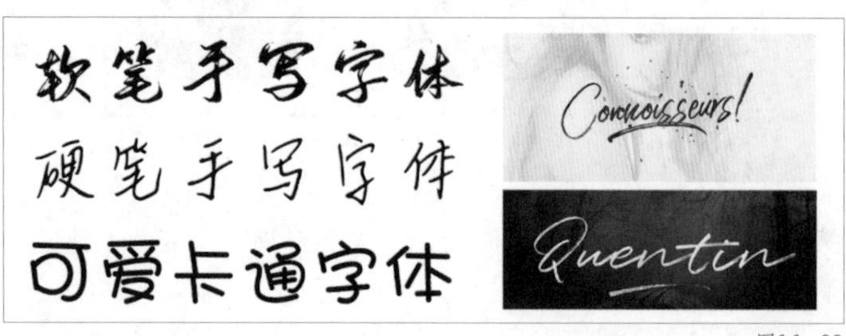

图11-32

知识点 2 文字结构

汉字的基本笔画有8种，分别为点、横、竖、撇、捺、提、折、钩，又称“永字八法”。通过不同的笔画组合可以得到不同的汉字，而每个汉字都有属于自己的框架结构，如图11-33所示。每种笔画的大小比例在每个文字中都有着自己的规范，一旦破坏字型结构，就会影响文字的美感，如图11-34所示。

图11-33 图11-34

从上面的文字中可以发现，如果结构把握不准确，就会使文字比例失衡，从而影响文字的美观。如图11-34第二行的“村”字，左侧笔画离右侧较远，笔画之间空隙较大，文字看起来很不美观；而第一行中的“村”字是标准的字库文字，结构正确。

知识点 3 文字重心

每个文字都有自己的重心，根据不同结构的变化，重心的位置也会有一定的不同。在进行字体设计时，这往往是初学者容易忽视的设计要点。如果在字体设计完成后感觉文字看起来不舒服，但又不知道哪里出了问题，这时多半是文字重心不当造成的。

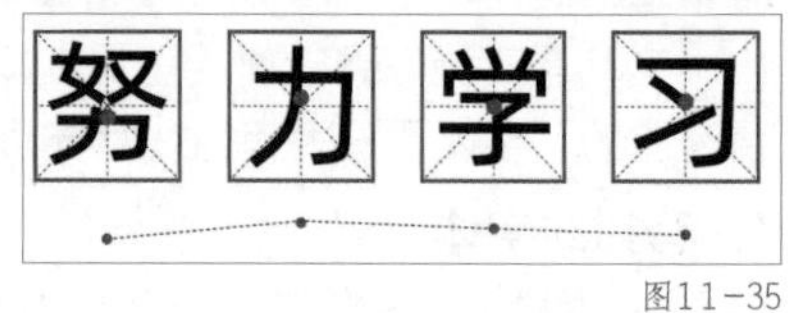

图11-35

1. 重心的位置

重心是文字的核心视觉点，用来平衡整个文字的重量，每个文字的重心都因其结构不同而有所变化，如图11-35所示。

2. 重心的高低变化

重心较低的文字会显得比较稳重，重心较高的文字会显得比较优雅，如图11-36所示。

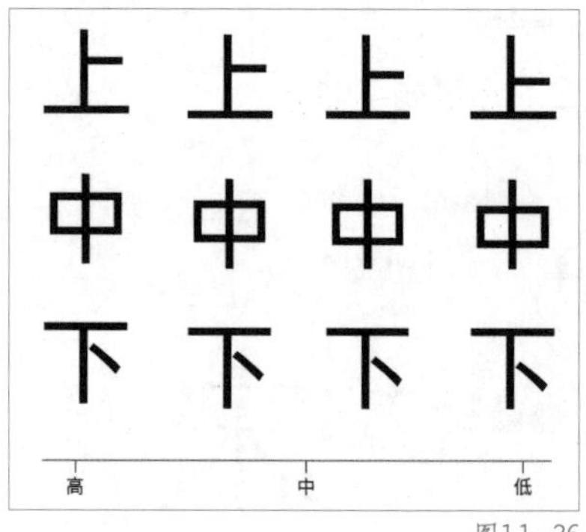

图11-36

知识点 4 不同字体的应用

不同字体的适用场景不同，下面简单介绍常见字体的应用范围。

1. 精致、柔美的字体

这类字体线条流畅，笔画纤细，多适用于女性品牌、精致产品、文化类产品、高档品牌等，如图11-37所示。

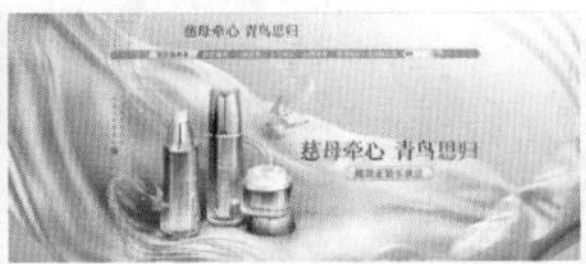

图11-37

2. 稳重、有力量的字体

这类字体造型规整，线条饱满充实，给人稳重、简洁的感觉，视觉冲击力较强，适用于以年轻人为主要用户群体的品牌、运动品牌、促销主题等，如图11-38所示。

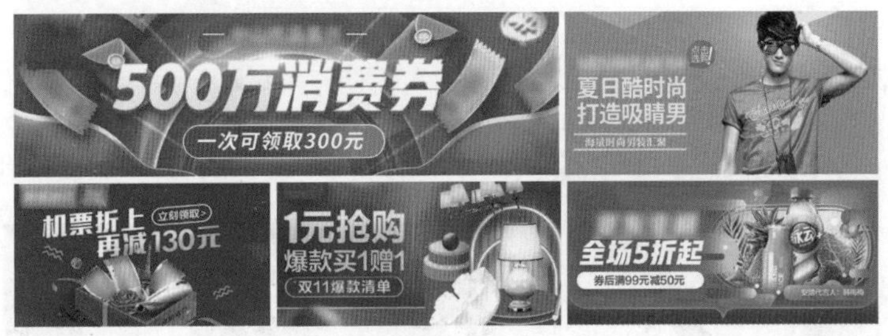

图11-38

3. 个性字体

这类字体造型生动、活泼，有鲜明的节奏感与韵律感，多适用于具有丰厚文化底蕴的品牌、儿童用品、文艺主题等，如图11-39所示。

图11-39

知识点5 字体的设计案例

下面讲解字体设计的方法，主要包括字形的设计、字体重心的调节，帮助读者掌握字体设计的方法和技巧。图11-40所示为字体的最终效果。

图11-40

此次我们要设计的文字是“超级预售”4个文字，设计前期先对想要设计的字体效果进行构思，并且参考查阅同类型的字体设计，如图11-41所示，这样可以在设计时有一定的参考。同时由于此字体设计要在店铺促销时使用，所以字形设计得比较硬朗，无须做过多的装饰。

操作步骤如下。

（1）执行“文件→新建”命令，或按快捷键Ctrl+N，打开“新建文档”对话框，设置文件尺寸为500px×300px，选择画板1，将颜色模式设为RGB，分辨率设为300ppi，如图11-42所示。

图11-41

图11-42

（2）用矩形工具绘制基础笔画，效果如图11-43所示。

（3）选择一款基础字体，如“思源黑体”，用该字体的文字来对准结构（置于下层），以确保基础字形的准确性，效果如图11-44所示。

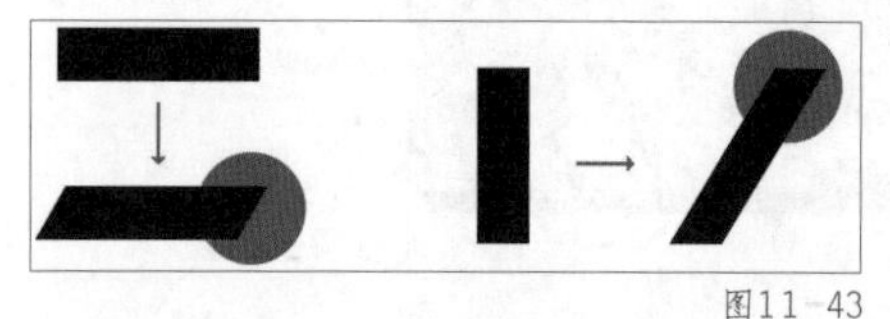
图11-43

图11-44

（4）完成基础字形的搭建之后，就需要对笔画的长短、转折，以及文字的重心等进行调整，效果如图11-45所示。

（5）调整完后进行文字的间距调整，效果如图11-46所示。

图11-45

图11-46

字体设计的最终效果如图11-47所示。

图11-47

第3节 名片设计

名片作为个人或企业信息的传播载体，是交际中不可缺少的一部分。一张好的名片，不仅能给人良好的第一印象，还能有效传播个人或企业的相关信息。

知识点 1 初识名片

名片看似只是一张小卡片，但是其中蕴含的设计知识是非常多的，包括字体、字号、字间距、行间距、层级与位置关系等相关知识。

在设计之前先来了解一下什么是优秀的名片设计。请看图11-48所示的3张名片，哪一张名片给人的感觉最高档、最专业？

图11-48

仔细观察，不难看出中间的名片比其他两张名片的字号要小，并且中间的名片文字选择的是宋体字，看起来精致、高档。相比较来说，中间的名片会让人感觉这家公司更高档、专业。因此，设计名片时，需要针对客户群体，选择不同的字体、字号、字间距、行间距等。

知识点 2 名片的设计规范

设计名片时需要注意相应的设计规范，例如版面率、尺寸、字体、对齐方式、信息层次等规范。

1. 名片的版面率

版面率是指版面上文字和图所占的面积与整个版面的面积之比。不同的版面率给人的感受不同，如图11-49所示。左侧的名片版面率低，给人冷静、高端的感觉；右侧的名片版面率高，给人热情、主动的感觉。

图11-49

2. 名片的尺寸

名片的常用尺寸有以下几种，如图11-50所示。

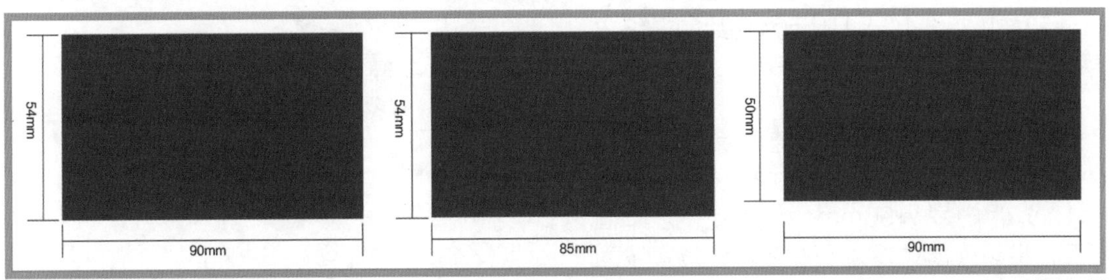

图11-50

- 90mm×54mm。

- 85mm×54mm。
- 90mm×50mm。

3. 名片的字体

名片中的字体应不超过两种，因为字体过多会导致版面内容凌乱，如图11-51所示。文字的颜色也不宜过多。最小字号不要小于5pt，过小的字号会导致文字印刷后显示不完整。

4. 名片的对齐方式

在名片中，只有严谨的对齐方式才能引导观者流畅地阅读信息。常用的对齐方式有左对齐、居中对齐等，如图11-52所示。

图11-51

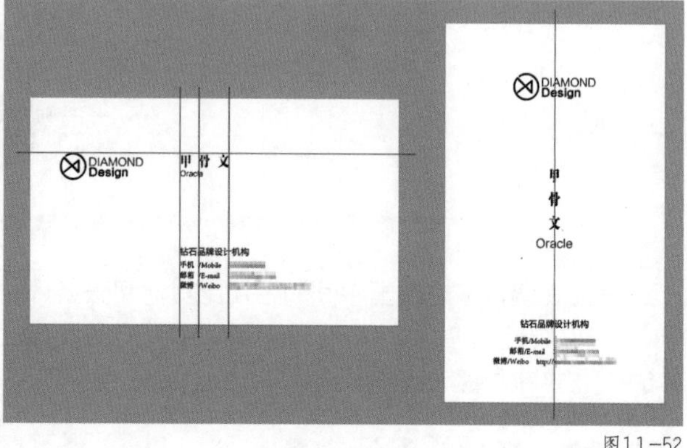

图11-52

5. 名片的信息层次

一张名片中包含了姓名、联系方式、公司名称、公司地址、职务/职位等信息。在排版时，需要对这些信息进行梳理。合理的信息层次可以更好地传达信息，如图11-53所示。

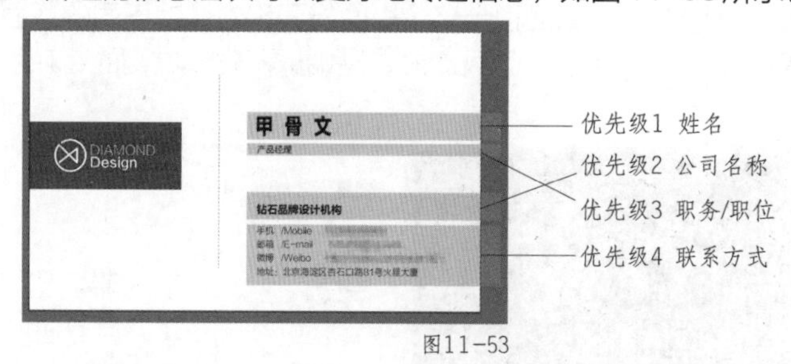

图11-53

知识点3 名片的设计案例

下面讲解名片的设计方法，主要包括文案信息的提炼、文字字体的选择、文字大小的调节、文字的排版等，帮助读者掌握名片的设计方法和技巧。图11-54所示为名片的最终效果。本案例涉及的姓名、电话等均为虚构信息。

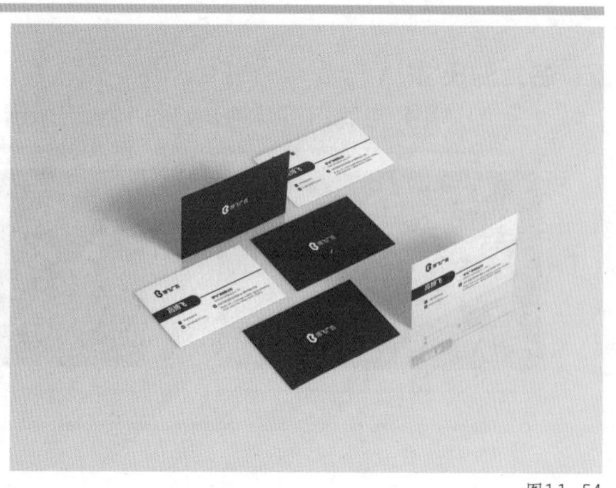

图11-54

操作步骤如下。

（1）执行“文件→新建”命令，或按快捷键Ctrl+N，打开“新建文档”对话框，设置文件尺寸为90mm×54mm，选择画板2，将颜色模式设为CMYK，分辨率设为300ppi，如图11-55所示。

（2）使用文本工具将提供的文案素材复

制到画板1中，并对文字信息进行整理，将同类信息归为一组，如图11-56所示。

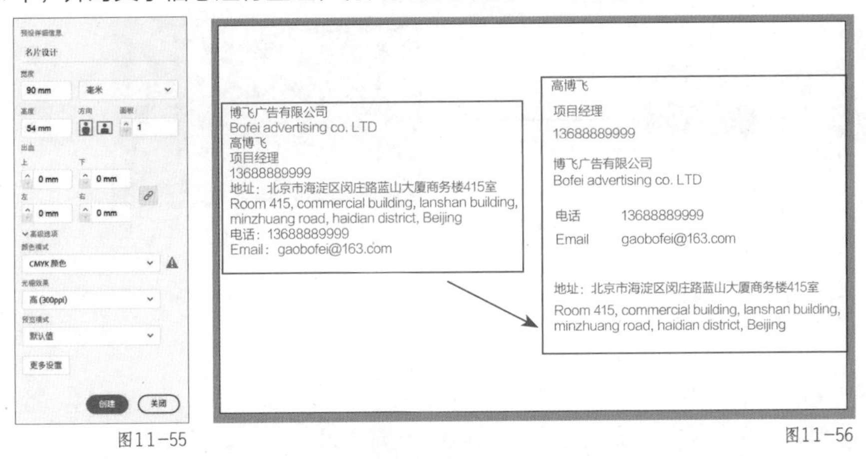

图11-55　　图11-56

（3）使用“字符”和“段落”面板设置文字的字体、字号、间距、对齐方式等，并对文字的摆放位置进行调整，加入公司标识和其他设计元素，如图11-57所示。

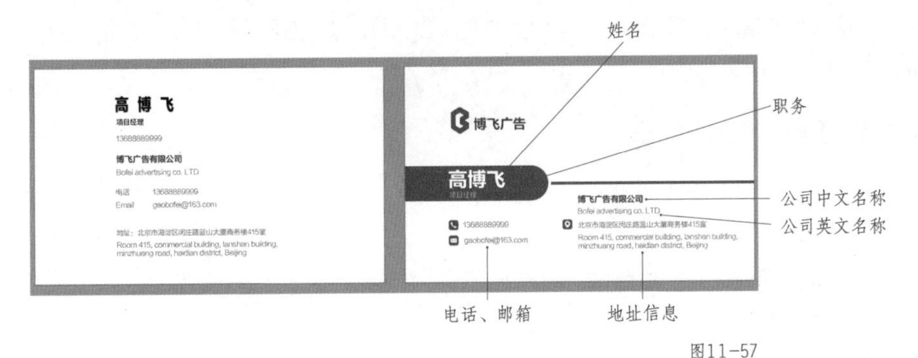

图11-57

文字的详细设置如下。

姓名字体为方正兰亭大黑，字号为14pt。

职务字体为方正兰亭纤黑，字号为6pt。

电话、邮箱字体为方正兰亭纤黑，字号为5pt。

公司中文名称字体为方正兰亭中粗黑，字号为6pt。

公司英文名称字体为方正兰亭纤黑，字号为5pt。

地址信息字体为方正兰亭纤黑，字号为5pt。

（4）使用矩形工具绘制一个90mm×54mm的矩形，将其放置在画板2中作为名片的底色块，并将矩形的填充色设置成C为5%、M为95%、Y为95%、K为0%，如图11-58所示。

（5）执行“文件→置入”命令，在打开的对话框中选择需要的素材标识并将其置入文件中，放置在画板2的正中间，调整标识尺寸，将其高度设为8mm，如图11-59所示。

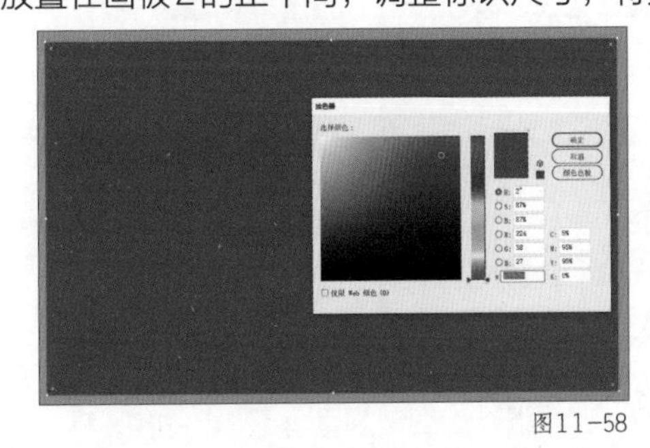

图11-58

图11-59

名片的正面与背面效果如图11-60所示。

图11-60

第4节 宣传单设计

宣传单是最常见的广告宣传资料，被广泛应用在促销广告、商场活动、学校招生、企业宣传等场景。其优势是针对性强，视觉效果好，灵活性强，印刷成本低。

知识点 1 初识宣传单

宣传单一般正面与背面均印有内容，正面主要通过大图、广告语进行宣传，背面以产品细节介绍为主，如图11-61所示。

知识点 2 宣传单的设计规范

设计宣传单时需要注意相应的设计规范，例如排版内容、尺寸、字号、行间距、对齐方式等。

1. 宣传单的排版内容

常见的宣传单正面与背面的排版内容参考如下。

正面包含以下信息。

- 主视觉图。
- 公司品牌标识。
- 宣传广告语。
- 联系方式。
- 企业介绍、产品介绍等少量文字信息。

背面包含以下信息。

- 产品或活动介绍。
- 企业介绍。
- 联系方式。

2. 宣传单的尺寸

宣传单的常用尺寸有以下几种，如图11-62所示。

图11-61

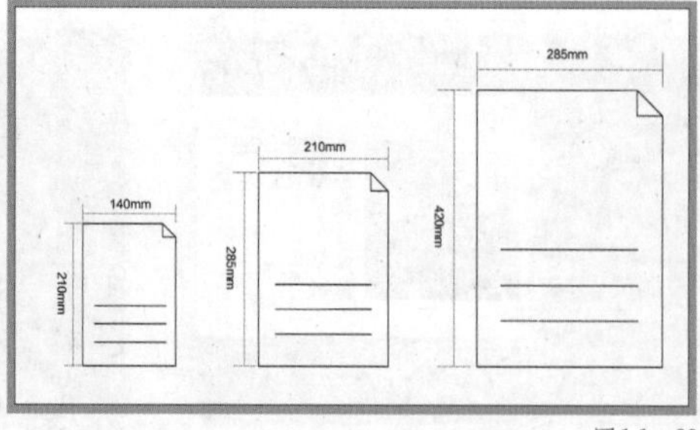

图11-62

- A5尺寸为140mm×210mm，其优点为小巧精致，携带方便，更省成本。

- A4尺寸为210mm×285mm，其优点为尺寸适中，应用广泛，性价比高。
- A3尺寸为285mm×420mm，其优点为超大画幅，内容丰富，观感大气。

3. 宣传单的字号、行间距、对齐方式

宣传单中常用的正文字号为9pt，小于9pt的文字大多数为装饰文字。若要使用大字号则应根据具体的视觉效果而定。

为了给读者舒适的阅读感受，行间距的设置一般为字号的1.5~2倍，例如字号为9pt，行间距则应为14pt、16pt、18pt，这样文字阅读起来才会比较流畅，同时段落对齐方式一般调整为两端对齐、末行左对齐，如图11-63所示。

知识点3 宣传单的设计案例

下面讲解宣传单的设计方法，主要包括文案信息的提炼、文字字体的选择、文字间距的调节、段落样式的调节、图案的添加等，帮助读者掌握宣传单的设计方法和技巧。图11-64所示为宣传单的最终效果。本案例涉及的广告信息均为虚构。

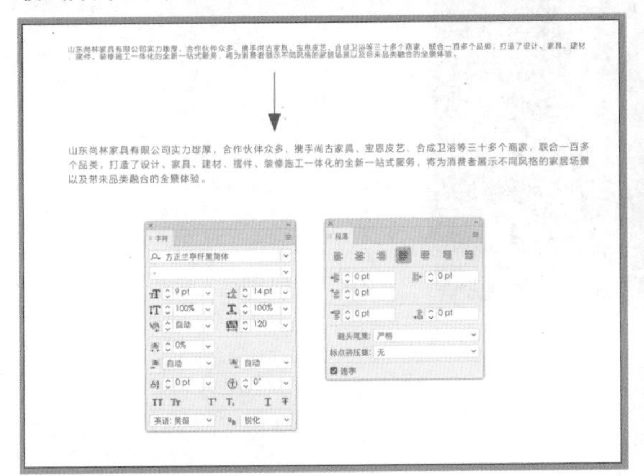

图11-63

图11-64

操作步骤如下。

（1）执行“文件→新建”命令，或按快捷键Ctrl+N，打开“新建文档”对话框，设置文件尺寸为210mm×285mm，选择画板2，将颜色模式设为CMYK，分辨率设为300ppi，如图11-65所示。

（2）使用矩形工具绘制一个210mm×285mm的矩形，将其放置在画板1中作为底色块，并将矩形的填充色设置成C为15%、M为100%、Y为90%、K为10%，如图11-66所示。

（3）使用钢笔工具在矩形上方绘制一个三角形作为装饰，如图11-67所示。

图11-65

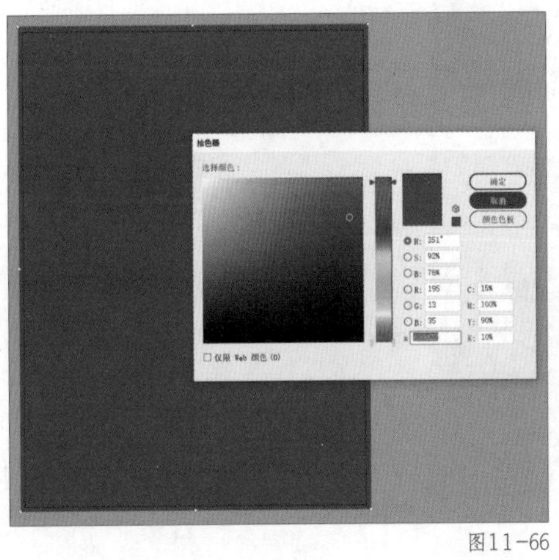

图11-66

图11-67

（4）使用文本工具进行文案的添加，并通过“字符”面板设置文字的字体、字号、间距、对齐方式等，对文字的摆放位置进行调整，再添加其他设计元素，如图11-68所示。

图11-68

文字的详细设置如下。

“1”处的字体为思源宋体-Bold，字号为45pt。

“2”处的字体为思源宋体-Bold，字号为65pt。

图11-69

“3”处的字体为思源宋体-Regular，字号为10pt。

“4”处的字体为思源黑体-Heavy，字号为54pt。

“5”处的字体为思源黑体-Regular，字号为24pt。

“6”处的字体为思源黑体-Regular，字号为14pt。

“7”处的字体为思源黑体-Regular，字号为9pt。

“8”处的字体为思源宋体-Bold，字号为18pt。

“9”处的字体为思源黑体-Regular，字号为9pt。

（5）使用钢笔工具在主图上勾勒形状，只保留想要的区域，效果如图11-69所示。

图11-70

（6）选择勾勒好的形状和主图，按快捷键Ctrl+7建立剪切蒙版，效果如图11-70所示。

（7）将图片放置在页面的中间区域，至此正面制作完成，效果如图11-71所示。

图11-71

（8）设计背面时，顶部的三角形要和正面保持一致，并对文本与三角形等的颜色进行调整，效果如图11-72所示。

图11-72

（9）使用文本工具进行文案的添加，并通过“字符”面板设置文字的字体、字号、间距、对齐方式等，对文字的摆放位置进行调整，再添加其他设计元素，如图11-73所示。

图11-73

文字的详细设置如下。

“1”处的字体为思源宋体 - Regular，字号为10pt。

“2”处的字体为思源宋体 - Regular，字号为50pt。

“3”处的字体为思源黑体 - Regular，字号为15pt。

“4”处的字体为思源黑体 - Regular，字号为9pt。

“5”处的字体为思源黑体 - Regular，字号为25pt。

“6”处的字体为思源黑体 - Bold，字号为25pt。

“7”处的字体为思源黑体 - Regular，字号为9pt，行间距为16pt，段落对齐方式为两端对齐，末行左对齐。

“8”处的字体为思源黑体 - Bold，字号为14pt。

“9”处的字体为思源黑体 - Regular，字号为9pt。

“10”处的字体为思源黑体 - Bold，字号为18pt。

“11”处的字体为思源黑体 - Regular，字号为9pt。

（10）添加图片，当图片较大时需要使用剪切蒙版控制图片的显示范围，本例添加的图片如图11-74所示。

图11-74

宣传单的最终效果如图11-75所示。

图11-75

第5节 折页设计

折页是宣传单的一种表现形式，它将宣传单按一定的顺序进行折叠，使其更加小巧，便于携带、存放和邮寄，同时也可以将内容划分为几块，便于阅读理解，宣传效果更佳。

知识点 1 初识折页

折页有多种折法，如对折、卷心折、风琴折、关门折等。如图11-76所示。不同用途的折页一般采用的折法也不一样。

知识点 2 折页的设计规范

设计折页时需要注意相应的规范，例如尺寸、排版内容等。

1. 折页的尺寸

为了有效利用纸张，一般将折页的尺寸分为以下几种，如图11-77所示。

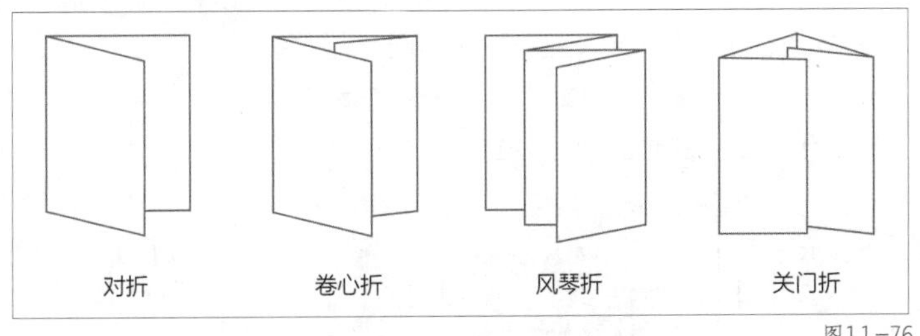

图11-76

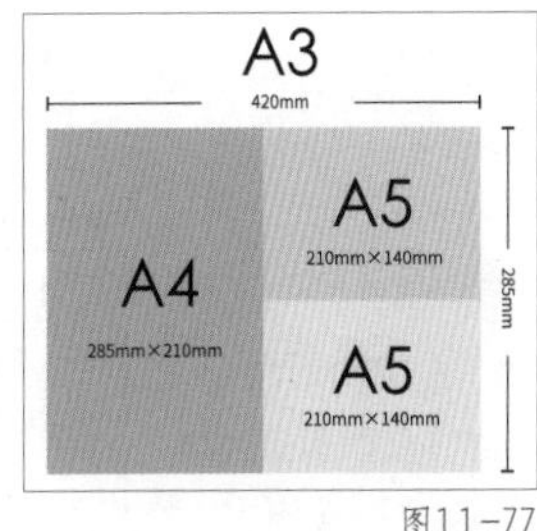

图11-77

二折页尺寸：(A5/大32开) 140mm×210mm。

三折页尺寸：(A4/大16开) 285mm×210mm或(A3/大8开) 420mm×285mm。

四折页尺寸：(A3/大8开) 420mm×285mm。

折页折叠后的常见尺寸如图11-78所示。

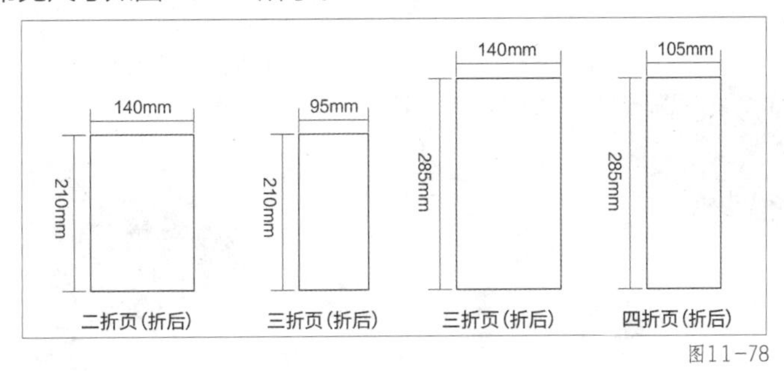

图11-78

2. 折页的排版内容

生活中较常见的折页为三折页。三折页与单页在内容设计上的方法是一样的，不同之处在于三折页按折页次序对内容进行了板块划分，三折页中的每个板块都有自身的功能，并有独立的行业名称，如图11-79所示。

图11-79

封面通常包含以下内容。

- 主视觉图。
- 公司品牌标识。
- 宣传广告语。

封底通常包含以下内容。

- 联系方式（电话、地址、邮箱、网址、二维码）等。

门通常包含以下内容。

- 企业介绍、活动或产品介绍等少量文字信息。

内页通常包含以下内容。

- 活动或产品信息的详细介绍。

内页的3个页面可以独立设计，也可以统一设计。

以页面尺寸为285mm×210mm的三折页为例，每一个区域都有自己固定的宽度，如图11-80所示。采用不同区域宽度的目的是使折页在折叠时可以相互包裹，不出现鼓包。

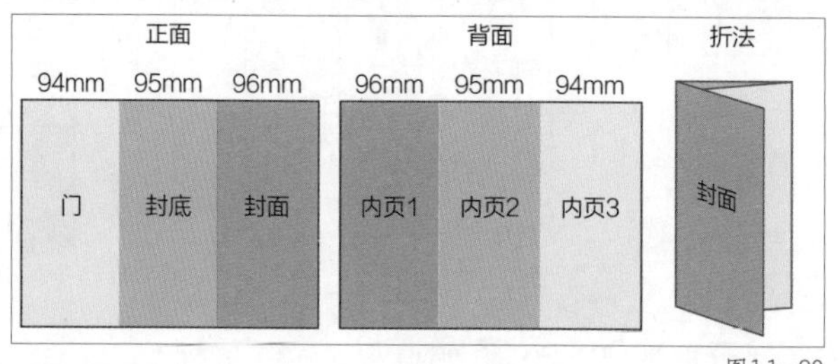

图11-80

知识点 3 三折页的设计案例

下面讲解三折页的设计方法，主要包括区域的划分和封面、封底、门、内页等页面的制作，帮助读者掌握三折页的设计方法和技巧。图11-81所示为三折页的最终效果。

图11-81

操作步骤如下。

（1）执行"文件→新建"命令，或按快捷键Ctrl+N，打开"新建文档"对话框，设置文件尺寸为285mm×210mm，选择画板2，将颜色模式设为CMYK，分辨率设为300ppi，如图11-82所示。

（2）执行"视图→标尺→显示标尺"命令，或按快捷键Ctrl+R，打开标尺。根据三折页每一个区域的宽度建立参考线，如图11-83所示。

图11-82 图11-83

（3）执行“文件→置入”命令，在打开的对话框中选择需要的素材“封面沙发”并将其置入文件中，效果如图11-84所示。

（4）进行封面文字的组合设计，此处的字体选择宋体，以体现产品精致、高档的感觉，效果如图11-85所示。

图11-84 图11-85

（5）执行“文件→置入”命令，在打开的对话框中选择需要的素材“logo”并将其置入文件中；使用形状工具绘制背景图形，将图形的填充色设置成C为90%、M为80%、Y为65%、K为45%。使用文本工具排版文案信息，添加其他设计元素，效果如图11-86所示。

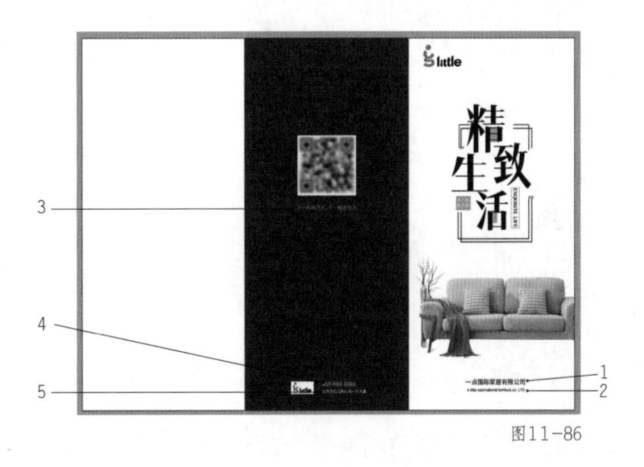

图11-86

文字的详细设置如下。

“1”处的字体为思源黑体－Regular，字号为10pt。

“2”处的字体为思源黑体－Regular，字号为6pt。

“3”处的字体为思源黑体－Regular，字号为8pt。

“4”处的字体为思源黑体－Regular，字号为9pt。

“5”处的字体为思源黑体－Regular，字号为6pt。

（6）在门区域内使用文本工具排版企业理念文案，并执行“文件→置入”命令，在打开的对话框中选择需要的素材“配图1”并将其置入文件中，调整图片的比例，效果如图11-87所示。

图11-87

文字的详细设置如下。

“1”处的字体为思源黑体－Bold，字号为23pt。

“2”处的字体为思源黑体－Regular，字号为10pt。

“3”处的字体为思源黑体－Regular，字号为9pt，行间距为16pt，段落对齐方式为两端对齐、末行左对齐。

“4”处的字体为思源黑体－Bold，字号为12pt。

“5”处的字体为思源黑体－Regular，字号为9pt。

（7）制作内页区域，执行“文件→置入”命令，在打开的对话框中选择需要的素材“配图2”“配图3”“配图4”，并将它们置入文件中，放在合适的位置，效果如图11-88所示。

图11-88

（8）在内页2区域内使用文本工具排版发展历程文案，并执行“文件→置入”命令，在打开的对话框中选择需要的素材“配图5”“配图6”“配图7”，将它们置入文件中，效果如图11-89所示。

图11-89

文字的详细设置如下。

“1”处的字体为思源黑体-Bold，字号为23pt。

“2”处的字体为思源黑体-Regular，字号为10pt。

“3”处的字体为思源黑体-Regular，字号为9pt。

（9）在内页3中使用文本工具排版其他文案，同时使用矩形工具绘制一个94mm×210mm的矩形，作为内页3的底色块，如图11-90所示。

图11-90

三折页的最终效果如图11-91所示。

图11-91

本课练习题

1. 填空题

（1）在设计宣传单时，正面可以放置的内容有________、________ 、________。

（2）按风格分类，常见的图标类型有________、________、线性图标、面性图标、立体图标、拟真图标。

（3）在设计图标时需要注意图标的________性、________ 性、兼容性。

参考答案:（1）主视觉图/广告语/品牌标识/企业介绍/产品介绍/联系方式（任意3个均可）;（2）扁平化图标、微质感图标;（3）易识别、一致。

2. 选择题

（1）以下尺寸中，（　　）是名片常用的尺寸。

A. 90mm×54mm　　B. 85mm×54mm

C. 100mm×50mm　　D. 90mm×50mm

（2）制作三折页的常用尺寸是（　　）。

A. 210mm×297mm　　B. 96mm×210mm

C. 420mm×210mm　　D. 285mm×210mm

（3）以下图标类型中，（　　）图标整体有立体效果，以突出图标的质感。

A. 微质感图标　　B. 扁平化图标

C. 立体图标　　D. 面性图标

（4）以下选项中，（　　）是三折页正面的栏目区域名称。

A. 封面　　B. 左页　　C. 内页　　D. 门

参考答案:（1）A、B、D;（2）D;（3）A;（4）A、D。

3. 操作题

（1）设计名片。根据素材包中提供的文案，完成名片的排版设计，版式风格不限，尺寸要求为90mm×54mm。

（2）设计宣传单。根据素材包中提供的文案，完成宣传单的排版设计，版式风格不限，尺寸要求为210mm×285mm。

（3）设计三折页。根据素材包中提供的文案，完成三折页的排版设计，版式风格不限，尺寸要求为285mm×210mm。

（4）设计图标。根据图11-92所示的效果，完成图标的设计，尺寸要求为500px×500px。

图11-92